2014年世界炼油技术新进展

——AFPM年会译文集

蔺爱国　主编

石油工业出版社

内 容 提 要

本书从宏观角度对当前世界能源格局调整下的炼油工业发展动向、炼油技术发展趋势、美国页岩气的化工利用及影响进行系统总结和阐述，并对中国炼油工业与技术发展现状进行了深入分析，提出了战略性的对策建议；同时，精选编译了2014年美国燃料与石化生产商协会（AFPM）年会发布的部分论文，内容涵盖炼油工业宏观问题、致密油气开发及原油供应、清洁燃料生产、催化裂化、制氢及炼厂操作管理等方面，全面反映了2013—2014年世界炼油工业与技术新进展、新动向、新趋势。

本书可供国内炼油行业管理人员、科研人员、技术人员以及石油院校相关专业的师生参考使用。

图书在版编目(CIP)数据

2014年世界炼油技术新进展：AFPM年会译文集/蔺爱国主编．
北京：石油工业出版社，2015.5
ISBN 978-7-5183-0721-0

Ⅰ. 2…
Ⅱ. 蔺…
Ⅲ. 石油炼制－文集
Ⅳ. TE 62-53

中国版本图书馆 CIP 数据核字(2015)第 100067 号

出版发行：石油工业出版社
　　　　（北京安定门外安华里2区1号　100011）
　　　　网　　址：www.petropub.com
　　　　编辑部：(010)64523738　　发行部：(010)64523620
经　销：全国新华书店
印　刷：北京中石油彩色印刷有限责任公司

2015年5月第1版　2015年5月第1次印刷
787×1092毫米　开本：1/16　印张：16.5
字数：420千字

定价：120.00元
（如出现印装质量问题，我社发行部负责调换）
版权所有，翻印必究

《2014年世界炼油技术新进展——AFPM年会译文集》

编译人员

主　　编：蔺爱国

副 主 编：何盛宝

参加编译：李振宇　于建宁　钱锦华　李雪静

　　　　　刘志红　王建明　黄格省　薛　鹏

　　　　　杨延翔　张兰波　王红秋　朱庆云

　　　　　乔　明　任文坡　王春娇　丁文娟

　　　　　曲静波　郑轶丹　王景政　杨　英

　　　　　张子鹏　李顶杰　魏寿祥　任　静

　　　　　张　博

前　言

美国燃料与石化生产商协会（American Fuel & Petrochemical Manufacturers，简称AFPM）年会，是当今世界上炼油行业最重要的专业技术交流会议，在全世界炼油行业具有广泛影响。截至2014年3月，AFPM年会已举办112届。该年会发布的论文报告集中反映了世界炼油工业各主要技术领域发展的最新动态、重点、热点和难点，对于我国炼油与石化工业的技术进步和行业发展具有较高的参考价值。

第112届AFPM年会于2014年3月23日至25日在美国佛罗里达州奥兰多市召开。来自30多个国家的上百家石油石化公司、技术开发商、工程设计单位以及石油石化咨询机构的上千名代表参加了会议。本届会议共分14个专题论坛，分别是宏观形势、工艺安全、致密油加工、加氢处理、催化裂化技术、炼厂操作、汽油/石化产品、原油供应、硫回收与利用、战略投资、炼厂制氢、催化裂化操作、风险监测和装置可靠性。

为使我国炼油行业相关技术人员、管理人员及科研人员全面掌握2014年AFPM年会的重要技术信息，深入了解世界炼油技术的新进展、新趋势，学习国外先进、适用的技术和经验，进一步推动中国炼油技术水平的提高和炼油业务发展，中国石油科技管理部、石油化工研究院共同组织了2014年AFPM论文的翻译出版工作；同时，对本届年会的内容进行归纳提炼，撰写了《世界能源格局调整下的炼油工业发展动向》《炼油技术发展趋势》和《美国页岩气的化工利用及影响》3篇特约述评，全面总结了本届年会的重要技术进展和当前世界炼油行业的最新发展态势。

本书收录的22篇AFPM年会论文的译文，均获得论文原作者授权。希望本书的出版能够使我国炼油及石化行业相关专业人员对2014年世界炼油技术新进展与发展趋势有较为全面的了解，促进我国炼油与石化技术的进步与发展。

由于水平有限，书中难免存在不足之处，欢迎读者批评指正。

编者
2015年1月

目 录

特 约 述 评

世界能源格局调整下的炼油工业发展动向 (3)
炼油技术发展趋势 (32)
美国页岩气的化工利用及影响 (53)

炼油工业宏观问题

2012年世界最佳炼厂(AM-14-51) (73)
页岩革命带来的机遇与挑战(AM-14-34) (80)
美国炼油产品供应/需求平衡发展趋势(AM-14-49) (87)
加工机会原油面临的挑战和解决方案(AM-14-13) (97)
美国炼厂的投资能否成功(AM-14-53) (106)

致密油气开发及原油供应

欧佩克原油能否战胜美国致密油(AM-14-12) (113)
原油质量变化及对美国炼厂生产的影响(AM-14-42) (119)
加拿大通往沿海的管道建设对美国的影响(AM-14-50) (125)
加工致密油时常压加热炉的操作(AM-14-14) (133)
美国致密油增长是否会衰退(AM-14-40) (142)

清洁燃料生产

北美地区石蜡基原料脱蜡面临的挑战(AM-14-74) (149)
用于油品加氢及提高产量的新一代催化剂(AM-14-19) (160)
从炼油企业的角度看催化剂的选择(AM-14-20) (167)
天然气用作交通运输燃料对美国及其他国家石油需求的影响(AM-14-59) (176)
可再生燃料标准Ⅱ(RFS2)实施现状及发展趋势(AM-14-02) (183)

催 化 裂 化

通过催化裂化催化剂技术的优化实现致密油加工价值最大化(AM-14-23) (193)
加工高铁含量渣油提高效益的催化裂化助剂(AM-14-27) (203)

制氢及炼厂操作管理

炼厂制氢及氢气生产发展趋势（AM-14-54）……………………………………（215）
向世界级可靠性炼厂迈进的途径（AM-14-71）……………………………………（221）
采用高性能催化剂以最低成本实现炼厂最佳氢气管理（AM-14-57）………………（225）
脱酸系统改造助力炼厂效益提高（AM-14-47）……………………………………（230）
炼厂酸性水汽提装置问题分析（AM-14-46）………………………………………（237）

附　　录

附录1　英文目录 …………………………………………………………………（255）
附录2　计量单位换算 ……………………………………………………………（256）

特约述评

世界能源格局调整下的炼油工业发展动向

蔺爱国　李雪静　李振宇

1　引言

进入21世纪，尤其是近几年来，世界能源结构正在发生显著变化。石油在能源结构中的比例长期下滑并将持续下去，天然气份额大幅上升成为增速最快的化石能源，美国页岩革命异军突起。全球能源格局的演变正在对世界地缘政治、经济社会发展产生日益深刻的影响。

在全球能源变局下的炼油行业的发展形势也出现了石油供应多极化、炼油发展重心向亚太和中东转移、原油品质重劣质化、油品质量升级速度加快、美国页岩油加工兴起等新动向，值得我们深入研究和密切关注。国内炼油行业必须结合自身特点并紧跟国际趋势，采取有效的应对措施。

2　全球能源格局现状与演变

2.1　当前能源消费结构

能源是人类社会进步与经济发展的重要物质基础，能源消费与经济发展密切相关。据《2014年BP世界能源统计》，虽然2013年全球经济增长疲软，GDP总量达到74.9万亿美元，仅比上年增长了2.67%，远低于过去10年的平均增长率3.7%，但全球一次能源消费却在加速增长，消费总量达到127.3×10^8t油当量，比上年增长了2.3%，仅比过去10年的平均增长率2.5%略低。总体来看，能源消费与经济增长趋势基本保持一致，只是增速略有不同。

能源消费结构的变化首先体现在区域格局的变化上。2013年全球一次能源消费整体增长速度是2.3%，各地区增长情况有较大差异，增长速度依次为：亚太地区3.4%，中东地区3.0%，中南美地区2.8%，北美地区2.6%，非洲1.7%，而欧洲则下降0.3%。新增能源需求继续向亚太等新兴经济体转移，全球80%的能源消费增长来自于新兴经济体，平均增长率达到3.1%。包括美国在内的经济合作与发展组织（简称经合组织，OECD）的消费增长了1.2%，低于全球平均增速。从国家来看，美国的一次能源消费增长2.9%，继2012年下滑2.8%后出现小幅反弹，日本的一次能源消费下降了0.6%，西班牙成为一次能源消费降低最大的国家，下降5.0%。2013年中国仍然是世界上最大的能源消费国，占全球消费量的22.4%，但从增速来看，能源消费增长速度为4.7%，低于过去10年8.6%的年均水平（表1）[1]。

表1 全球各地区一次能源消费量（2010—2013年）

地区	一次能源消费量，10^6t油当量				2013年增长率，%	2013年所占比例，%
	2010年	2011年	2012年	2013年		
北美	2778.4	2779.7	2723.4	2786.7	2.6	21.9
美国	2284.9	2265.4	2208.0	2265.8	2.9	17.8
中南美	616.4	640.5	656.9	673.5	2.8	5.3
欧洲及欧亚大陆	2948.8	2932.3	2942.6	2925.3	-0.3	23.0
中东	714.4	737.1	764.4	785.3	3.0	6.2
非洲	389.4	386.7	402.4	408.1	1.7	3.2
亚太	4508.2	4755.1	4993.5	5151.5	3.4	40.5
中国	2339.6	2544.8	2731.1	2852.4	4.7	22.4
全球合计	11955.6	12231.5	12483.2	12730.4	2.3	100.0
其中OECD	5598.2	5535.8	5484.4	5533.1	1.2	43.5
非OECD	6357.3	6695.7	6998.9	7197.3	3.1	56.5
欧盟	1752.8	1691.2	1685.5	1675.9	-0.3	13.2
原苏联地区	991.4	1030.5	1036.6	1027.7	-0.6	8.1

注：增长率对闰年因素进行了调整。

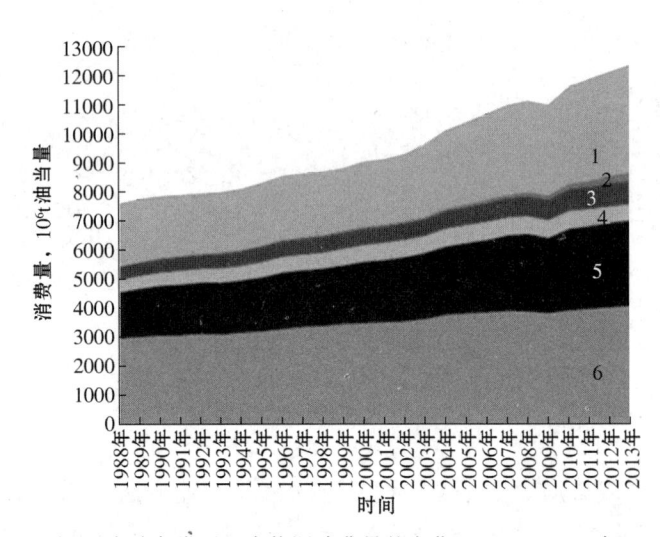

图1 全球各类型一次能源消费量的变化（1988—2013年）
1—煤炭；2—可再生能源；3—水电；4—核能；5—天然气；6—石油

能源消费结构的变化还表现在能源类型所占比例的变化上。目前国际上一般将一次能源分为石油、煤炭、天然气、水电、核能和可再生能源六大类。2013年全球能源消费总量达到127.3×10^8t油当量，上述6种能源分别占32.9%，30.1%，23.7%，6.7%，4.4%和2.2%。从能源消费类型来看，当今世界能源消费结构仍然以石油、煤炭和天然气三大化石能源为主，在能源消费结构中的份额高达86.7%。包括生物燃料在内的可再生能源尽管比2012年消费增长了16.3%，但份额仍仅为2.2%。石油继续保持全球第一大能源的地位，占32.9%，但已是连续14年份额持续下降，达到自1995年以来的最低水平；天然气份额同比下降0.2%，达到23.7%；煤炭份额上升到30.1%，是自1970年以来的最高值（表2）[1]。从历史沿革趋势和当前状况来看，石油和煤炭在能源结构中的份额逐渐下降，天然气和非化石燃料的份额在提高（图1）。

表 2　全球各类型一次能源消费量（2010—2013 年）

能源类型	一次能源消费量，10^6 t 油当量 2010 年	2011 年	2012 年	2013 年	2013 年增长率，%	2013 年所占比例，%
石油	4040.2	4085.1	4138.9	4185.1	1.4	32.9
煤炭	3469.1	3630.3	3723.7	3826.7	3.0	30.1
天然气	2868.2	2914.7	2986.3	3020.4	1.4	23.7
水电	783.9	795.8	833.6	855.8	2.9	6.7
核能	626.2	600.7	559.9	563.2	0.9	4.4
可再生能源	168.0	204.9	240.8	279.3	16.3	2.2
合计	11955.6	12231.5	12483.2	12730.5	2.3	100.0

注：增长率对闰年因素进行了调整。

2.2　未来能源结构变化趋势[2]

未来全球能源消费将继续增长，但由于能效的不断提高和节能意识的增强，增速将放缓。BP 公司预计，2012—2035 年，能源需求总量将增长 41%，年均增速 1.5%。能源消费年均增速将从 2005—2015 年的 2.2% 降至 2015—2025 年的 1.7%，再之后 10 年降至仅年均 1.1% 的增速。能源消费 95% 的增长将来自快速发展的新兴经济体，其能源消费在 2012—2035 年的年均增长率为 2.3%，而同期 OECD 能源消费年均增长率仅为 0.2%，并将在 2030 年后出现负增长。

从能源类型的变化趋势来看，未来 20 年石油的份额将继续下降，其作为第一大能源的地位将受到来自煤炭的挑战。天然气的份额稳步上升。到 2035 年，石油、天然气和煤炭 3 种化石燃料的份额基本一致，均在 27% 左右。化石燃料的总体份额虽然有所下降（由 2013 年的 86.7% 降至 81.0%），但仍是 2035 年的主要能源类型。在非化石燃料中，可再生能源（包括生物燃料）的份额将迅速从目前的 2% 升至 2035 年的 7%，而水电和核能份额将基本不变。可再生能源的份额将在 2025 年超过核能，且其份额到 2035 年将与水电持平（图 2）。

2012—2035 年，增长最快的燃料类型是可再生能源（包括生物燃料），预期年均增速为 6.4%；天然气成为增速最快的化石燃料，年均增速 1.9%；石油增速最慢，年均 0.8%；煤炭增速略高于石油，年均 1.1%（图 3）。

在能源生产供应方面，2012—2035 年，世界能源产量年均增长 1.5%。除欧洲外所有区域的产量都有所增长，亚太地区增速最快，年均 2.1%，且增量最大，提供了 47% 的全球能源生产增量。中东和北美地区是第二大增长来源，而北美地区仍是第二大能源生产地区。北美地区将在 2018 年左右从能源净进口地区变成净出口地区。同时，亚洲对进口能源的需求将继续增长。在出口地区中，中东仍是最大的能源净出口区域，但其份额将从 2012 年的 46% 降至 2035 年的 38%。俄罗斯仍将是世界最大的能源出口国。

新型能源将在新增能源供应增长中发挥着日益重要的作用。到 2035 年，可再生能源、页岩气、页岩油和其他新型能源的总体年均增长率达到 6.2%，将贡献 43% 的能源生产增量。页岩油将在全球供应中占 7% 的份额，而生物燃料和油砂将分别占 3% 和 5% 的份额。全球天然气供应预计年均增长 1.9%，页岩气是其中供应增长最快的能源（年均增速

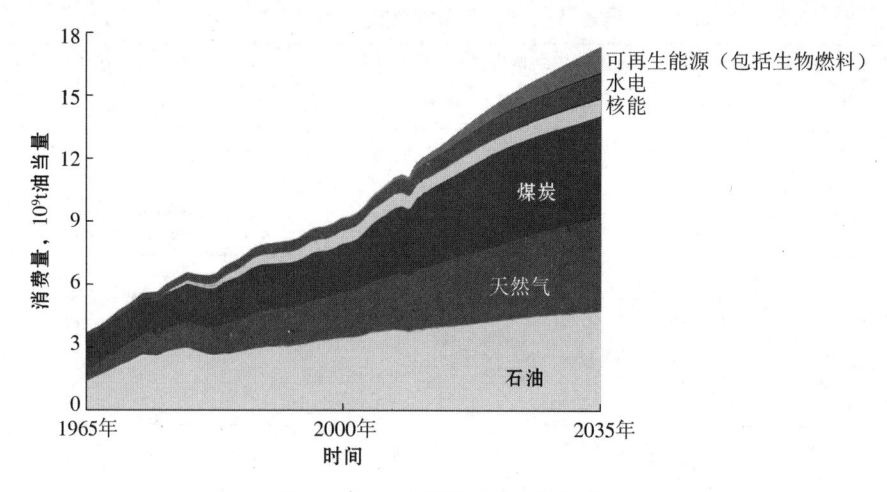

图 2 各种一次能源的消费及预测

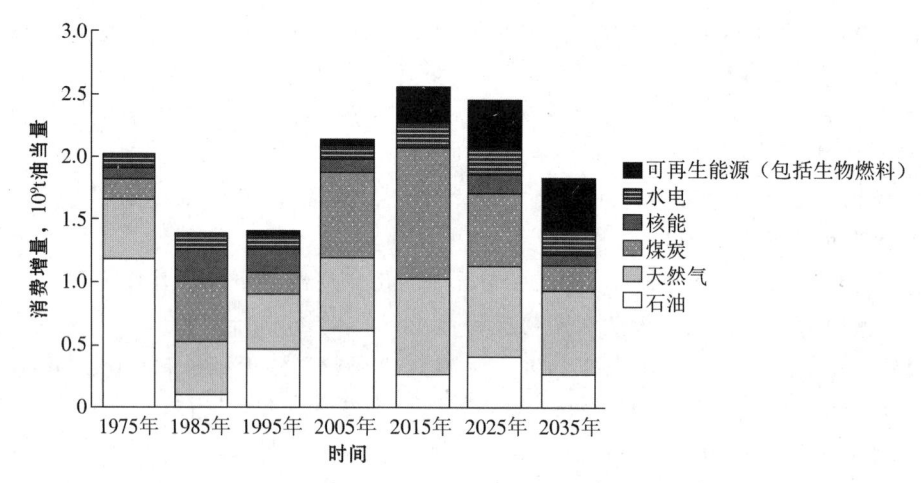

图 3 各种一次能源的 10 年消费增量及预测

6.5%），占全球天然气增长的近一半。北美地区是页岩气供应的主力军，在 2016 年前占页岩气供应的 99%，到 2035 年份额有所下降，仍占 70%。除北美地区外，中国是页岩气供应增长最具潜力的国家，将占全球页岩气增长的 13%。到 2035 年，中国和北美地区将合力贡献世界 81% 的页岩气。北美地区将引领未来非常规能源供应的增长，到 2035 年，在全球页岩油供应中占 65%，在全球页岩气供应中占 70%，加拿大将供应全球所有的油砂。

2.3 美国"页岩革命"领跑世界能源格局变化

自 2008 年以来，美国"页岩革命"使得页岩气、页岩油等非常规油气的开发突飞猛进，油气产量大幅增长，美国能源自给率逐步上升，2013 年达到 86%，对外依存度显著降低，美国"能源独立"战略已见明显成效。

美国拥有丰富的页岩油气资源。根据美国能源信息管理署（EIA）的评估，美国是世界第二大页岩油资源国和第四大页岩气资源国，页岩油和页岩气的技术可采储量分别达到 580×10^8 bbl 和 18.83×10^{12} m³ [3]。2013 年美国页岩气产量达到 2647.6×10^8 m³，占其当年天然气总产量（6847×10⁸m³）的38.7%。预计2013—2040年美国天然气产量将增长44%，其中页岩气产量增长113%，在美国天然气产量中的比重将上升到2040年的52.8%（表3）。2013年美国页岩油产量达到348×10⁴bbl，占其当年原油总产量（745×10⁴bbl）的46.7%。预计美国页岩油产量到2025年将增加到454×10⁴bbl/d，占美国原油总产量的50.4%，到2040年将下降到320×10⁴bbl/d，仍将占到美国原油总产量的42.7%（表4）[4]。

表3 美国页岩气产量增长情况及预测

时间	阿拉斯加天然气 10⁸m³	煤层气 10⁸m³	本土48州海上天然气 10⁸m³	本土48州陆上天然气 10⁸m³	致密气 10⁸m³	页岩气 10⁸m³	天然气总产量 10⁸m³	页岩气份额，%
2000年	118.9	427.6	1464.0	2395.6	940.1	85.0	5431.2	1.6
2005年	130.3	495.5	954.3	2021.8	1305.4	206.7	5114.0	4.0
2010年	99.1	512.5	693.8	1803.8	1548.9	1376.2	6034.3	22.8
2011年	93.4	489.9	526.7	1608.4	1418.7	2248.4	6385.5	35.2
2012年	93.4	447.4	470.1	1673.5	1376.2	2752.4	6813.0	40.4
2013年	90.6	464.4	532.4	1631.0	1481.0	2647.6	6847.0	38.7
2014年	87.8	438.9	597.5	1563.1	1461.1	2726.9	6875.3	39.7
2015年	85.0	436.1	600.3	1531.9	1503.6	2820.4	6977.3	40.4
2020年	79.3	470.1	611.6	1469.6	1834.9	3774.6	8240.1	45.8
2025年	73.6	455.9	591.8	1373.4	1999.2	4527.9	9021.8	50.2
2030年	337.0	455.9	685.3	1200.6	2282.3	4791.2	9752.3	49.1
2035年	331.3	464.4	696.6	1070.4	2415.4	5238.6	10216.7	51.3
2040年	331.3	484.2	835.3	988.3	2381.4	5612.4	10632.9	52.8

表4 美国页岩油产量增长情况及预测

时间	常规原油，10⁶bbl/d	页岩油，10⁶bbl/d	原油总产量，10⁶bbl/d	页岩油份额，%
2000年	5.57	0.26	5.83	4.4
2005年	4.89	0.29	5.18	5.6
2010年	4.61	0.87	5.48	15.9
2011年	4.35	1.31	5.66	23.1
2012年	4.24	2.25	6.49	34.7
2013年	3.97	3.48	7.45	46.7
2014年	4.46	4.07	8.53	48.1
2015年	4.54	4.49	9.03	49.7
2020年	4.76	4.79	9.55	50.2
2025年	4.46	4.54	9.00	50.4
2030年	4.14	4.17	8.31	50.2
2035年	4.18	3.69	7.87	46.9
2040年	4.28	3.20	7.48	42.7

页岩油气产量的大增使得美国的油气产量大幅上升，在世界能源中的地位显著增强。美国天然气产量在 2005—2013 年增加了 42%，达到 6.64×10^8 t 油当量。2009 年美国超越俄罗斯成为世界上最大的天然气生产国，2013 年成为天然气净出口国。美国还是世界上增速最快的石油生产国。近年来美国炼油能力持续增长，炼油产品出口大增，2011 年在过去 60 年来首次成为炼油产品的净出口国。原油进口量逐年下降，从中东进口原油比例降至 15% 以下，10 年间下降了 10 个百分点[5]。

美国页岩气产量的增长还使得该国的天然气价格大幅下降，自 2008 年以来降幅达到 80%，目前仅为 4 美元/10^6Btu，是世界最低价，而同期亚洲的天然气价格是 14~16 美元/10^6Btu。页岩油（气）的规模开采和技术的不断进步，也使得开采成本大幅下降，页岩油开采成本通常低于加拿大油砂或巴西超深水原油，后两者估计平均生产成本约为 70 美元/bbl。页岩油在油价为 45~70 美元/bbl 时开采就具有明显的经济效益。

国际能源机构预测，到 2020 年美国将成为世界上最大的原油生产国。美国正崛起为可与中东并肩的全球能源高地。美国页岩革命正在以"蝴蝶效应"对国际能源格局产生深刻影响。

世界能源格局的调整，无疑将对世界各国的政治经济以及石油、天然气、煤炭和可再生能源等能源产业的发展带来深远影响。以美国为例，仅从经济上看，油气产量的增长，对外依存度下降，降低了炼油化工原料成本，增强了美国石油石化业的竞争力，显著改善了美国的能源安全形势，也进一步巩固了美国的世界霸主地位。

3 炼油工业发展动向

3.1 原油资源储量、生产供应出现新变化，供应多极化趋势明显

近年来，地处西半球的美国、加拿大、委内瑞拉和巴西等美洲国家的石油储产量大幅增长，正逐步成为继中东之后全球油气勘探开发的新兴热点区域，原油供应多极化趋势显现。

2013 年世界石油（含原油和凝析油）剩余探明储量较上年略增，达到 1.64×10^{12} bbl，同比增长 0.4%。除非洲以外，全球各地区均有不同程度的增长，以北美和中东地区增量最大。北美地区和拉丁美洲合计储量增长了 0.6%，达到 5410×10^8 bbl；石油输出国组织（OPEC，音译为欧佩克）储量为 12008.4×10^8 bbl，比上年略有增长，但占世界石油储量的比重从 2011 年的 73.2%、2012 年的 73.1% 下降到 73.0%。

世界石油产量达到 75.3×10^6 bbl/d，同比增长 0.8%，其中欧佩克石油产量为 30.7×10^6 bbl/d，同比下降 2.2%，主要原因是部分国家供应中断和沙特阿拉伯产量下降。美洲地区石油产量增长幅度最大，增幅达到 6.8%，主要是美国和加拿大原油产量大幅增长。2013 年美国原油产量达到创纪录的 7.53×10^6 bbl/d（105.42×10^4 t/d），比 2012 年增长 19.3%（2012 年美国石油产量 3.16×10^8 t，比 2011 年增长 11.8%），紧跟俄罗斯和沙特阿拉伯之后位列世界第三。而加拿大依靠丰富的油砂资源，其石油储量已跃至全球第三，达到 1732×10^8 bbl，预计到 2020 年油砂沥青产量将从目前的不到 200×10^4 bbl/d 提高到 300×10^4 bbl/d 以上，接近翻番。委内瑞拉凭借其巨大的重油和超重原油资源，已取代沙特阿拉伯成为全球石油探明储量最大的国家，2013 年的探明储量达到 2977×10^8 bbl（表 5、表 6）。墨西哥原

油储量达到 $100×10^8$ bbl，其中 61% 为重质原油，29% 为轻质原油，10% 为超轻质原油。中国石油储量为 $235.71×10^8$ bbl（$33×10^8$ t），居世界第 14 位[6]。

表 5 2013 年世界石油探明储量

名次	国家	石油探明储量，10^8 bbl	名次	国家	石油产量，10^4 bbl/d
1	委内瑞拉	2977	7	阿联酋	922
2	沙特阿拉伯	2658	8	俄罗斯	800
3	加拿大	1732	9	利比亚	485
4	伊朗	1573	10	尼日利亚	371
5	伊拉克	1403	世界合计		16445
6	科威特	1015			

表 6 2013 年世界石油产量

名次	国家	石油探明储量，10^8 bbl	名次	国家	石油产量，10^4 bbl/d
1	俄罗斯	1040	7	科威特	256
2	沙特阿拉伯	938	8	伊朗	255
3	美国	753	9	阿联酋	254
4	中国	421	10	墨西哥	253
5	加拿大	333	世界合计		7528
6	伊拉克	322			

石油是重要的能源资源和战略物资，其资源储量、生产布局的变化必然会从多方面影响全球经济运行和政治格局的平衡。美国、加拿大和委内瑞拉等美洲国家石油储产量增长，使得全球油气生产供应多极化格局得以强化和发展。全球油气生产供应多极化，进一步增强了美国对全球经济的控制力，巩固了其经济霸主地位，同时也为中国和印度等发展中国家为代表的石油进口国开辟多元化油气来源渠道创造了条件，对保障世界能源供应安全将产生积极的影响。

3.2 炼油格局继续调整，发展重心进一步向亚太和中东地区转移

与石油生产重心逐步"西移"的趋势相反，全球石油消费重心和炼油发展中心进一步转移至东半球国家，其中来自中国等发展中国家的油气需求成为全球油气需求增长和炼油能力增长的主要推动力。

世界石油需求自金融危机后出现了两极分化。需求增长主要来自非 OECD 国家，最主要的是亚洲国家，而 OECD 国家的石油需求仍然处于疲软状态，尤其是欧洲石油需求处于下降态势。根据国际能源机构 2014 年 7 月 11 日发布的统计，2013 年全球石油需求为 $9140×10^4$ bbl/d，比 2012 年增长 1.3%，其中，非 OECD 国家需求达到 $4530×10^4$ bbl/d，增长 $110×10^4$ bbl/d；OECD 国家需求 $4610×10^4$ bbl/d，仅增长 $10×10^4$ bbl/d，增速 0.1%。在各地区中，以北美地区 2013 年石油消费量增幅最大，增长 $400×10^4$ bbl/d，达到 $2400×$

10^4bbl/d，约占世界石油需求总量的26.2%。预计2014年全球石油需求达到9270×10^4bbl/d，增长1.4%，其中，亚洲国家消费量为2990×10^4bbl/d，年增速为1.4%。中国2013年的石油消费量达到1010×10^4bbl/d，比上年增长2%。预计中国2014年石油需求将达到1040×10^4bbl/d，增长3%，石油需求增幅大大超过全球石油需求增长平均速度，仍是世界石油需求增长的主要贡献者（表7）。

表7 国际能源机构2013年世界石油需求统计　　　　单位：10^6bbl/d

	时间	2011年	2012年	2013年	2014年（预计值）	2015年（预计值）
OECD国家	北美地区	24	23.6	24	24.1	24.1
	欧洲	14.3	13.8	13.7	13.6	13.5
	亚太地区	8.2	8.6	8.4	8.3	8.2
	小计	46.5	46.0	46.1	46.0	45.8
非OECD国家	原苏联地区	4.4	4.5	4.6	4.7	4.8
	欧洲	0.7	0.7	0.7	0.7	0.7
	中国	9.3	9.9	10.1	10.4	10.9
	亚洲其他	11.1	11.4	11.7	12.0	12.4
	拉丁美洲	6.2	6.4	6.6	6.8	6.9
	中东地区	7.5	7.7	7.9	8.2	8.4
	非洲	3.5	3.6	3.7	3.9	4.1
	小计	42.7	44.2	45.3	46.7	48.2
	总计	89.2	90.2	91.4	92.7	94.1

石油需求格局的变化推进了炼化布局的加速调整，近年来全球新增炼油能力绝大部分位于亚洲和中东，欧洲炼油能力继续萎缩。据美国《油气杂志》统计，截至2013年底，全球炼油能力在经历了2012年的峰值后略有下降，达到44.014×10^8t/a，较2012年下降1.1%。中东地区炼油能力有小幅上涨，非洲、北美地区与2012年基本持平，亚太、西欧、东欧、南美地区炼油能力均有所下降。

亚太地区仍为全球炼油能力最大的地区，但炼油能力趋于饱和，即将面临过剩挑战。2013年亚太地区炼油能力为12.6×10^8t/a，较2012年的12.8×10^8t/a略有下降，能力降低主要是日本关停炼油能力共计1.95×10^8t/a。目前，中国炼油能力已占到亚太地区炼油能力的近50%，未来仍有扩能计划，已出现结构性过剩问题。出于减少国外油品进口和实现能源自给的考虑，亚太地区其他国家也在计划扩能。预计未来几年，该地区的炼油能力呈现区域性过剩，炼油业竞争将更为激烈。西欧地区炼油业持续萎缩，处境艰难，炼油能力为6.8×10^8t/a，比上年下降2200×10^4t/a。BP公司、道达尔公司等石油巨头正加速调整下游业务，将投资重点转向上游。预计未来西欧地区炼油能力还可能继续下降，一些老旧炼厂或将关停。由于沙特阿美公司与道达尔公司合资的2000×10^4t/a的朱拜勒炼厂的投产，带动了中东地区炼油能力的增长，从2012年的36387×10^4t/a增至2013年的36965×10^4t/a。北美地区炼油能力达到 10.8×10^8 t/a，与2012年基本持平[7]。

世界炼油工业继续向规模化发展，产业集中度进一步提高。据美国《油气杂志》统计，截至2013年底，全球共有炼厂645座，同比减少10座，炼厂平均规模达 682×10^4 t/a，与2003年相比，炼厂数量减少10%，但平均规模提高了20%（表8）。位居前10的炼油公司的炼油能力合计达到 16.3×10^8 t/a，占全球总能力的37%。规模在 2000×10^4 t/a 以上的炼厂达到22座。委内瑞拉石油公司Paraguana炼油中心以 4700×10^4 t/a 的炼油能力成为世界最大的炼厂。在全球超过 2000×10^4 t/a 的最大的22座炼厂名单中，有15座炼厂位于亚洲和中东地区[7]。中国石油大连石化和中国石化镇海炼化的炼油能力均已超过 2000×10^4 t/a，中国石油和中国石化都已跻身于世界十大炼油商之列（表9、表10）。

表8　2013年世界主要国家和地区炼油能力与装置构成

排名	国家和地区	炼厂数量, 座	炼油能力, 10^4 t/a						
			常压蒸馏	焦化	热加工	催化裂化	催化重整	加氢裂化	加氢处理
1	美国	124	90472	4509	187	28343	15101	8794	67328
2	中国①	54	35330	858	0	2940	765	925	2543
3	俄罗斯	40	27500	519	2104	1654	3220	611	10204
4	日本	28	22114	679	110	4554	3282	908	21842
5	印度	22	21714	933	399	2492	222	828	957
6	韩国	6	14793	105	0	1570	1694	1650	7061
7	沙特阿拉伯	8	12560	0	760	518	831	669	2319
8	德国	15	11236	582	1362	1745	1741	1015	9472
9	意大利	15	10579	248	2044	1608	1067	1509	5357
10	加拿大	17	9784	323	668	2412	1524	1029	6532
11	巴西	13	9587	634	54	2526	105	0	1337
12	墨西哥	6	7700	1051	0	1903	1201	0	4352
13	英国	9	7622	373	559	1920	1300	180	5510
14	法国	10	7542	0	613	1312	917	384	5304
15	新加坡	3	6723	0	1101	400	613	637	3570
16	中国台湾省	4	6550	281	0	1090	495	125	3161
17	西班牙	9	6458	336	821	957	846	658	3879
18	委内瑞拉	5	6411	797	0	1159	213	0	1832
19	荷兰	6	5971	228	503	510	639	990	3844
20	伊朗	8	5835	0	1093	175	581	533	847
世界合计		645	440140	5687	19147	71245	48043	28061	209312

①参考文献[7]中原文如此。中国统计数据偏小，实际炼油能力为 6.273×10^8 t/a。

表9 2013年世界最大炼厂排名

排名	所属公司	炼厂地点	原油加工能力，10^4 t/a
1	委内瑞拉石油	委内瑞拉，Paraguana炼油中心，法尔孔，卡顿/朱迪巴拿	4700
2	韩国SK Innovation公司	韩国，蔚山	4200
3	韩国GS－Caltex集团	韩国，丽水	3875
4	韩国S－Oil公司	韩国，昂山	3345
5	印度信实石油①	印度，贾姆讷格尔	3300
6	埃克森美孚	新加坡，裕廊/Pulau Ayer Chawan	2965
7	印度信实工业①	印度，贾姆讷格尔	2900
8	埃克森美孚	美国，得克萨斯州，Baytown	2805
9	沙特阿美	沙特阿拉伯，Ras Tanura	2750
10	台塑集团	中国台湾省，麦寮	2700
11	Marathon石油	美国，路易斯安那州，Garyville	2610
12	埃克森美孚	美国，路易斯安那州，巴吞鲁日	2515
13	科威特国家石油	科威特，艾哈迈迪港	2330
14	壳牌	新加坡，Pulau Bukom	2310
15	马拉松石油	美国，得克萨斯州，加尔维斯顿港	2255
16	Citgo石油	美国，路易斯安那州，Lake Charles	2200
17	中国石油	中国，辽宁大连	2050
18	壳牌	荷兰，波尼斯	2020
19	中国石化	中国，浙江镇海	2015
20	沙特阿美	沙特阿拉伯，拉比格	2000
21	沙特阿美—埃克森美孚	沙特阿拉伯，延布	2000
22	沙特阿美道达尔	沙特阿拉伯，朱拜勒	2000

①参考文献[7]中原文如此。位于印度贾姆讷格尔的两座炼厂均属印度信实集团公司，故业界有其他排名认为印度信实集团公司拥有世界最大炼厂，总能力为6200×10^4 t/a。

表10 2013年世界最大炼油公司排名

排名		公司	炼油能力，10^4 t/a
2013年	2012年		
1	1	埃克森美孚	27945
2	2	壳牌	20546
3	3	中国石化①	19855

续表

排名		公司	炼油能力，10^4 t/a
2013 年	2012 年		
4	4	BP	14295
5	10	沙特阿美	14255
6	5	瓦莱罗能源	13885
7	6	委内瑞拉国家石油	13390
8	7	中国石油	13375
9	8	雪佛龙	12700
10	9	菲利普斯 66	12570
11	11	道达尔	11520
12	12	巴西国家石油	9985
13	17	Marathon 石油	8570
14	13	墨西哥国家石油	8515
15	14	伊朗国家石油	7255
16	15	新日本石油	7115
17	16	俄罗斯石油（Rosneft）	6465
18	18	俄罗斯鲁克石油	6085
19	19	韩国 SK Innovation	5575
20	20	雷普索尔 YPF	5530
21	21	科威特国家石油	5425
22	22	印度尼西亚国家石油	4965
23	23	阿吉普石油	4520
24	24	Flint Hills 资源	3570
25	25	美国 Sunoco	2525

① 参考文献［7］中原文如此。中国石化的炼油能力统计偏小，实际已达到 2.65×10^8 t/a，实际排名应在第二位；中国石油的炼油能力统计偏小，实际 2013 年底国内炼油能力达到 1.73×10^8 t/a，加上海外炼油能力达到 2×10^8 t/a，实际排名应在第四位。2014 年由于四川石化开工（1000×10^4 t/a），目前中国石油炼油能力已达 2.1×10^8 t/a，超过壳牌，排名极有可能升至第三位。

预计未来几年，世界新建炼油项目仍将主要集中在亚洲和中东地区，欧美地区的炼油业务调整和重组还将继续，进一步使世界炼油工业的发展重心加速向具有市场潜在优势的亚洲和中东地区转移。根据正在建设和已公布的扩能计划，预计从 2013 年到 2018 年底，全球炼油能力约增加 4.3×10^8 t/a，年均增长率约 1.2%，其中亚太地区增长约 1.9×10^8 t/a，占新增能力的 45%（图 4）。需要注意的是，当前炼油能力已经过剩，许多项目投资计划并不能如期实现，存在取消和延期的可能性很大。

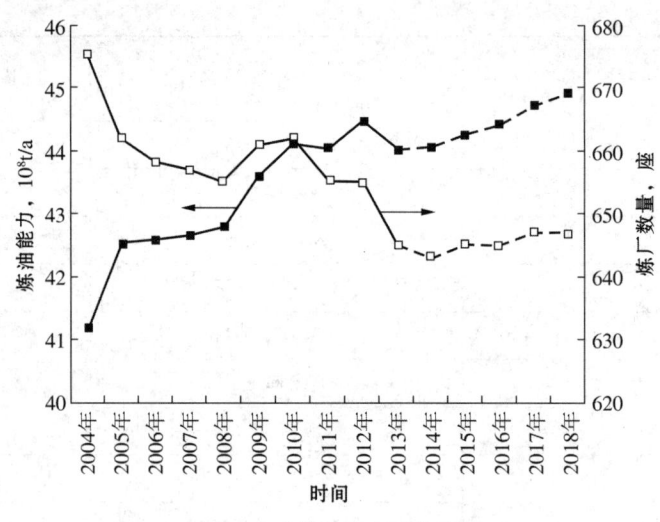

图 4　全球炼油能力增长预测

3.3　原油品质整体仍存重劣质化趋势，但轻质低硫的美国页岩油供应增长的影响不可忽视

业内普遍采用硫含量和 API 度作为衡量原油质量优劣的两个重要指标，一般将硫含量低于 0.5% 的原油称为低硫原油，0.5%～2.0% 的为含硫原油，0.5% 以上的为高硫原油；API 度大于 34°API 为轻质原油，22～34°API 为中质原油，10～22°API 为重质原油，10°API 以下为超重原油。世界原油质量总体的变化趋势仍是，轻质、低硫原油产量不断减少，而重质含硫原油的产量在逐年增加。但近年来，轻质、低硫的美国页岩油产量的剧增引起了世界轻质低硫原油供应的增长，其对世界原油品质的影响也不容忽视。

总体来看，重质原油仍是今后多年世界多数炼厂的主要原油来源。据有关机构统计预测，世界原油平均 API 度将由 2012 年的 33.3°API 下降到 2035 年的 32.9°API，平均硫含量将由 2012 年的 1.15% 提高到 2035 年的 1.27%。API 度小于 22°API 的重油产量将从 2012 年的 9.70×10^6 bbl/d 增加到 2025 年的峰值 16.00×10^6 bbl/d，所占比例 15.5%，随后产量和所占比例开始下降，到 2035 年达到 14.60×10^6 bbl/d，所占比例 14.6%（表 11、表 12、图 5 和图 6）。

表 11　世界原油质量现状及预测

地区	2012 年 供应比例 %	API 度 °API	硫含量 %（质量分数）	2035 年 供应比例 %	API 度 °API	硫含量 %（质量分数）
北美	13.5	32.6	1.14	14.7	31.4	1.44
拉丁美洲	12.0	24.8	1.48	13.4	25.6	1.21
欧洲	4.2	37.3	0.42	2.4	37.4	0.44
独联体	16.8	33.8	1.13	13.7	35.1	0.96
亚太	9.8	35.4	0.16	6.6	36.1	0.16
中东	31.8	34.2	1.73	38.8	33.4	1.85
非洲	11.9	36.2	0.33	10.4	36.9	0.28
世界合计	100	33.3	1.15	100	32.9	1.27

表 12 2012—2035 年世界重油（API 度小于 22°API）产量增长预测

时间	2012 年	2013 年	2015 年	2020 年	2025 年	2030 年	2035 年
重油，10^6 bbl/d	9.70	10.30	11.40	14.70	16.00	15.80	14.60
重油所占比例，%	11.25	11.76	12.48	15.11	15.54	14.70	13.13
常规原油，10^6 bbl/d	67.14	67.46	69.05	70.26	73.93	78.28	82.70
天然气凝析液，10^6 bbl/d	9.34	9.83	10.92	12.31	13.06	13.42	13.86
合计	86.18	87.59	91.37	97.27	102.99	107.5	111.16

重油的高效加工和充分利用已成为全球炼油业关注的焦点。全球正在建设的大多数炼厂都是复杂型炼厂，重油转化能力仍是投资重点。从目前公布和计划的新增炼油能力项目统计可以看出，焦化、催化裂化、加氢裂化和中馏分油加氢处理等重油加工转化装置仍然是新增能力最多的装置（表13）。到 2035 年，全球重油转化能力需要增加 12.89×10^6 bbl/d，增长率 40%。

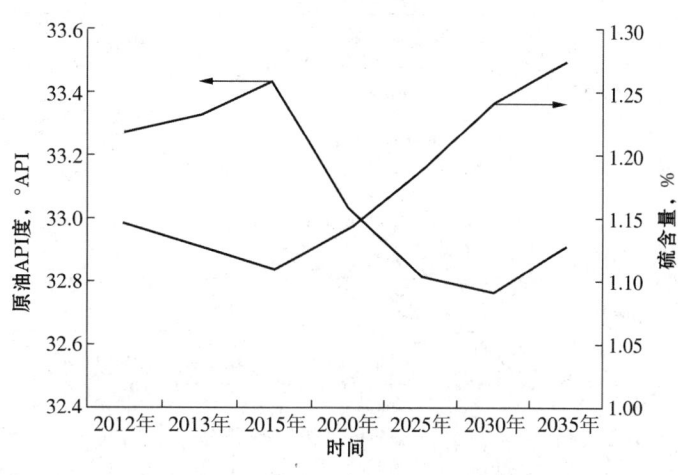

图 5 世界原油质量变化趋势

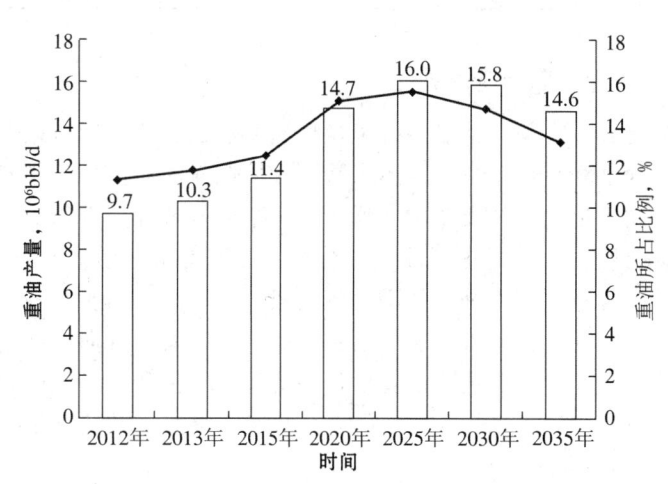

图 6 2012—2035 年世界重油（API 度小于 22°API）产量增长趋势

随着美国轻质低硫页岩油（API 度大于 40°API，硫含量小于 0.2%）产量的大增，其对世界原油质量和原油贸易的影响也不容忽视。2013 年美国页岩油产量达到 350×10^4 bbl/d，占其当年原油总产量的 47%，约占世界原油产量的 4.7%。预计美国页岩油产量到 2025 年将增加到 454×10^4 bbl/d，占美国原油总产量的 50.4%。尽管目前在全球原油中仍占较小份额，页岩油产量的增长大幅提高了美国国内炼厂轻质低硫原油的加工量，改变了美国的原油结构，同时显著降低了其对其他地区轻质低硫原油的进口。据统计，2007—2012 年，美国自盛产低硫原油的非洲进口的原油减少了 58%，自欧洲的进口量减少了 72%。

美国对低硫原油进口量的减少，相应增加了全球轻质低硫原油的供应，在一定程度上减缓了世界原油劣质化的趋向。并且随着今后美国原油出口禁令的松动，美国在世界炼油和原油贸易市场上的地位还将进一步强化，页岩油对世界原油质量和原油贸易的影响有望上升。

表 13 全球炼油装置能力新增扩能计划（2013—2020 年） 单位：10^6 bbl/d

装置		已公布的预计新增能力 （2013—2015 年）	预计新增能力 （2016—2020 年）
原油蒸馏		6.27	8.10
轻油加工	催化重整	0.34	0.34
	异构化	0.11	0.07
	烷基化/叠合	0.10	0.02
重油转化	焦化	1.12	0.53
	催化裂化	1.15	0.46
	加氢裂化	1.09	0.89
加氢处理	汽油	0.53	0.12
	石脑油	0.29	0.48
	中馏分油	1.71	1.04
	重油/渣油	0.53	0.44

3.4 清洁燃料标准加速升级，向低硫、超低硫方向发展

随着社会公众对环境要求的不断提高，车用清洁燃料升级换代速度加快。清洁燃料最重要的指标是汽油和柴油的硫含量、苯含量和芳烃含量。总体来看，车用燃料的质量趋势是向高性能和清洁化方向发展。未来的汽油质量改进主要集中在低硫、低苯和低芳烃。汽油要求低硫、低烯烃、低芳烃、低苯和低蒸气压；柴油要求低硫、低芳烃（主要是稠环芳烃）、低密度和高十六烷值，尤其是降低柴油硫含量将成为炼油业最大的挑战。

全球炼油行业历来视欧美的油品标准为标杆，其代表了清洁油品质量的发展方向。绝大多数国家的标准也是参照或模仿欧美标准而定。美国目前在执行中的清洁汽油的标准是硫含量不大于 $30\mu g/g$，欧盟标准是硫含量不大于 $10\mu g/g$。美国和欧盟的清洁柴油标准硫含量分别是不大于 $15\mu g/g$ 和不大于 $10\mu g/g$（表 14、表 15）。

各国的油品标准升级速度都在加快。如美国环保局 2014 年 3 月 3 日宣布，从 2017 年起，美国清洁汽油的硫含量标准将从目前的不大于 $30\mu g/g$ 升级到不大于 $10\mu g/g$。亚洲等发展中国家的清洁燃料标准也在奋起追赶世界领先标准，其中尤以中国升级换代进步最快，目前正在执行国Ⅳ汽油标准和国Ⅲ车用柴油标准，到 2017 年将全面实施国Ⅴ汽油和车用柴油标准。表 16 为世界各地区已经提出的计划在 2015—2035 年实施的清洁汽油/清洁柴油标准

中的硫含量指标。

表 14 世界现行汽油标准主要指标

国家或地区	硫含量，μg/g	芳烃，%（体积分数）	苯含量%（体积分数）	蒸气压（37.8℃）kPa
美国	10～30	＜50	0.62	44～75
加拿大	10～30	＜25	0.95	72～107
拉丁美洲	400（部分地区低于30）	25～45	2.5（质量分数）	35～90
欧盟 27 国	10	35	1	60
东南欧	10～1000	35～45	1～5	45～90
中东/非洲	50	25	5	44～75
亚太	10～50	30～45	1	40～85

表 15 世界现行柴油标准主要指标

国家或地区	硫含量，μg/g	芳烃，%（体积分数）
美国	10～15	35
加拿大	15	30（最大）
拉丁美洲	2000（部分地区10～50）	—
欧盟 27 国	10	35（西欧 10）
东南欧	10～1000	—
中东/非洲	50	25
亚太	10～350	10～35

表 16 世界不同国家或地区 2015—2035 年计划实施的清洁汽油/清洁柴油硫含量指标

国家或地区	清洁汽油/清洁柴油硫含量，μg/g				
	2015 年	2020 年	2025 年	2030 年	2035 年
美国、加拿大	30/15	10/15	10/10	10/10	10/10
拉丁美洲	255/440	130/185	45/40	30/35	20/20
欧洲	10/10	10/10	10/10	10/10	10/10
中东	235/415	75/155	25/70	16/20	10/10
独联体	115/175	35/60	20/15	12/10	10/10
非洲	493/2035	245/930	165/420	95/175	65/95
亚太	130/200	65/100	35/45	20/25	15/15

据统计，到 2012 年底全球消费的汽油中无硫汽油（硫含量不大于 10μg/g）比例达到了

15.7%，主要是欧洲国家和日本、韩国等 OECD 亚太国家；硫含量 10～50μg/g 的超低硫汽油市场份额占到了 52%，主要是北美地区；而近 25% 的汽油是硫含量 50～500μg/g 的低硫汽油，其中 50% 来自于亚太地区；拉丁美洲和中东地区的汽油硫含量普遍在 500μg/g 以上。预计到 2015 年，全球消费的 81% 的汽油将是硫含量不大于 50μg/g 的超低硫汽油，到 2020 年，71% 的汽油将是硫含量不大于 10μg/g 的无硫汽油，对硫含量大于 500μg/g 的汽油需求几乎消失。在车用柴油方面，到 2012 年底欧洲和北美地区绝大多数国家消费的都是硫含量不大于 15μg/g 的超低硫柴油，亚洲的 OECD 国家使用的是硫含量不大于 10μg/g 的车用柴油；预计到 2015 年，所有发展中国家的柴油硫含量将大幅降低，除非洲外其他地区的硫含量将不大于 500μg/g，到 2025 年不大于 100μg/g。全球消费的低硫、超低硫柴油将由目前的 65% 上升到 75%。

除了进一步降低车用汽柴油中的硫含量指标，许多地区还在考虑降低非车用柴油和其他取暖油的硫含量指标。航空煤油和船用燃料硫含量的降低也正在成为一些国家和国际组织关心的话题。如美国正采取一系列举措来降低取暖油的硫含量，预计到 2020 年，美国部分州的取暖油硫含量达到 15μg/g 的目标，其他地区达到 500μg/g。而欧洲将在某些特定地区逐步实施 50μg/g 的硫含量目标，平均指标将在 2020 年达到 1000μg/g，到 2030 年进一步降低为 800μg/g。

虽然航空煤油的标准允许硫含量可高达 3000μg/g，但实际市场销售产品的硫含量远低于这一数值，普遍在 1000μg/g 左右。全球主要地区已经在讨论要同步降低航空煤油的硫含量到更低的水平。初步打算在工业化国家/地区，航空煤油的硫含量要减少到 350μg/g，到 2025 年进一步降低到 50μg/g。发展中国家可稍后一段时间遵循同样的路径来实施这个航空煤油降硫计划。

由于船舶历来使用高硫燃料油，废气排放中含有大量的颗粒物、氮氧化物和硫化物，严重威胁人类健康与大气环境和海洋环境。近年来，国际海事组织（IMO）加强了对海上船舶排放的强制性限制规定。2008 年 IMO 提出了严格控制全球国际航线的船用燃料硫含量的要求：要求自 2010 年 7 月开始在排放控制区（ECAs，目前指波罗的海和美国北海）行驶的船用燃料油硫含量从 1.5% 减少到 1.0%（质量分数），到 2015 年 1 月，进一步降至 0.1%（1000μg/g）；要求全球的船用燃料硫含量指标在 2012 年 1 月降至 3.5%（质量分数），到 2020 年 1 月（或 2025 年）进一步减少到 0.5%（5000μg/g）。

3.5 美国原油结构和品质变化，炼厂页岩油加工兴起

页岩油产量的大幅增长使得美国原油的结构和品质发生了变化。页岩油是一种非常规石油资源，具有低密度、低硫的特点，是最轻的原油，API 度大于 40°API。总体来看，美国原油结构中轻质原油比例增加，原油性质变得更轻和更低硫（表17）。美国能源信息署的报告称，目前页岩油已成为美国的主要增量原油。2013 年产量达到 350×10⁴bbl/d，占美国原油总产量的 47%，并占到了 2011—2013 年增产 180×10⁴bbl/d 原油的 90% 以上，预计到 2025 年页岩油产量将增加到 454×10⁴bbl/d，将占美国原油总产量的 50.4%。美国原油平均 API 度在 2002 年的低点达到 32°API，2013 年约为 36°API；而平均硫含量在 2003 年达到峰值 1.1%，2013 年降至 0.7% 以下，这些趋势预计将持续到 2020 年之前。预计到 2020 年，

原油平均 API 度会从 36°API 升至 38°API，平均硫含量略微降至 0.6％左右。

表 17 美国 Eagle Ford 页岩油性质

参数	试样 1	试样 2	试样 3
API 度，°API	55.0	44.6	52.3
总酸值（以 KOH 计），g/g	<0.05	<0.07	<0.05
硫含量，%（质量分数）	<0.2	<0.2	<0.2
钠含量，$\mu g/g$	1.0	1.6	1.6
钾含量，$\mu g/g$	0.3	0.4	0.5
镁含量，$\mu g/g$	3.4	2.9	3.0
钙含量，$\mu g/g$	2.6	2.8	3.8
沥青质，%（质量分数）	0	0	0.1
胶质，%（质量分数）	0.5	3.2	1.6
可滤固含物（以每千桶计），lb	176	295	225

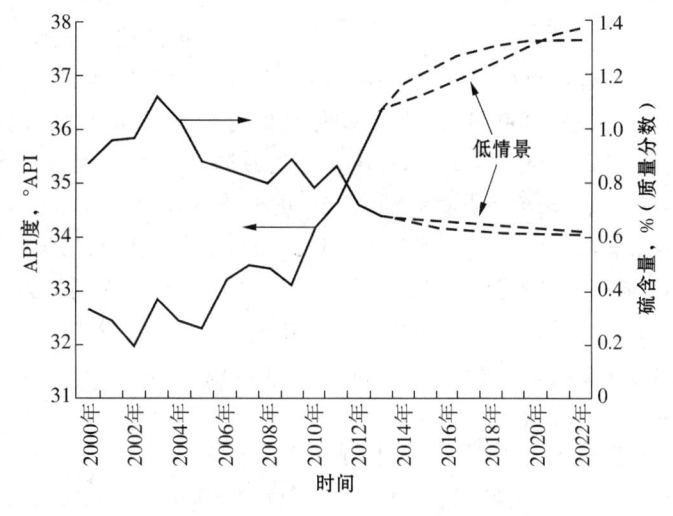

美国原油结构的变化和品质的变轻（图 7）要求炼厂考虑新的装置投资计划，以及对原先投入巨资提高处理重质高硫原油能力的炼厂装置进行改造，以加工越来越多的轻质低硫页岩油。装置投资重点从之前的加工重油为主转向加工更多的轻油，需要扩大蒸馏能力、增加加氢裂化能力以及改造蒸馏装置，包括设置预闪蒸塔或"拔顶塔"以脱除更多的轻组分，原来加工重油的主力装置——焦化装置的新能力建设已基本停止（图 8）。作为占全球炼油能力 20％份额的世界第一大

图 7 美国原油质量及预测（2000—2022 年）
（来源：美国能源信息署和 TM&C）

的炼油强国，美国原油结构的变化将对全球炼油业发展产生深远影响。

目前，美国许多炼油商已经开始加工页岩油，加工页岩油正成为北美地区炼油业的发展方向。同时由于美国原油禁止出口的政策，原油加工量还在逐步提高，这也使得美国的原油进口量大幅削减，减少了对进口原油的依赖，提高了炼油业在全球市场的竞争力。然而，页岩油加工也面临许多新问题和挑战，贝克休斯公司研究后认为，页岩油属轻质低硫油，含蜡多，含酸少，在下游加工时会存在一些问题，如蜡沉积易结垢；页岩油含沥青质少，可过滤的固体物、硫化氢和硫醇的含量变化大。此外，在防腐蚀、防细菌方面也有一定困难。为此，美国炼厂通过改扩建输油管道、将页岩油与重质原油调和加工、对炼厂进行投资改造以及优化操作等多种措施，提升炼厂的页岩油加工能力以获取最大的经济效益。

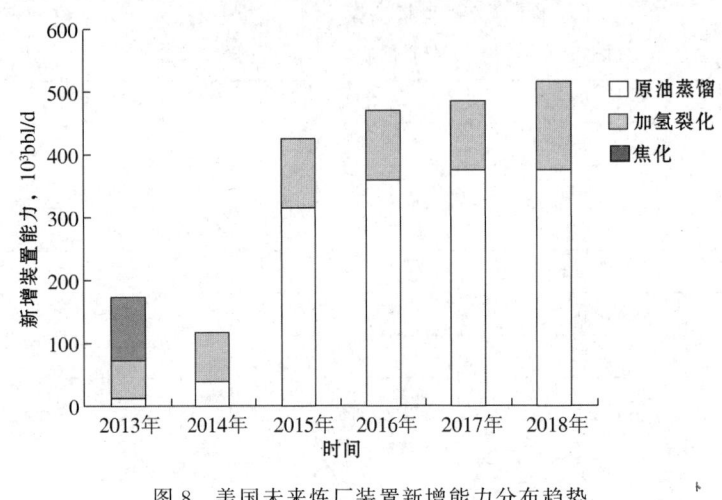

图 8　美国未来炼厂装置新增能力分布趋势
（2013—2018 年）

由于页岩油区块基本远离美国主要炼厂集中区域，以及页岩油产量在近几年内迅速增长的状况，美国现有的输油管道已不能满足输送大量页岩油的需要，已成为影响页岩油加工量大幅度提高的一个瓶颈。如当前美国东海岸和西海岸的炼油商竞争优势相对较低，其主要原因就是管道能力不足，只能通过铁路、驳船和油轮向这些地区供应国产页岩油和加拿大原油，导致运输成本较高。

为应对运输挑战，美国已开始新建和扩建输油管道。新一轮管道建设投资已开始，有些新建管道最近已经建成，还有一些正在建设中，其中包括几条输送原油到俄克拉何马州库欣供油中心的管道和从库欣外输原油的管道。泛加拿大公司 Keystone 管道二期工程已于 2011 年竣工，可从加拿大 Hardisty 外输原油，也可从威利斯顿盆地将原油输送到库欣。Bakken 和 Eagle Ford 两大页岩油主产区的外输管道也正在加快建设。此前，Bakken 页岩油主要在美国中西部的炼厂加工，也可送到费城和华盛顿州的炼厂加工。随着输油管道的建设，预计 Bakken 页岩油会运往集中了美国大部分炼油能力的墨西哥湾沿岸加工。Eagle Ford 页岩油原来主要在得克萨斯州的 Three River 和 Corpus Christi 炼厂加工，而目前可输送到更远一些的 Marathon 公司的炼厂加工，并且预计 Eagle Ford 页岩油也会运往墨西哥湾地区的炼厂加工。恩桥公司的 Seaway 管道扩能工程现已竣工，可将原油从库欣运至墨西哥湾地区。

目前美国许多炼厂只能加工重质含硫原油和高硫原油，不能加工 Bakken 和 Eagle Ford 页岩区生产的轻质低硫页岩油；而那些能够加工页岩油的炼厂，页岩油的加工能力又比较有限。为此，美国炼厂开始寻求解决方案，将页岩油与从加拿大、墨西哥和南美地区进口的重质原油调和后加工，而不必投资新建装置。如墨西哥湾某炼厂已开始加工巴西的重质原油与美国页岩油的调和原油。德国欧德油储集团也表示将其休斯敦油库的原油调和能力从 650×10^4 bbl 扩大到 2000×10^4 bbl，以满足美国页岩油炼油能力增长的需求。预计 5 年内，俄克拉何马州库欣的储油设施将新增 1900×10^4 bbl 的原油调和能力。

解决管输难题和原油调和是前提，面对成本低廉、产量猛增的页岩油，美国许多炼油商还对现有的炼油装置进行投资改造，或者通过建设新装置来提高页岩油的加工能力，采取工艺优化等措施来提高经济效益。

美国最大独立炼油商瓦莱罗能源正在大力投资，以实现加工大量轻质低硫页岩油的目标。该公司已开始在其科珀斯克里斯蒂和休斯敦炼厂建设拔顶装置，并对原来加工重质原油的炼厂进行改造，以提高轻质低硫原油加工能力。其中休斯敦炼厂投资额为 2.8 亿美元，可提高加工轻质低硫原油能力 $450×10^4$ t/a。Flint Hills 公司也在改造其科珀斯克里斯蒂炼厂以提高加工页岩油的能力。与此同时，埃克森美孚公司决定对其在墨西哥湾地区的炼厂进行改造，使其加工北美地区轻质低硫原油的能力提高 2 倍。美国 Dakota Prairie 炼油公司在北达科他州投资 3.5 亿美元新建了一座 $100×10^4$ t/a 的页岩油炼厂，将于 2015 年 4 月投产，可生产约 $35×10^4$ t/a 柴油供应当地市场，约 $32.5×10^4$ t/a 石脑油销往加拿大用作重质原油的稀释油。

加工页岩油具有更高的利润。国际能源机构数据表明，2013 年全年和 2014 年 1—2 月，美国墨西哥湾地区的催化裂化型炼厂加工路易斯安那重质低硫和轻质低硫混合原油，2013 年多数月份的利润为 6~7 美元/bbl；加工墨西哥 Maya 原油和美国 Mars 重质高硫混合原油的利润稍低一些。美国中部催化裂化型炼厂加工 WTI 原油的利润都在 20 美元/bbl 以上，加工 Bakken 原油的利润更高，这是因为 Bakken 页岩油直馏石脑油收率高达 36%。

3.6 主要技术进步

炼油工业作为技术密集型工业，技术创新在提高企业经济效益、降低生产成本和提升产品质量方面发挥重要作用。AFPM 年会是世界最重要的炼油专业会议，主要的石油公司和炼油商、技术开发商都会派代表参加，是炼油技术风向标，基本反映了全球炼油技术的发展趋势。本次会议共分 14 个专题论坛，分别是宏观形势、工艺安全、致密油加工、加氢处理、催化裂化技术、炼厂操作、汽油/石化产品、原油供应、硫回收与利用、战略投资、炼厂制氢、催化裂化操作、风险监测和装置可靠性。通过梳理近几年 AFPM 年会的专题和主要论文，并结合 2014 年世界石油大会以及其他专业会议和期刊论文涉及的炼油技术方面的动态，可以看出炼油技术的进展仍主要集中在清洁燃料生产、重油加工、炼厂增产低碳烯烃以及芳烃等方面。

清洁燃料生产技术继续围绕清洁燃料产品标准的升级而发展。清洁汽油生产技术的发展方向是进一步降低硫、烯烃和苯含量，提高辛烷值、氧化安定性和清净性。催化汽油选择性加氢脱硫是生产清洁汽油的首选技术，催化重整、烷基化和异构化等高辛烷值汽油组分的生产受到更多关注。清洁柴油生产技术向降低硫含量、芳烃含量，提高十六烷值、氧化安定性方向改进。单段芳烃深度饱和技术可降低芳烃含量、提高十六烷值，应用日趋广泛，异构降凝技术可改善低温流动性，成为低凝柴油的主要生产路线。渣油加工和渣油转化是炼厂提高经济效益的关键，也是当今世界各国炼厂面临的一大难题。作为主流的重油加工技术，渣油加氢技术的开发和应用日益广泛，固定床渣油加氢裂化技术投资和操作费用低，运行安全简单，是工业应用最多和技术最成熟的渣油加氢技术。沸腾床加氢裂化技术在超重原油及油砂沥青改质方面的工业应用呈快速增长趋势；悬浮床加氢技术近年来的研究取得突破，意大利埃尼公司开发的 EST 技术的工业装置已经建成并于 2013 年 11 月试运行，目前尚未有关于运行情况的公开报道。炼厂增产丙烯、芳烃等化工原料技术伴随炼化一体化战略加快发展。炼厂增产丙烯技术的开发主要集中在两方面：一是现有催化裂化装置增产丙烯；二是利用炼油及乙烯裂解副产的 C_4—C_8 等资源转化为乙烯、丙烯的低碳烯烃裂解技术、烯烃歧化技术。以对二甲苯为主要目的产物的芳烃生产技术的技术进步与创新主要体现在催化剂性能的提高、新型反应及分离工艺的开发与应用，以及采用组合工艺最大化增产芳烃等方面。

在2014年召开的AFPM年会上,许多公司介绍了一些新技术研发及应用进展,这些新技术主要体现在以下两大方面:

(1)催化裂化仍然是最重要的炼油生产装置,围绕其进行的技术创新、操作优化取得了新进展。

催化裂化以原料适应性宽、重油转化率高、轻质油收率高、产品方案灵活、操作压力低与投资低等特点,仍是最重要的重油转化装置,承担着汽油生产的主要任务,同时兼顾生产低碳烯烃。与其他二次加工装置相比,催化裂化工艺具有自身的特点及优势,尽管在新形势下需要应对诸多的挑战,但催化裂化技术仍在不断发展进步中。

Shell公司介绍了在Deer Park炼厂进行催化裂化装置改造的经验。2012年Deer Park炼厂采用进料自动喷嘴、新提升管和旋风分离器、高回流Pentaflow™汽提、催化剂循环强化等新技术对其$350×10^4$ t/a的催化裂化装置进行了改造。采用的主要核心技术是催化剂循环强化(CCET)技术,可显著提高立管的稳定性,在立管入口附近优化催化剂条件以增加蓄压,使滑阀维持高压差来提高催化剂循环量,从而提高装置处理量,而不必对催化剂输送管线和滑阀进行改动。采用CCET技术后,滑阀压差增大,催化剂循环量提高了50%。改造后,液化石油气和汽油收率分别增加了0.9%和1.1%(体积分数),焦炭产率降低了1.1%(体积分数)。

BASF公司介绍了采用新型催化裂化催化剂技术加工页岩油的经验。页岩油尽管质量好,但因之前美国许多炼厂按照加工重质低硫原油设计,所以加工页岩油后装置操作条件、催化剂选用等方面需要相应调整变化。页岩油作为催化裂化原料具有下列特点:轻质、烷烃含量高,低残炭,低沸点,石脑油及中馏分油收率高,减压瓦斯油含量较低,渣油含量极低。BASF公司开发了加工页岩油的催化裂化催化剂。某加工100% Eagle Ford页岩油的炼厂采用BASF公司的NaphthaMax Ⅱ催化剂后,转化率提高了2个百分点(体积分数),液化石油气收率提高1个百分点(体积分数),汽油收率提高2个百分点(体积分数),油浆及焦炭产率有所降低。另一家加工掺炼80%的Eagle Ford页岩油的炼厂采用BASF公司的NaphthaMax Ⅱ催化剂后取得了转化率、轻烃收率与油品辛烷值均提高的效果。

Technip Stone & Webster公司从催化裂化装置设计、改进操作条件、原料的影响和催化剂选择4个方面探讨了催化裂化装置如何多产汽油、馏分油、丙烯及烯烃。其中对于多产馏分油提出了如下措施:一是将催化裂化原料油中的柴油馏分降至最少,以避免高质量的中馏分油转化成更轻质产品;二是改变催化裂化汽油和轻循环油产品的切割点,使部分汽油直接用作馏分油,其他产品收率不变,总产品收率也没变化;三是通过提高进料温度、降低提升管出口温度或催化剂活性来降低催化裂化的苛刻度提高轻循环油收率;四是降低催化剂的沸石基质比提高中馏分油的选择性。

(2)加氢催化剂技术在生产清洁燃料和高档润滑油方面继续发挥关键作用。

随着清洁油品质量标准的逐渐趋严和加工原油质量日趋重劣质化,加氢裂化、加氢处理和异构脱蜡等加氢技术因具有原料加工范围宽、产品质量好和轻质产品收率高等优点,成为炼厂实现油品质量升级和原油高效利用的关键核心技术。在工艺技术趋于成熟的条件下,技术创新主要围绕各种催化剂的功能完善和升级换代来开展。

雪佛龙公司、UOP公司和埃克森美孚公司是世界上主要的自主原始创新研发加氢催化剂的公司，从他们近年来推出的催化剂可以看出加氢催化剂的技术方向和发展趋势，雪佛龙公司（包括雪佛龙鲁姆斯全球公司和雪佛龙与Grace合资的先进炼油技术公司）自主创新的加氢催化剂主要有：石脑油加氢处理催化剂StART、航空煤油/柴油加氢处理催化剂SmART、催化裂化原料加氢预处理催化剂ApART；渣油固定床加氢处理（RDS、VRDS、OCR、UFR）催化剂（ICR系列）、渣油沸腾床加氢裂化（LC-fining）催化剂（GR系列）；馏分油加氢裂化原料预处理和加氢裂化催化剂（ICR系列）；润滑油基础油异构脱蜡催化剂（ICR系列）等。UOP公司自主创新的加氢催化剂有馏分油加氢处理催化剂、馏分油加氢裂化催化剂（HDC系列和HC系列）、催化重整催化剂（R系列）、石脑油异构化催化剂（I系列）和轻馏分脱硫醇催化剂（Merox系列）等。近年来，这几家公司在加氢催化剂研发应用方面的主要进展分类归纳如下：

①加氢裂化催化剂。雪佛龙鲁姆斯公司开发的用于Isocracking加氢裂化工艺的催化剂主要有ICR511和ICR512（用于加氢裂化原料预处理）以及ICR183、ICR185、ICR188、ICR214、ICR215、ICR250和ICR255（用于加氢裂化）共9种。这些新催化剂用于减压瓦斯油加氢裂化最大化生产柴油、最大化生产石脑油和最大化生产柴油/航空煤油的加氢裂化装置。2013年投产的沙特阿美道达尔炼油石化公司沙特阿拉伯朱拜勒2000×10^4 t/a炼厂的加氢裂化装置采用雪佛龙鲁姆斯公司的加氢裂化工艺和催化剂，最大化生产柴油和航空煤油。

UOP公司开发的Unicracking加氢裂化新催化剂主要有C-470LT、HC-310LT和HC-320LT共3种。其中，HC-470LT活性高，用于转化产物和未转化油的最大量饱和，既可以用于减压瓦斯油原料高转化率生产中馏分油和石脑油，也可以用于柴油馏分原料部分转化生产石脑油和未转化柴油改质。

HC-310LT和HC-320LT主要用于两段加氢裂化装置的第二段，最大化生产中馏分油。其中，HC-310LT催化剂能提高柴油收率1%～2%（体积分数），而HC-320LT催化剂活性高，能用于提高装置加工量或加工含氮量高的原料油，也能用于加氢裂化装置的第一段提高中馏分油收率。

②润滑油基础油异构脱蜡催化剂。雪佛龙鲁姆斯公司是润滑油基础油异构脱蜡（Isodewaxing）工艺和催化剂研发最早和工业应用最多的公司。开发的催化剂包括异构脱蜡催化剂和脱蜡基础油加氢后处理（Isofinishing）催化剂（ICR系列）两类，用于生产Ⅱ/Ⅲ类润滑油基础油。

墨西哥国家石油公司（Pemex）和委内瑞拉国家石油公司（PDVSA）在建的润滑油基础油生产装置都采用了雪佛龙鲁姆斯公司开发的工艺和催化剂。

埃克森美孚公司是另一家自主原始创新开发润滑油基础油异构脱蜡工艺和催化剂的公司，最近几年的进展是通过进一步提高催化剂活性从而提高装置加工量。提高异构脱蜡催化剂的活性主要是提高芳烃饱和活性，使所得到的产品更容易满足Ⅱ/Ⅲ类基础油规格的要求，也能够在氮和硫含量稍高的条件下处理质量较差的原料油。埃克森美孚公司还开发了异构脱蜡的下游脱蜡基础油加氢后处理新催化剂（MAXSAT）。这种新催化剂具有一定的抗氮/抗硫性能。为了不断进行工艺和催化剂创新，扩大工业应用范围，提高市场份额，埃克森美孚公司与UOP公司结成技术转让和催化剂销售联盟，联合推广UOP公司加氢裂化技术和埃克森美孚公司异构脱蜡技术。

③催化重整催化剂。R-254和R-284是UOP公司近几年推出的2种连续重整催化剂，能生产更多的氢气、汽油或芳烃，投资回收期不到1年。自2010年以来，R-254催化剂已用于10多套工业装置。R-334是正在开发中的新一代连续重整催化剂，与目前所有工业应用的催化剂相比，可以得到更高的液体产品收率和氢气产率。UOP公司是领先的连续重整催化剂供应商，选用R-260系列催化剂的工业装置已有70多套。直径1.8mm的R-262L和R-264L催化剂非常适用于非UOP连续重整装置，自2004年以来这种高密度、高活性催化剂已用于70多套工业装置。R-500催化剂是UOP公司高收率、高活性和高稳定性的最新一代固定床半再生式重整催化剂，运转周期长，汽油辛烷值和氢气产率高，自2010年以来已在多套工业装置上使用。

④加氢处理催化剂。Haldor Topsoe公司开发的加氢裂化原料预处理和高压加氢处理生产超低硫柴油的催化剂TK-609 HyBRIM是目前活性最高的加氢处理催化剂，其脱硫、脱氮和芳烃饱和活性与BRIM催化剂相比提高40%。TK-609 HyBRIM催化剂的活性高，在进料量不变的情况下能够延长运转周期，或加工质量差一些的原料，或提高加工量，因此可大大提高装置的经济效益。

4 中国应对策略

4.1 中国能源形势

中国是世界上人口最多的国家，经济快速增长，已成为世界上最大的能源消费国和生产国。据《BP世界能源统计2014》，2013年中国能源消费量达到2852.4×10^6t油当量，占全球总量的22.4%，比上年增长4.7%，低于过去10年8.6%的平均水平，增长放缓主要是由于煤炭和石油消费增长放缓。在化石能源中，中国天然气消费增长10.8%，煤炭消费增长4.0%，石油消费增长3.8%，均远低于过去10年的平均水平。2013年能源产量占全球总供应量的18.9%，第一大能源是煤炭，占全球煤炭总产量的47.4%。中国能源产量增长速度放缓，为2.3%，远远低于过去10年7.4%的平均水平。按能源类型来看，在三大主要的能源中，石油产量增长仅为0.6%，远低于过去10年2.1%的平均水平；煤炭产量增长1.2%，是2001年以来增速最慢的一年；只有天然气产量的增长从2012年的4.1%大幅上升至2013年的9.5%（表18）。

从中国能源结构来看，随着中国经济和能源结构的转型，煤炭在能源结构中的主导地位下降，2013年所占比例为67.5%，创历史新低；作为第二大消费能源的石油则下降至17.8%，创1991年来最低值；而过去10年，天然气占一次能源比重翻倍，达到5.1%，非化石能源所占比例达到9.6%，增速超过50%。虽然2013年非化石能源增速也放缓，但用于发电的可再生能源（940×10^4t油当量）和水电（890×10^4t油当量）的增长居全球之首，而且核能的增长（300×10^4t油当量）为全球第二，仅次于美国。

能源消费结构的改进助力中国节能减排。2013年，中国能源消费产生的二氧化碳排放增长4.2%（3.58×10^8t），是近5年来增长最慢的一年。但值得关注的是，中国二氧化碳排放占世界总量的比重有所上升，达到27.1%。

表 18　中国各类型一次能源消费量（2010—2013 年）

能源	消费量，10^6 t 油当量 2010 年	2011 年	2012 年	2013 年	2013 年增长率，%	2013 年所占比例，%
石油	440.4	464.1	490.1	507.4	3.8	17.8
煤炭	1609.7	1760.8	1856.4	1925.3	4	67.5
天然气	96.2	117.5	131.7	145.5	10.8	5.1
水电	163.4	158.2	197.3	206.3	4.8	7.23
核能	16.7	19.5	22.0	25.0	13.9	0.87
可再生能源	13.1	24.7	33.5	42.9	28.3	1.5
合计	2339.5	2544.8	2731.0	2852.4	4.7	100

注：增长率对闰年因素进行了调整。

BP 公司预测，到 2035 年中国将成为世界上最大的能源进口国，进口量将超过欧洲，能源进口依存度将从 15% 上升至 20%。

中国的能源结构将不断演变，天然气比例将增加 1 倍，在能源结构中占到 12%，石油保持占 18% 的份额不变。中国对所有化石燃料的需求均将扩大，石油、天然气和煤炭将占能源需求增长的 70%。中国的二氧化碳排放量将增加 47%，到 2035 年将占世界总量的 30%，人均排放量到预测期末将超过 OECD。中国的石油进口依存度将从 2012 年的 57% 上升到 2035 年的 76%，而同期天然气的进口依存度将从 25% 上升至 41%。

中国的能源形势存在下列问题：

（1）结构失衡，煤在能源结构中的比例过高，天然气比例增长缓慢。全世界能源结构中，天然气所占比例上升最快，煤和石油都呈稳中下降趋势。中国为改善能源结构，在能源消费总量持续增加的背景下，努力增加石油和天然气的比例，但是煤在能源结构中的比例依然高达 67%，天然气所占比例只有 5.1%，这也是中国空气严重污染的重要原因。

（2）中国能源效率总体仍然偏低。中国的能源消耗高，但能效极低。以 1t 标准煤产生的国内生产总值（GDP）计算，中国 1t 标煤的能源消耗产生 14000 元人民币的 GDP，全球平均水平是 1t 标煤产生 25000 元，总体上中国消费了全球 20% 的能源，但创造的 GDP 只占全球的 10%。

（3）能源对外依存度过高。2013 年中国石油、天然气、煤炭的对外依存度延续了之前的攀升态势，其中石油的对外依存度已经逼近 60%，天然气的对外依存度也由 2012 年的 25.5% 上升 6.1 个百分点至 31.6%。中国能源安全形势始终面临严峻挑战。

4.2　中国炼油业现状

中国炼油工业经过近 30 年的长足发展，实现了从炼油小国到炼油大国的转变，原油一次加工能力从 2000 年的 $2.77×10^8$ t/a 增至 2013 年的 $6.273×10^8$ t/a，居世界第 2 位。2013 年，中国原油加工量为 $4.79×10^8$ t，比上年增长 3.3%，增速减缓 0.4 个百分点；成品油产量为 $2.96×10^8$ t，增幅 4.1%，增速回落 1.1 个百分点。拥有 22 座千万吨级炼厂，其中大连石化和镇海石化炼油能力超过了 2000×10^4 t/a，进入世界最大炼厂行列。

在全球竞争加剧、资源环境约束加大的背景下，中国炼油工业仍将保持平稳较快增长，将加快从炼油大国向炼油强国的转变步伐。2014年6月4日，国务院常务会议部署石化产业科学布局，要求必须遵循经济规律，按照安全环保优先、科学合理规划、提高产业效益、保障能源安全的原则，搞好石化产业布局，使产业发展与民生改善相促进，推动国内石化产能的增长、产品结构的优化和排放标准的提高。据悉，石化产业规划布局方案已经基本完成，对炼油、乙烯、芳烃进行重点规划布局。新布局的七大石化产业基地包括大连长兴岛（西中岛）、河北曹妃甸、江苏连云港、上海漕泾、浙江宁波、广东惠州和福建古雷。预计到2020年，七大石化产业基地的炼油、乙烯和芳烃产能将分别达到 1.8×10^8 t/a、1250×10^4 t/a 和 1100×10^4 t/a，占同期全国产能的 23%，38% 和 36%。

4.3 对策与建议

中国炼油工业迎来了战略发展机遇期，但仍面临着原油资源供应日趋紧张、原油品质重劣质化、环保要求趋严等严峻挑战，必须借鉴国际先进经验，采取相应对策。

（1）拓宽原油来源，实现渠道多元化，确保能源安全。

近年来，随着中国经济的发展，能源需求迅速增加，石油需求也呈现快速增长势头。2013年中国原油产量为 2.08×10^8 t，表观消费量达到 4.88×10^8 t，同比增长 4.0%；进口量为 2.82×10^8 t，石油对外依存度高达 57.4%，比上年增长1个百分点。预计到2020年中国石油需求量将达到 6.1×10^8 t，而国内可供量却只有 $(1.8\sim2.0)\times10^8$ t，缺口超过 4×10^8 t，进口依存度将高达 70% 左右。原油是炼油化工的基础，并且其成本占到炼油生产成本总额的 80% 以上，原油资源的不足成为制约中国炼油石化工业的最大瓶颈，严重威胁中国能源安全。

中国国内的原油主要产自大庆、胜利和长庆等主力油田，总产量占国内消费量的 43%。进口原油主要来自中东地区、原苏联地区、南美洲和非洲。2013年中国进口石油 2.82×10^8 t。排名前10名国家分别是沙特阿拉伯、安哥拉、阿曼、俄罗斯、伊拉克、伊朗、委内瑞拉、哈萨克斯坦、阿联酋、科威特，其中有些地区政局不稳，供应经常中断，存在着很大的不确定性，不可避免地影响到中国的石油供应安全。

全球能源格局的变化也为中国扩大原油来源提供了有利契机。美国、加拿大、委内瑞拉和巴西等美洲国家石油储产量近年来大幅增长，正逐步成为继中东之后，全球油气勘探开发的新兴热点区域，世界石油供应中心多极化的版图正在形成。中国应在确保国内原油稳产上产的同时，与油气资源国建立长期合作关系，积极构建四大油气通道，从中东、俄罗斯、南美和非洲等地扩大原油来源，逐渐降低从政局动荡地区的原油进口比例，分散风险，并密切关注美国页岩油气的开发生产和原油出口禁令松动的迹象，保障国家能源安全。

（2）加大非常规油气资源开发，尽快实现页岩油气突破。

中国拥有丰富的页岩油气资源，具有开采利用的巨大潜力。根据美国能源信息署的评估，中国页岩气可采资源储量达到 31.57×10^{12} m³（中国能源局的评估为 25.00×10^{12} m³），是最大的资源国；页岩油资源储量达到 320×10^8 bbl，排名世界第三。据预测，至2015年中国页岩油年产量达到 80×10^4 t。BP公司在2013年发布的《BP 2030 世界能源展望》认为，中国将是北美地区以外页岩气开发最成功的国家。到 2030 年，中国的页岩气产量预计将占天然气产量的 20%。

为改变中国油气资源格局，缓解能源短缺，保障国家能源安全，减少碳排放，促进经济发展，中国政府高度重视页岩油气资源的开发。将页岩气开发纳入国家战略性新兴产业，编制了《页岩气发展规划（2011—2015 年）》，中国页岩气可采资源量为 $25\times10^{12}\mathrm{m}^{3}$，提出到 2015 年中国页岩气初步实现规模化生产，实现年产量 $65\times10^{8}\mathrm{m}^{3}$，到 2020 年，实现年产量 $(600\sim1000)\times10^{8}\mathrm{m}^{3}$。先后举行了两轮页岩气开发招标，鼓励包括民营企业在内的多元投资主体投资页岩气勘探开发。在国家层面设立"页岩气勘探开发关键技术"国家科技重大专项，并成立了国家能源页岩气研发（实验）中心，以加大页岩气勘探开发关键技术研发力度。在"973"计划中将"非常规致密油（页岩油）形成机理、富集规律与资源潜力"列入 2014 年重要支持方向。

2013 年中国页岩气产量达到 $2\times10^{8}\mathrm{m}^{3}$。中国石油目前在两个国家级页岩气开发示范区——四川威远长宁和云南昭通进行勘探开采活动，到 2015 年的页岩气产量目标是 $26\times10^{8}\mathrm{m}^{3}$，计划今后 5～8 年，加大非常规天然气勘探开发力度，将川渝地区建设成"中国天然气工业基地、天然气产业利用示范区及西南地区能源供应保障中心"。中国石化集中开发涪陵页岩气田，取得了产量突破，提前进入规模化、商业化发展阶段，产能已达到 $11\times10^{8}\mathrm{m}^{3}/\mathrm{a}$，2014 年底产能将达到 $18\times10^{8}\mathrm{m}^{3}/\mathrm{a}$，2015 年底产能为 $50\times10^{8}\mathrm{m}^{3}/\mathrm{a}$，2017 年建成国内首个百亿立方米页岩气田。由于页岩气开发难度大，投入大、成本高，回收周期长，截至 2014 年 4 月底，中国页岩气开发累计投入超过 150 亿元。高投入和开发难度大，采收率过低（页岩气的采收率一般只有 5%～20%，而常规天然气的采收率则在 60% 以上）使页岩气短期内难以大规模工业化生产，市场价格也很难和常规天然气竞争，导致产量无法迅速增长。另外，中国页岩构造和区位较美国复杂，因此需要对开采工艺本土化，以保护水源和生态。国家于 2014 年对页岩气 2020 年的目标产量进行了调整，调低至 $300\times10^{8}\mathrm{m}^{3}$。页岩油的商业开发尚未开始，目前正处于前期的探索和准备阶段。中国石油在大庆油田建立了 $3\times10^{4}\mathrm{t}$ 页岩油中试示范项目，与 Shell 公司联合成立页岩油联合研发中心开展研究工作。

由于资源禀赋、技术积累等方面的原因，中国的页岩油气开发还存在很多问题，要成为主要的非常规油气资源还有很长的路要走，中国可借鉴美国页岩气革命的一些经验教训，突破页岩气开发最核心的开采技术难题，同时对下游行业来说，要密切关注进展，提前介入对页岩油气的性质性能分析、加工利用方案的研究，为能源接替提前做好技术储备。

（3）严格行业规划和行业准入，化解产能过剩矛盾。

全球炼油能力已出现过剩迹象，平均开工率为 81%，而在 2005 年炼油业黄金时期开工率最高达到 86%。国内 2013 年炼油能力达到 $6.273\times10^{8}\mathrm{t}/\mathrm{a}$，原油加工量为 $4.79\times10^{8}\mathrm{t}$，平均开工率为 76%，其中地方性炼厂的炼油能力超过 $1\times10^{8}\mathrm{t}/\mathrm{a}$，平均开工率不足 40%。行业整体出现了产能过剩矛盾。根据国际经验，81%～82% 的产能利用率是衡量工业产能过剩的临界点，75% 以下表明产能过剩严重，高于 85% 表示产能不足。目前中国炼油行业出现的产能过剩体现了行业发展阶段性特征，对行业未来发展敲响了警钟。经济发展对投资的过度依赖是造成产能过剩的重要原因，结构性过剩是行业产能过剩的一个突出特点。

化解产能过剩需要政府和企业双管齐下，综合治理。政府方面要科学规划、严格监管，科学制定发展规划、统筹产业布局，使规划具有法律地位，在科学规划指导下实现产业的有序发展，严格控制规划以外炼油项目的建设。要严格行业准入，完善行业准入条件，强化环保、安全、节能等指标约束，提高行业准入门槛。加快落后产能退出，将产品质量标准、污染物排放和能耗指标作为淘汰落后产能的重要指标，通过环保和能耗手段，推动落后产能加快退出。

炼油企业方面要提高现有装置的技术水平，加快质量升级，提升企业竞争力；及时根据市场形势调整或延后部分新项目的建设、投产开工时间；积极开拓国际市场，提高产品出口量，转移国内产能过剩的压力；利用中国成熟的技术，在国外有市场的国家投资或合资建厂，提高国际化水平；也可考虑企业的兼并重组，压缩过剩产能，淘汰落后产能，促进转型转产；最终形成优强企业主导、大中小企业协调发展的健康的产业格局。

(4) 应对国Ⅴ标准挑战，加快油品质量升级步伐。

在当前全球油品质量日趋严格，产品标准中硫含量关键指标的限值逐步趋于一致的大趋势下，尤其是随着中国经济的高速发展，汽车保有量快速增长，汽车尾气排放对大气污染的影响日益增加，特别是近年来中国大范围持续出现的雾霾天气更是引发了社会对油品质量升级的高度关注，中国油品标准向国际先进水平靠拢的步伐明显加快。2014年1月1日起已开始在全国执行国Ⅳ汽油标准，硫含量指标是不大于$50\mu g/g$；当前车用柴油标准执行的是自2011年7月1日开始的国Ⅲ车用柴油标准，硫含量指标是不大于$350\mu g/g$。政府提出了中国油品质量升级的时间表，发布国Ⅳ车用柴油标准（硫含量不大于$50\mu g/g$），过渡期至2014年底，2015年1月1日起全面实施；国Ⅴ汽油和车用柴油标准（硫含量均不大于$10\mu g/g$），过渡期均至2017年底，2018年1月1日起将正式在全国执行。部分大城市和地方政府走在了国家标准的前面，制定了相当于国家标准的地方标准，实施进程提前。如北京已经于2012年5月31日起在全国率先实施京Ⅴ汽柴油标准，汽柴油硫含量不大于$10\mu g/g$。上海、广州、深圳等大城市和部分省市也相继开始了提前实施国Ⅴ汽油和车用柴油标准的行动。如上海自2013年9月1日起实施国Ⅴ汽油和车用柴油标准，广州、深圳自2014年7月1日起实施国Ⅴ汽油标准，陕西省和天津市也分别自2014年10月1日、2014年12月31日起实施国Ⅴ汽油和车用柴油标准。

在油品质量标准更加严格的形势下，中国企业可以借鉴欧美生产低硫/超低硫清洁燃料的实践经验。在清洁汽油生产方面，美国和西欧大多采用催化汽油选择性加氢脱硫技术，部分采用催化裂化原料油加氢预处理技术，对于部分加工高硫原油的炼厂，有时需要采用催化原料油加氢预处理和催化汽油选择性加氢脱硫组合技术来实现生产超低硫汽油的目的，同时通过烷基化、异构化等技术生产高辛烷值汽油组分。在清洁柴油生产方面，欧美国家的主要措施是加氢脱硫，其中Criterion公司的单段芳烃深度饱和技术、两段加氢处理技术成熟，应用较广，部分炼厂通过加氢裂化装置生产超低硫清洁柴油。

中国炼油工业必须通过技术革新、装置改造、工艺改进等措施加快产品质量升级步伐。加氢处理装置是实现清洁油品生产的核心装置，中国加氢装置与欧美等国家相比比例低，能力小，要生产国Ⅴ标准的汽柴油，只有依靠加氢装置，进一步提高加氢处理装置的比例是关键。在新技术应用方面，在中国以催化裂化为主生产汽油的情况下，采用催化汽油加氢脱硫工艺来降低汽油硫含量问题,加工高硫原油的炼厂还可适度发展催化裂化汽油原料加氢预处理。大力发展重整油和烷基化油生产,增加高辛烷值组分。进一步提高深度脱硫脱芳柴油加氢装置的能力,发展加氢裂化,生产清洁柴油。采用高活性、高选择性的汽柴油加氢催化剂和性能更加优异的反应器内构件也是经济有效的提高汽柴油质量的措施。

(5) 应对重油劣质化,提高重油深加工能力。

尽管近年来出现了美国轻质低硫的页岩油产量激增的"页岩革命"浪潮,但其占世界原油供应量的份额仍然很低,重质化、劣质化仍是世界原油质量变化的主流趋势,主要表现为低硫和轻质原油不断减少,而含硫、重质原油逐年增加。世界原油平均API度将由2012年的33.3°API下降到2035年的32.9°API,平均硫含量将由2012年的1.15%提高到2035年的1.27%。重油产量在原油中的比例将进一步提高。

对于中国来说,国内石油大多是低硫石油,但资源和产量都很短缺,60%的原油需要依靠进口来满足。预计未来20~25年,中国平均每年可新增可采储量(1.8~2.0)×10^8 t,但品位下降,低渗透、超稠油比例加大。综合分析原油进口来源形势,今后中国进口的和可获得的原油也大多属于高硫、含硫重质原油,目前已明确的中国可获取的委内瑞拉超重油和加拿大油砂沥青的权益产量将达到1.2×10^8 t/a。全国共有20余家大型高硫原油加工炼厂,目前新建的炼厂也大多按照加工含硫原油来设计。中国石油和中国石化两大集团公司加工的高硫、高酸劣质原油的比例达到35%左右,其中中国石化的高硫、高酸原油加工比例高达49%,建设了10个高硫原油加工基地与6个高酸原油加工基地。随着原油品质劣质化,尤其是委内瑞拉超重油、加拿大油砂沥青等重油资源的可采储量和产量逐步上升,炼厂加工难度增大,重油加工深度、反应苛刻度也必然相应要加以提高,投资和操作成本上升。

国内炼油企业需要进一步提高劣质重油深加工能力,优化资源配置,调整产品结构,加快炼厂装置改造步伐,新建一批原料适应性好、产品质量高、产品结构灵活的加氢裂化装置。加快开展委内瑞拉超重油、加拿大油砂沥青等重油加工技术的研发与应用,加快推广应用重油梯级分离、延迟焦化等重油改质和加工技术,在渣油加氢处理技术方面,加大固定床渣油加氢处理技术以及各种组合技术的推广应用,关注国际上悬浮床加氢技术的工业化进展。继续发展重油催化裂化工艺和催化剂,提高重油转化率,最大限度提高轻质油收率和汽油辛烷值,同时兼顾多产丙烯。

(6) 密切关注煤化工产业发展动态,探索煤油气混炼加工路线。

中国是世界上最大的煤炭生产和消费国以及第三大资源国,煤炭在一次能源消费中的份额高达67.5%,远高于石油和天然气的比例。2013年煤炭资源探明储量为1145×10^8 t,占世界探明储量的13.3%,位居世界第三,但石油和常规天然气资源不足,2013年石油对外依存度为58.1%,天然气对外依存度达到31.6%。中国煤炭的资源优势、价格优势以及石油、天然气资源的短缺,使得近年来以煤制烯烃、煤制油、煤制天然气为代表的现代煤化工产业在中国取得突破性发展,逐渐对石油化工业产生越来越大的影响。截至2013年底,中国煤制烯烃总产能为306×10^4 t/a,已占到中国聚乙烯和聚丙烯总产能的10.7%。预计2015年煤制烯烃总产能有望达到600×10^4 t/a,将占中国聚乙烯和聚丙烯总产能的20%。中国已建煤制油装置4套,总产能约160×10^4 t/a,预计到2017年,产能将达到1260×10^4 t/a,相

当于两座 1000×10^4 t/a 炼厂的油品产能总和。

在能源资源供应紧张、环境要求日益提高的形势下，虽然煤化工发展还存在水资源消耗高、二氧化碳排放量大、项目投资强度高等一些不容忽视的问题，但不可否认，煤化工已经占有了一定的市场份额，显示出良好的经济效益，对传统的石油化工行业产生了冲击。对于炼化行业来说，除了做好降本增效、提高装置水平、不断提高企业竞争力外，还可利用自身装置设施完善、加工手段齐全、石油化工产品线丰富配套的优势，探索一条油煤或油煤气混炼的路线，实现跨能源的综合、高效利用。

陕西延长石油（集团）有限责任公司（以下简称延长石油集团）在这方面进行了一些探索和实践，值得密切关注、深入研究和借鉴参考。其在陕西靖边建设了一个煤油气资源综合转化项目，2014年7月底试车成功，已生产出了聚丙烯、聚乙烯、碳四、碳五等产品。该项目依托同储一地的油、煤、气等资源优势，集成组合了煤化工、天然气化工和石油化工3种能源化工形式，探索多种资源的优势互补，提高资源利用率，使碳的综合利用率由传统煤化工的35％～38％提高到67％。按照中外专家的评估，这一项目的资源利用率比国际先进水平高8.86％，比国内先进水平高17.55％。同时对全厂污水、废水进行加工再利用，实现零排放，该项目已被列为联合国清洁煤技术示范推广项目。项目全面投产后，将生产 60×10^4 t/a 聚乙烯、60×10^4 t/a 聚丙烯以及甲基叔丁基醚、混合碳四、碳五、1－丁烯、硫酸铵、硫黄等产品。项目概算总投资为270亿元，达产后每年可实现销售收入170多亿元。延长石油集团还在建设一个 45×10^4 t/a 煤油共炼试验示范项目，通过采用KBR公司的悬浮床加氢裂化技术，利用榆林炼厂炼油过程副产的渣油，与低阶煤加氢混炼来生产柴油、汽油调和组分、液化气以及石脑油等产品。

（7）瞄准国际趋势，加快前沿技术创新步伐。

经历了近百年的发展，炼化技术已经非常成熟，技术进步主要集中在应对加工原料的来源及质量的变化、市场对产品需求的变化、环保法规的日益严格等方面。未来的技术将要更多地向着多学科集成、综合一体化解决方案发展。

国际专业信息提供商汤森路透公司发布了一份题为《2025年世界十大创新预测》的研究报告。该报告通过分析全球科技文献和专利数据，预测了2025年的科技创新领域和热点，预测的创新点主要集中在化学、材料学、工程学、环境与生态学等学科以及能源解决方案、新型材料（纳米）等与能源有关的创新领域，可以看出能源化工仍然是未来全球最重要的创新领域。

放眼世界，创新驱动是大势所趋。科技创新和产业变革正形成历史性交会，抢占未来制高点的竞争日趋激烈。国际大石油公司的竞争优势主要体现在技术上，他们普遍把科技创新作为优先发展战略，不断强化技术创新能力，抢占行业经济技术制高点。只有拥有领先于行业的技术，才能拥有相对强的获取资源的能力、有效利用资源的能力、服务市场的能力和保护环境的能力，才能有效利用全球资源和市场，在激烈竞争中取得优势，赢得先机。中国炼化行业要保持可持续发展，必须瞄准世界前沿，着力提高自主创新能力，才能实现"炼油强国梦"。

能源解决方案是今后全球的重要创新领域，我们在继续做好传统的劣质重油深加工、清洁燃料生产技术等石油炼制方面的技术研究时，应积极介入对各种能源利用形式的研究开发利用上,如煤、天然气、生物质能源、太阳能等。创新开展煤、天然气等碳一化工技术研究;在生物质能源领域,深入开展生物燃料的研究工作,加快生物航空煤油的工业化进度以及生物纤维素基材料的技术储备;同时密切关注电能、太阳能领域的发展动态,在运输工具的储能/储电技术、氢燃料电池、锂离子电池、薄膜电池等方面开展技术调研和基础研究,在提高太阳能转化效率的一些新型材料方面也可以开展技术调研和一些基础研究,如钴氧化物和钛氧化物纳米结构、光催化剂等领域。密切关注中国页岩油气开发进展和美国页岩油气出口动向,适时开展页岩油气的加工处理技术的研发,为能源接替和长远发展提供技术保障。并从战略角度研究炼油工艺的革命性技术创新,如油煤气混炼、分子炼油、新型分离反应工程、新型催化材料等,努力在可能出现革命性突破的前沿方向、在关系长远发展的关键领域取得创新成果,引领行业发展趋势,赢得未来发展先机。

参 考 文 献

[1] BP Corporation. BP statistical review of world energy 2014. http://www.bp.com/content/dam/bp/pdf/Energy-economics/statistcal-review-2014/BP-statistcal-review-of-world-energy-2014-full-report.pdf.

[2] BP Corporation. BP energy outlood 2035. http://www.bp.com/content/dam/bp/pdf/Energy-economics/Energy-Outlook/Energy_Outlook_2035_booklet.pdf.

[3] US Energy Information Administration(EIA). Technically recoverable shale oil and shale gas resources:An assessment of 137 shale forations in 41 countries outside the United States. http://www.eia.gov/analysis/studies/worldshalegas/pdf/overvies.pdf.

[4] US Energy Information Administration (EIA). Annual energy outlook 2014 with projections to 2040. http://eia.gov/forecasts/aeo/pdf/0383(2014).pdf.

[5] BP Corporaton. BP energy outlook 2035 focus on north america. http://www.bp.com/content/dam/bp/pdf/Energy-economics/Energy-Outlook/North_America_Energy_Outlook_2035.pdf.

[6] Xu C L, Bell L. Worldwide reserves,oil production post modest rise. Oil & Gas Journal,2013,111(12):26-29.

[7] Brelsford R, True W R, Koottungal L. Western europe leads global refining conrtaction. Oil & Gas Jurnal,2013,111(12):30-34.

炼油技术发展趋势

朱庆云　任文坡　乔　明

1　引言

　　近年来，炼油技术发展的重心依然是重质油加工、清洁燃料生产和多产中馏分油等技术的研发及应用。虽然近年来美国致密油产量大幅增加，但从全球近些年的原油加工情形来看，重质油依然是全球原油加工的主要类型，因此重油加工新技术的开发及应用未曾停止。环保节能要求的不断提高，促使全球大部分地区的清洁燃料需求不断增加，尤其是车用柴油的需求不断增加，加上全球因船用燃料硫含量限值要求提高促使船用柴油的用量逐渐增多等，使得全球大部分地区中馏分油需求增加，其年均增幅超过汽油等其他油品，多产中馏分油的技术或解决方案也因此得以不断地开发及应用。清洁燃料生产技术的开发及应用虽已在欧美等世界先进国家非常普遍，但开发新型催化剂及优化清洁燃料生产装置结构等解决各阶段汽柴油质量升级难题、降低生产成本的研发活动一直在延续。中东和美国蒸汽裂解装置原料轻质化导致丙烯供应短缺，催化裂化（FCC）多产丙烯技术将再次成为业界关注的焦点。

2　重质油加工技术进展

　　据《美国地理》杂志调查显示，1995—2010年含硫原油是全球最主要的原油类型，占到全部原油产量的57.7%～61.6%（图1）。据2014国际炼油和石油化工会议（IRPC）报告，正在建设的大多数炼厂都是复杂型炼厂，主要目的是利用折扣价格加工更多的重质原油，生产优质产品，这是因为加工重质原油的炼油商能得到很好的效益。即使近年来美国致密油产量大幅增加，但从美国近几年进口的原油中（图2）不难发现，重质油依然占据美国进口油的绝大部分。致密油的开发及利用还未从根本上改变全球原油的结构。

　　全世界的重油资源（包括常规重油、超重原油和油砂沥青）主要分布在美洲，约占73%，中东和俄罗斯约

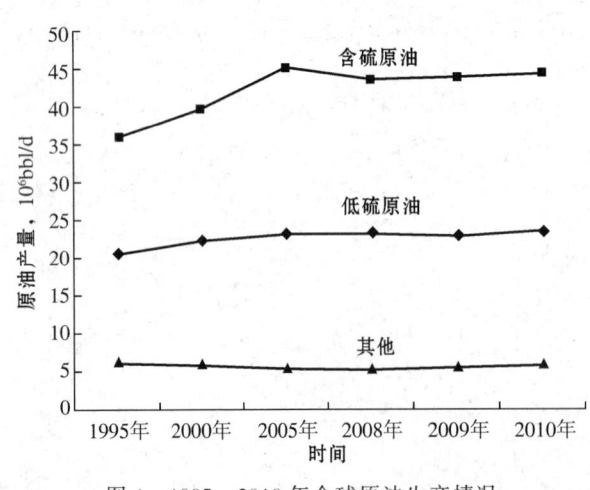

图1　1995—2010年全球原油生产情况

占22%。过去20年间，全世界炼厂加工最主要的原油类型是中质原油，占2011年炼厂原油加工总量的53%。重质原油的加工量增长很快，从1995年的约640×10^{4}bbl/d增长到2011年的约1050×10^{4}bbl/d，加工量增长了64%。

尽管美国储量丰富的轻质低硫致密油对世界原油供应格局产生了一定影响，未来重质原油的产量和加工量仍将继续上升。预计2012—2025年，全世界重质原油产量将增长630×10⁴ bbl/d，占全球原油产量的比重从2012年的不到13%上升到2025年的18%，此后产量增长速度将放缓。2020年左右，常规重油的产量将达到峰值，然后逐渐下降；超重原油和油砂沥青的产量将迅速上升；全世界重质原油的整体产量在2020年后将保持相对稳定。从未来全球重质原油需求情况来看，亚洲重质原油需求缺口最大，中国、印度和日本都在投资增加重油加工能力，其他亚洲国家也是中国未来重油资源的潜在竞争者。随着加拿大油砂沥青和委内瑞拉超重原油产量增长以及运输管线和大型油轮码头等配套设施的建设和完善，稀释沥青、合成原油和改质油就有可能大量出口到亚洲。

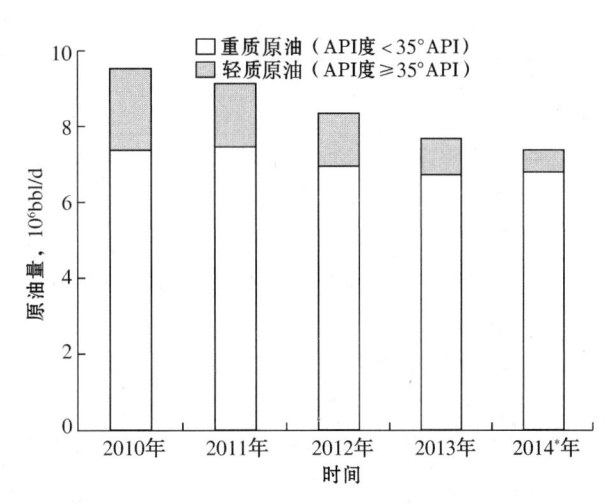

图2 美国近几年进口的原油量[1]

从经济性来看，当前重质原油具有价格优势，且亚洲油品需求旺盛，投资成本、运输成本较低，在亚洲建设重油加工厂的投资回报较高，因此亚洲炼油商自然倾向于加工重质原油。

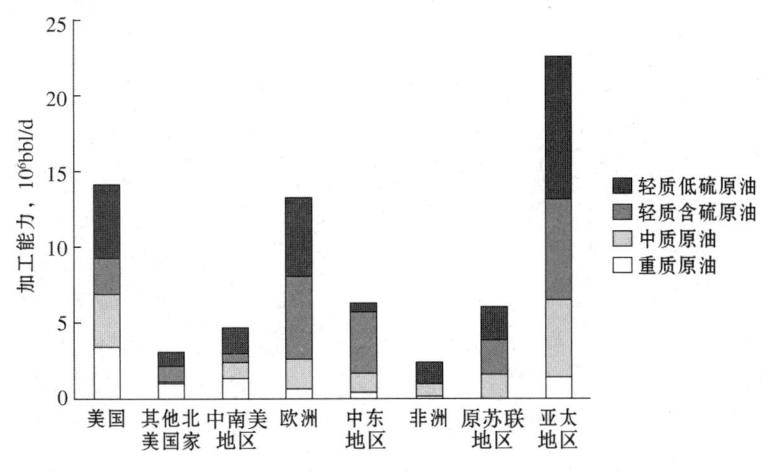

图3 全球各地区炼厂不同类型原油加工能力
（来源：Turner，Mason & Company）

从炼厂加工能力来看，世界上绝大多数重质原油和中质原油的转化装置分布在美国和亚太地区（图3）。美国墨西哥湾地区是世界上炼厂复杂程度最高、灵活性最高的地区，该地区焦化能力占世界焦化总能力的30%，炼厂重油加工能力达到240×10⁴ bbl/d。由于这些炼厂已经配备了加工重油的转化装置，因此未来不需要投资就可直接加工这些非常规原油。近年来，美国致密油的产量持续增长，一些炼厂能够获得这些轻质油源，且随着轻质原油供应量增长，轻重原油价差将缩小，因而美国其他地区不太可能考虑建设投资较高的转化装置加工重油。

欧洲炼厂以含硫原油加工和中质馏分油改质为主，重油加工能力有限，未来复杂性变化不大，且由于其严格的环保要求，不太可能选择加拿大油砂沥青和委内瑞拉超重原油等非常规原油作为原料。

南美地区和亚洲炼油企业未来将陆续提高处理非常规原油的能力，包括新建重油加工炼厂，或根据原料特点在现有炼厂提高重油转化能力（如焦化），这两个地区也是未来全球重油转化能力增长的主要地区。南美国家可以利用该地区自身的重油资源满足需求，由此来看，亚洲未来可能是加拿大油砂沥青重要的出口市场。

亚洲，中国的重油转化能力（焦化、FCC）最大，虽然日本近年来计划提高重油加工能力，但其目前的炼厂结构更适合加工较轻的加拿大合成原油。稀释沥青适合具备重油加工能力的炼厂加工，如果炼厂没有深度转化装置（如焦化装置），就会降低加工稀释沥青的经济性。亚洲现有炼厂如果要加工稀释沥青、超重原油的改质油等原料，必须对炼厂进行改造。

2.1 FCC 技术进展

FCC 多产丙烯技术是仅次于蒸汽裂解的又一大丙烯生产工艺。近年来，全球范围内的丙烯需求不断增加，且需求增速超过乙烯。尤其是美国和中东地区蒸汽裂解装置以乙烷为原料，导致丙烯严重短缺，FCC 多产丙烯技术再次成为业界关注的焦点。FCC 工艺的不断改进为从减压瓦斯油（VGO）和渣油选择性地生产汽油、馏分油或丙烯提供了很大的灵活性。同时，FCC 催化剂和助剂性能的不断提升，也使得 FCC 装置能够加工更多的高金属、高氮、高残炭含量的劣质原料。

2.1.1 FCC 多产丙烯技术和方案

（1）FCC 多产丙烯组合方案[2]。

美国页岩气产业兴起之后，石化工业面临着一系列的机遇和挑战。低成本轻质原料如乙烷极大地刺激了蒸汽裂解生产乙烯技术的发展，未来 10 年这种趋势仍将持续。蒸汽裂解装置原料轻质化必将会减少其他石化原料的来源，特别是丙烯。Technip 公司介绍了 3 家炼厂有效整合 FCC 装置与其他石油化工装置的生产方案，能够依据市场需求实现丙烯、汽油或馏分油等产品的灵活生产，使炼厂收益最大化。3 家炼厂 FCC 装置采用不同的组合方案、加工不同的原料，不但实现了多产丙烯这一目标，而且兼顾了汽油等馏分油生产（表1）。A 炼厂采用深度催化裂解（DCC）装置结合乙烷裂解和烷基化装置，用于生产汽油和最大化生产丙烯，加工加氢处理 VGO 时，丙烯收率达到 18.4%（质量分数），汽油收率达到 27.9%（质量分数）。B 炼厂采用 DCC 装置结合 FlexEne（混合丁烯利用 Polynaphtha 技术齐聚生成低聚物后循环至提升管）和乙烯回收装置（ERU），设计加工更重更劣质的原料，相比 A 炼厂，丙烯收率大幅提升，达到 23.3%（质量分数）。C 炼厂采用渣油产丙烯（R2P）装置结合 ERU 装置和烷基化装置，从劣质渣油原料中最大化生产丙烯，丙烯收率达到 12.3%（质量分数）。

表1 3家炼厂FCC装置组合方案案例研究

炼厂		A	B	C
FCC装置类型		DCC	DCC	R2P
主要技术特征		DCC+乙烷裂解+烷基化	DCC+FlexEne+ERU	R2P+ERU+烷基化
新鲜原料		加氢处理VGO	加氢渣油	常压渣油
进料速率,bbl/d		92000	29000	127000
原料相对密度		0.896	0.900	0.931
残炭,%（质量分数）		0.2	2.9	24.4
金属（镍+钒）含量,μg/g		0.3	2.5	17
产品收率%（质量分数）	乙烯	4.5	5.3	2.0
	丙烯	18.4	23.3	12.3
	丁烯	12.2	1.2	14.9
	汽油	27.9	26.0	31.5
	轻循环油	11.8	11.5	12.9

为了弥补汽油收益下降而带来的损失，FCC石脑油中的轻组分（150℉以下）可以进行循环裂化来增加丙烯产量。富含芳烃的中石脑油馏分（150~340℉）可以送至芳烃联合装置（如ParamaX™）生产对二甲苯。如此，不仅能够增加丙烯收率，同样也能弥补由于蒸汽裂解装置加工轻质原料所导致的芳烃产量下降。

(2) 高苛刻度FCC多产丙烯（HS-FCC）工艺[3]。

中东地区大多数蒸汽裂解装置采用乙烷作为原料，同样导致丙烯产量严重不足。日本JX公司、沙特阿美公司和沙特法赫德国王石油矿产大学联合开发了HS-FCC工艺。HS-FCC工艺采用高USY分子筛含量、低酸密度的催化剂体系，通过抑制氢转移反应实现高烯烃选择性、低焦炭和干气选择性。与常规FCC操作相比，HS-FCC操作条件更加苛刻，高反应温度、短停留时间和大剂油比增加了烯烃选择性。而下流式反应器能够避免大剂油比条件下的催化剂返混问题，与上流式反应器相比，可在保持汽油收率的情形下大幅增加C_2—C_4低碳烯烃收率。采用HS-FCC工艺的3000bbl/d示范装置于2011年5月在日本JX公司Mizushima炼厂投产，加工不同重质原料（包括加氢处理渣油）时，C_2—C_4低碳烯烃收率达到35%~40%（质量分数），其中丙烯收率为17%~20%，乙烯收率为4%~5%（质量分数），丁烯收率为12%~16%（质量分数）；汽油研究法辛烷值（RON）达到98以上，汽油中芳烃含量为35%~50%（质量分数）。JX公司于2014年9月宣布，计划在其24×10^4bbl/d鹿岛炼厂建设第一套商业化HS-FCC装置，预计2018年初投产。

(3) 轻重组分同时裂化工艺（SSC工艺）[4]。

利用重质组分裂化生产低碳烯烃，不仅能够多产丙烯，而且还可实现低值原料的高值利用。为此，印度石油公司开发了SSC工艺，以使低碳烯烃尤其是丙烯的收率最大化，流程简图见图4。该工艺采用两台反应器和精细设计的催化剂，具有很强的灵活性。反应器R-Ⅰ加工轻质组分，反应器R-Ⅱ加工重质组分，两台反应器都采用同一种催化剂，该催化剂兼具重质组分和轻质组分的裂化性能。加工重质组分，催化剂生焦量增多使得再生器烧焦产生过剩热量,这部分热量可用于反应器 R-Ⅰ加工轻质组分,因此无需设置催化剂冷却器。轻质组分反应器在非常高的温度下操作,有利于加工石脑油和瓦斯油范围内的进料。两台反应器间的协同作用使得丙烯收率高达 24％(质量分数)。

2.1.2 FCC 催化剂和助剂

(1) Albemarle 公司的 ACTION 催化剂[5]。

致密油中镍、钒含量较低,但铁、钙、钠含量较高,对 FCC 催化剂是一种挑战。为此,Albemarle 公司开发了一种新型 FCC 催化剂——ACTION 催化剂。该催化剂结合了 Albemarle 公司著名的基质技术和新型高硅铝比分子筛制备技术,能够加工更宽范围的进料,在加工过程中不会发生过度裂化或烯烃过度饱和反应,还可以促进异构化反应提高汽油辛烷值。如图 5 所示,与 ZSM-5/Y 催化剂相比,ACTION 催化剂对汽油辛烷值的提升效果更加明显。另外,高稳定性氧化铝基质有助于提高该催化剂的抗铁、钙、钠金属中毒能力,保持催化剂的活性和裂化性能。Albemarle 公司将 ACTION 催化剂应用于 3 套工业装置,以瓦斯油和渣油为原料,结果表明,使用 ACTION 催化剂,炼厂可以提高馏分油收率以及总液收。同时,丁烯收率、液化石油气中烯烃含量以及汽油辛烷值均有所提升。ACTION 催化剂不需要使用 ZSM-5 助剂就可以达到以上目标,虽然 ZSM-5 的添加可以提高液化石油气产量,但会产生更多的丙烯而不是丁烯,还会降低液收。总而言之,ACTION 催化剂效果显著,能够使重油裂化能力和馏分油收率最大化,以及提高碳四烯烃含量满足烷基化装置需求。另外,还可以克服加工致密油对汽油辛烷值的影响。

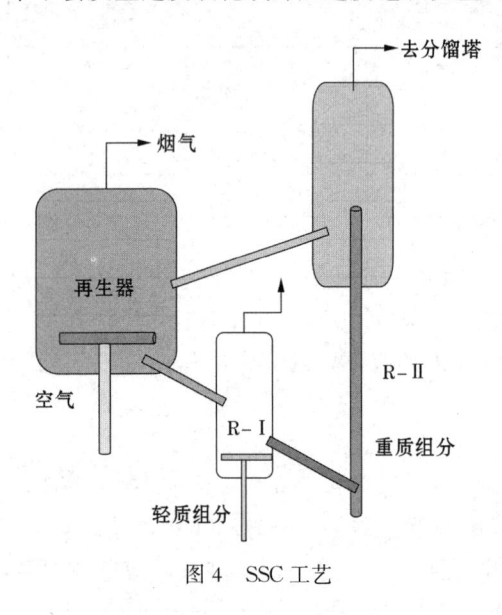

图 4 SSC 工艺

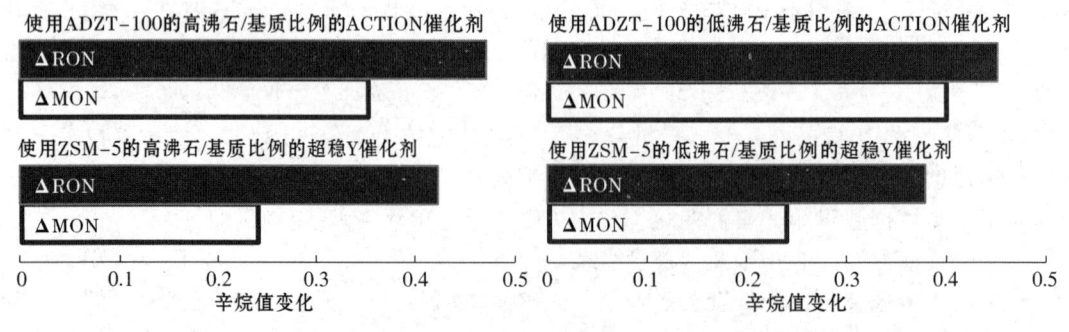

图 5 ACTION 催化剂与 ZSM-5/Y 催化剂对提升汽油辛烷值的影响

(2) Johnson Matthey 公司的 CAT-AID 助剂[6]。

FCC 装置长期以来一直被用来加工渣油和 VGO。渣油中的高浓度钒、镍、铁、氮以及康氏残炭等是FCC装置加工过程中面临的挑战。Johnson Matthey公司生产的CAT-AID助剂作为渣油加工过程中污染物的捕获剂已在多家炼厂进行了工业应用。在铁金属中毒机理方面的突破使得CAT-AID助剂成为一种有效的铁捕获助剂,铁中毒恢复可以不依靠改变新鲜催化剂配方或使用外加平衡剂。CAT-AID助剂工业应用过程中平衡剂的分析证实了铁中毒的降低,具体表现为铁瘤部分消失(图6)、汽油收率增加以及焦炭、干气收率下降。研究表明,CAT-AID助剂可以降低焦炭产率,提高渣油加工能力。炼厂还能够通过利用CAT-AID助剂来提高FCC产品选择性以及降低催化剂添加速度,进而提升炼厂收益。CAT-AID助剂是唯一经工业化证明有效的铁捕获助剂。

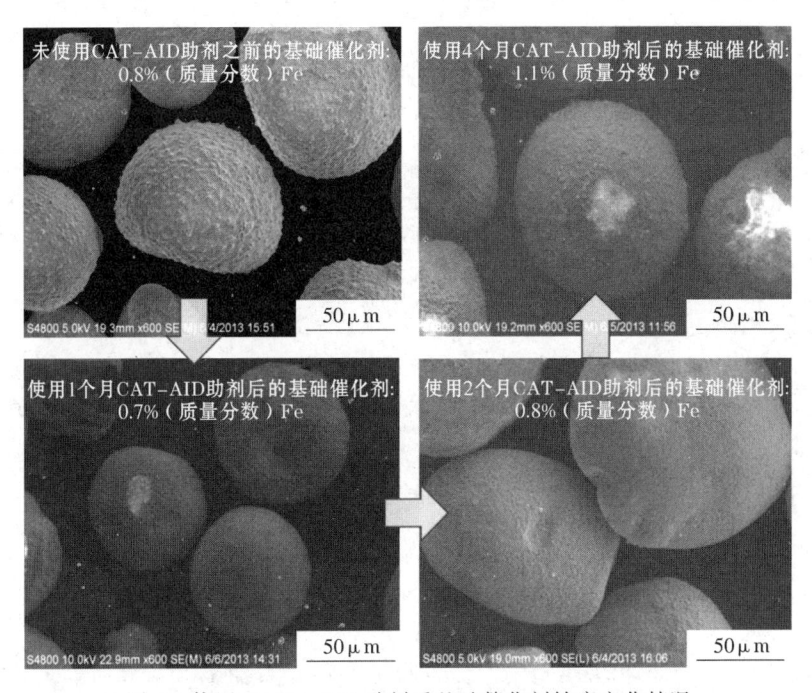

图6 使用CAT-AID助剂后基础催化剂铁瘤变化情况

2.2 渣油加氢技术进展

在高油价时代,作为实现渣油清洁高效利用的重要技术手段,渣油加氢相较于延迟焦化具有更强的盈利能力,同时也是实现炼厂清洁油品生产的关键技术之一。目前,炼油企业面临着原油质量劣化带来的挑战,也处于加工利用非常规石油资源的重要机遇期。渣油加氢技术是应对挑战、抓住机遇的关键,是炼油企业绿色生产与可持续发展的必然选择。

2.2.1 固定床加氢脱硫(RDS)/FCC组合工艺[7]

近年来,由于日本发电厂将发电燃料更多地由燃料油转换为天然气,使得日本燃料油需求大幅下滑。渣油RDS/FCC组合工艺是日本目前应用最广泛的渣油加工手段,可多产石脑油和汽油,少产燃料油,因而能够用来满足日本燃料油需求快速下滑的市场需要。日本出光兴产股份公司基于RDS/FCC工业装置数据分析表明,在高苛刻度条件下操作RDS装置,脱硫渣油的硫含量降低0.05%(质量分数),密度也有所下降,同时为下游FCC装置带来收益,汽油收率增加0.5%(体积分数)。但值得注意的是,在高苛刻度条件下操作,除了

RDS 催化剂寿命有所下降外，分布不均产生热点的风险也增加。混炼减压渣油后，RDS 催化剂失活速率有所增加，FCC 转化效果也有所变差，但增加了低硫燃料油产量，并可将低值减压渣油转化为高值汽柴油产品。因此，日本出光兴产股份公司认为在满足催化剂设计使用寿命的前提下，高苛刻度操作和混炼减压渣油有利于 RDS 催化剂的有效利用，但应仔细考虑一些性能指标如失活速率、分布不均产生的热点，以及基于 RDS 装置运转周期 FCC 转化的变化等。

2.2.2 沸腾床加氢裂化工艺[8]

沸腾床加氢裂化工艺可用来加工高残炭、高金属含量的劣质渣油，兼有裂化和精制双重功能，转化率和精制深度高；但氢压较高（>15MPa），对催化剂也有特殊要求，所以投资较高，在工业应用上远不如固定床广泛。为实现重质减压渣油的高效加工利用，俄罗斯托波切夫石油化学合成研究所和美国雪佛龙鲁姆斯公司合作开发了一种采用特殊合成的超细纳米催化剂的渣油沸腾床加氢裂化工艺，催化剂消耗非常低，不超过 0.01%（质量分数），不产生废弃物，对杂质不敏感，几乎完全将高胶质、沥青质含量以及高金属、硫、氮含量的重油组分转化为轻质和中质馏分，最大化生产燃料、石化产品和基础油。在反应器氢压为 6.0~8.0MPa、空速为 $0.5 \sim 2.0 h^{-1}$ 的条件下，可将 92%~95%（质量分数）的进料转化为汽柴油等轻组分，大幅减少甚至不产燃料油，极具经济吸引力。

日前，雪佛龙公司宣布，采用该公司 LC-MAX 工艺（LC-Fining 和溶剂脱沥青组合技术）的渣油加工装置在中国某炼厂成功投产，标志着 LC-MAX 工艺在中国实现了首次工业应用。

2.2.3 悬浮床加氢裂化工艺[9]

悬浮床加氢裂化工艺适合于高金属、高残炭、高硫、高酸值、高黏度劣质渣油的深加工，具有转化率高、轻油收率高、柴汽比高、产品质量好、加工费用低等优点。目前，正在建设多套工业装置，具有很好的发展前景。其中，采用埃尼公司 EST 工艺的工业装置已于 2013 年 10 月投产，但尚无相关运转情况数据报道。伊朗石油工业研究所（RIPI）开发了一种重质渣油加氢裂化工艺（HRH），已在美国、加拿大、韩国和日本等国家进行了专利保护，目前正在设计 18×10^4 bbl/d 的工业装置。HRH 的工艺特点如下：采用纳米催化剂生产高值产品；硫脱除率达到 60%~80%（质量分数）；脱除进料中的金属杂质，并在专有的分离工艺中以金属氧化物的形式回收；体积收率达到 110%；与大尺寸纳米催化剂相比，小尺寸纳米催化剂流动性更好，活性也更高。RIPI 进一步研发了一种用于悬浮床加氢裂化的纳米催化剂制备方法，通过选择适宜的表面活性剂以及采用不同的配方提供最优的亲水亲油平衡，从而获得最小的液滴尺寸。研究表明，采用非离子表面活性剂可将纳米催化剂尺寸降低至原来的 1/10，减小到 1~2nm，意味着活性金属的直径只有沥青质胶束尺寸的 1/100。因此，该催化剂具有更好的催化活性，能够显著改善悬浮床加氢裂化装置性能，为开发新一代悬浮床加氢裂化工艺提供了可能性。

2.3 重油热加工工艺进展

重油热加工工艺相对比较成熟，目前全世界炼厂采用最多的是焦化和减黏裂化两种热加工工艺。近年来由于炼厂加工需求提高、重质原油类型变化、油品供需结构变化、产品质量标准趋严等外部环境的改变,研发人员仍在不断改进、完善工艺,在技术研发和应用领域提出创新思路。

2.3.1 焦化

自1998年以来,焦化替代减黏裂化/热裂化成为炼厂低质渣油改质最主要的加工方案。2000年以来,渣油加工能力增量的50%以上是焦化能力。增长最多的地区是美洲,新建装置主要在美国、加拿大、墨西哥、委内瑞拉和巴西,几乎都是延迟焦化装置。全球炼厂焦化能力增长情况如图7所示。

据《油气杂志》2013年底统计,美国的焦化能力达到$1.35×10^8$ t/a,居世界第一位[10]。美国近年来实施的焦化扩能项目基本都已建成投产,新增焦化能力达到$35.9×10^4$ bbl/d。西欧炼厂过去主要采用减黏裂化进行渣油改质,未来将增加渣油加氢和焦化能力。发展中的亚太地区炼厂也正在加快建设焦化装置。

延迟焦化是工业应用最多的焦化技术,在现有焦化装置中采用延迟焦化技术的占87%,采用流化焦化技术的占7%,采用灵活焦化和其他技术的占6%。国内焦化采用的全是延迟焦化工艺,目前共有100多套装置运行,总加工能力超过$1.1×10^8$ t/a,仅次于美国,居世界第二位[11]。

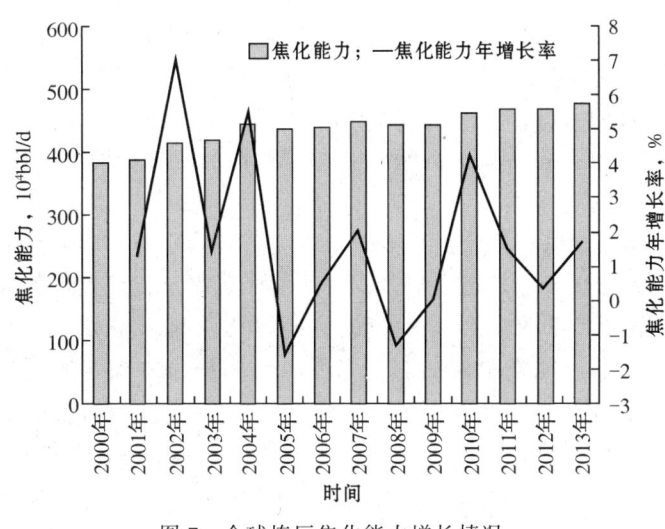

图7 全球炼厂焦化能力增长情况

自从1929年美国印第安纳标准石油公司建成第一套延迟焦化装置以来,有关延迟焦化的技术革新就从未停止过。尽管目前延迟焦化技术已经比较成熟,但专利商及炼油公司仍在不断改进技术以便改善产品分布,提高处理量,降低焦炭收率,提高自动化控制水平和安全性,减少污染。近几年,焦化工艺的改进主要体现在以下几方面[12]:

(1)使用添加剂提高延迟焦化装置液体产品收率。

虽然石油焦在一些地区具有市场价值,但利用焦化装置最希望得到的产品还是液体产品(轻焦化瓦斯油和重焦化瓦斯油),这些液体产品可以经过FCC等装置生产交通运输燃料。延迟焦化装置有许多设计参数,如循环比、焦化塔压力等,调节这些参数可影响液体产品收率和质量。提高液体产品收率一般会增加产品中的杂质(焦粉、硫和金属)含量。

研究表明,在延迟焦化装置中使用焦化添加剂可以减少焦炭产量,提高液体产品收率。一些公司开始研究焦化添加剂,以改善焦化装置性能,消除生产瓶颈,提高加工量,生产更多高附加值的产品。Albemarle公司和OptiFuel技术小组开发了OptiFuel™技术,在延迟焦化装置中使用焦化添加剂以降低焦炭产量并提高液体产品收率[13]。这种焦化添加剂可改善焦化装置性能,增加FCC反应,减少传统延迟焦化操作下的热反应,使延迟焦化装置能够生产更多的高附加值产品；也能消除生产瓶颈，提高处理量。使用该添加剂可增加经济效益3.7美元/bbl。

（2）将焦化与其他渣油加工工艺组合提高转化率。

炼厂考虑的一种方案是将延迟焦化与其他渣油加工工艺进行组合，与加氢裂化、加氢处理、溶剂脱沥青或减黏裂化形成组合工艺是目前研究较多的方案。

由Axens、Foster Wheeler和KBR等公司提出的焦化与其他渣油改质技术组合的工艺方案与单一的转化工艺相比，在产品选择性和收率、过程灵活性、投资和操作成本、节能环保等方面具有更多优势。例如，KBR公司与Foster Wheeler公司采用溶剂脱沥青和延迟焦化组合工艺，焦化原料先进入脱沥青装置，得到的脱沥青油与重焦化瓦斯油混合后再进入裂化装置。焦化分馏塔底油和其他重质原料也可以送到脱沥青装置。脱沥青装置生产的脱油沥青加热后再进入焦化装置处理。Axens公司和雪佛龙鲁姆斯公司分别提出将H-Oil或LC-Fining渣油加氢裂化装置未转化的塔底燃料油送进焦化装置加工，可提高总转化率。

燃料级石油焦可用于发电，炼厂可将焦化装置与热电联产进行联合。来自焦炭塔的焦炭经粉碎和气化，产生的蒸汽可用于汽轮机发电，剩余蒸汽可送往炼厂供其他装置利用。对提高炼厂整体能效来说，这是一种有效的方案，既发挥了石油焦的价值，又避免了运输、处理、储存等复杂流程。Bechtel公司和Foster Wheeler公司都有这方面的研究成果。

（3）提高焦化装置的安全性。

延迟焦化装置一般每天都要进行焦炭塔切换和清焦操作。首先打开焦炭塔，然后用焦炭切割设备（通常是水力除焦设备）将焦炭破碎，最后清理出塔。对于延迟焦化装置操作人员来说，卸头盖是最危险的一个操作过程，如果采用人工操作，操作人员面临高压水、热点或蒸汽喷发、机械故障等安全隐患。目前，越来越多的装置采用自动卸头盖方式，通过自动（远程）控制实现塔切换和清焦的全过程，避免了现场人工操作。蒸汽和高压水得到控制，同时通过传感器对水力除焦设备进行远程操控，确保了焦炭清理彻底以及力学性能的稳定性。Curtis Wright流体控制公司、Flowserve公司、Metso公司和Sis-Tech公司都能提供相应的控制技术。

（4）密闭和连续操作。

密闭和连续操作是降低工艺过程在外界环境中暴露的有效方法，即使用1台反应器替代焦化塔，在连续反应的同时将生成的焦炭不断转移到反应塔外，气态产物进入分馏塔分馏。CD&W公司和Lidcon公司设计的反应器采用搅拌和混合操作使更多反应物与热蒸汽接触，发生更多的裂化反应，减少焦炭产量。Triplan AG公司可转让密闭焦炭悬浮系统。

（5）提高装置的运行周期和可靠性。

焦化加热炉的作用非常关键，原料在焦化加热炉中被加热到反应温度，但不能在加热炉中完成反应。近几年出现了一些针对加热炉的改进技术和添加剂，目的是为进一步延缓焦化反应，减少炉管结焦，延长运行周期。

2.3.2 减黏裂化

20世纪末，减黏裂化是应用最广泛的渣油转化工艺，后来逐渐被焦化、渣油FCC、溶剂脱沥青、渣油加氢等工艺赶超。目前，美国的大部分减黏裂化装置已被焦化装置取代，整个北美地区的减黏裂化能力仅占该地区热加工能力的10%，其余则是焦化能力。世界其他地区的减黏裂化能力占热加工能力的55％,减黏裂化装置主要分布在欧洲、中东、中亚等地区的炼厂。除非洲以外,世界其他地区过去5年减黏裂化能力均有不同程度下降。截至2013年底,全世界共有108套减黏裂化装置,总加工能力约为$1.32×10^8$ t/a,同比下降9.32％[10]。

目前全世界在建的减黏裂化装置仅有3套,能力合计3000bbl/d。未来,随着环保要求的提高以及市场对轻质清洁产品需求的增长,减黏裂化装置的竞争力将逐渐减弱,新建装置的应用将仅限于与其他渣油加工装置(如沸腾床加氢裂化装置)相结合进行重油加工或者进行非常规原油现场改质。

针对现有的和新建的减黏裂化装置,一些公司提出了改进或创新方案。例如,在硬件方面,Alfa Laval公司开发的高压螺旋板换热器可减少结垢,延长运行周期,这种换热器与普通壳管式换热器相比尺寸大幅度减小,很容易在现有装置上改造安装。Baker Hughes、Nalco、GE等公司可提供减黏裂化装置结垢处理方案,包括使用添加剂提高转化率。Axens、Invensys、KBC等公司提供优化软件,改善减黏裂化装置运行效果。上述所有措施和研发方向均旨在提高馏分油收率、减少结垢、延长运行周期及提高装置稳定性。

3 清洁油品生产技术进展

美国、日本、欧洲等发达国家清洁燃料标准的实施一直走在全球前列。目前,美国实施的汽油硫含量标准为$30\mu g/g$,要求从2017年起实施硫含量$10\mu g/g$以下的汽油标准。欧盟国家已全部实施硫含量小于$10\mu g/g$的汽油、柴油质量标准,但欧洲委员会要求欧盟国家生产硫含量接近于0的汽油、柴油。日本、韩国、澳大利亚、新西兰等国家已经实施硫含量$10\mu g/g$以下的超低硫汽、柴油质量标准。发展中国家清洁燃料标准实施的进程也在加快,清洁燃料的应用范围逐渐扩大。中国、印度、巴西等发展中国家除要求主要大城市实施更高的清洁汽油、柴油质量标准外,全国范围内的清洁燃料标准升级进程在不断加快。总之,全球清洁油品质量标准的进一步严格是大势所趋,世界各地现已提出2015—2035年清洁汽油、清洁柴油硫含量的质量要求(表2)。

表2 清洁汽油/柴油硫含量

国家或地区	汽油/柴油硫含量,$\mu g/g$				
	2015年	2020年	2025年	2030年	2035年
美国、加拿大	30/15	10/15	10/10	10/10	10/10
拉丁美洲	255/440	130/185	45/40	30/35	20/20
欧洲	10/10	10/10	10/10	10/10	10/10
中东	235/415	35/60	25/70	16/20	10/10
独联体	115/175	35/60	20/15	12/10	10/10
非洲	493/2035	245/930	165/420	95/175	65/95
亚太	130/200	65/100	35/45	20/25	15/15

从表2可以看出，低硫和超低硫已成为清洁燃料发展的主流趋势，到2025年除了非洲以外，全球汽油、柴油基本达到低硫或超低硫质量标准。正是因为清洁燃料需求的增加，全球加氢处理能力和加氢裂化能力不断增加，尤以美国、日本、欧洲等国家较为显著。从2004年至2014年，美国炼油能力增幅仅为0.6%，加氢处理/脱硫能力增幅则为2.7%，加氢裂化能力增幅为3.8%。过去7年，美国炼油能力从1710×10^{4}bbl/d增至1810×10^{4}bbl/d，FCC装置能力也基本未变（570×10^{4}bbl/d），但加氢裂化能力提高19%，达到174×10^{4}bbl/d（表3）。

表3 美国近10年炼厂装置能力变化情况[14]

装置名称	装置能力，10^{4}bbl/d 2004年	装置能力，10^{4}bbl/d 2014年	各装置能力占总炼油能力的比例，%	年均增幅，%
常压蒸馏	1689.4	1792.5	—	0.6
FCC	609.8	603.2	33.7	-0.1
焦化	240.4	293.2	16.4	2.2
催化重整	381.2	376.0	21.0	-0.1
加氢处理/脱硫	1350.1	1709.5	95.4	2.7
石脑油/重整原料	435.0	456.5	—	0.5
汽油	126.3	263.9	—	10.9
重瓦斯油	264.8	295.0	—	1.1
馏分油燃料油	446.0	634.8	—	4.2
煤油/喷气燃料	102.1	153.9	—	5.1
柴油	285.5	425.2	—	4.9
其他馏分油	58.3	55.7	—	-0.4
渣油燃料油及其他	78.1	59.3	—	-2.4
加氢裂化	160.2	220.8	12.3	3.8
馏分油	53.7	68.6	—	2.8
瓦斯油	86.4	140.0	—	6.2
渣油	20.0	12.2	—	—

3.1 清洁汽油生产技术进展

近年来清洁燃料生产技术已非常成熟，但围绕着降低清洁燃料生产成本、满足更高质量要求的汽油加氢后处理技术、加氢裂化技术等依然在进行中。

3.1.1 Axens公司汽油加氢处理新催化剂

Axens公司汽油选择性加氢技术Prime-G$^+$已广泛应用于全球炼油企业，目前已取得全球225套装置的业绩，其中100多套装置用于生产硫含量为10μg/g的超低硫汽油。该技术灵活性较大，可以根据具体的脱硫要求提供多种不同的方案，可以灵活地满足其他更加严格的汽油质量标准要求。为满足美国Tier 3汽油标准要求，该公司开发并工业化的催化汽油脱硫新催化剂HR856，在指定脱硫深度下烯烃饱和降低35%，与已工业化的HR806催化剂相比，辛烷值损失降低0.5~1.0个单位，活性提高10°F，而且在辛烷值损失降低的同时可以延长装置的运转周期，这对不需要进行加氢后处理装置的处理就可满足Tier 3汽油标准的炼厂非常关键。

3.1.2 伊朗Amirkabir科技大学的甲醇制汽油（MTG）催化剂

伊朗Amirkabir科技大学研究开发的SAPO-34和改性HZSM-5催化剂，在MTG工艺中得以应用。改性后的HZSM-5催化剂硅铝比有所降低，且生成了部分介孔。MTG工艺采用固定床反应器，SAPO-34催化剂置于第一床层，改性HZSM-5催化剂置于第二床层。第一床层将甲醇转化为轻烯烃，然后进入第二床层，进而发生聚合反应转化生成汽油。通过对催化剂级配装填、混合装填以及单一催化剂装填的大量评价结果表明，双催化剂床层装填效果优于混合装填和单一HZSM-5催化剂装填。

3.1.3 俄罗斯托波切夫石油化学合成研究所的固体酸烷基化工艺

传统烷基化技术通常采用硫酸或者氢氟酸作为催化剂，带来环境及操作问题。环境友好的固体酸烷基化工艺虽已开发很多，但尚未工业应用。原因在于固体酸催化剂初始活性虽然高，但受烯烃齐聚影响容易快速失活。因此，保持固体酸催化剂的稳定性是极其重要的。俄罗斯托波切夫石油化学合成研究所开发了一种采用固体ALKILRAN催化剂的新型烷基化工艺，通过大幅提升催化剂稳定性实现高烷基化油收率（质量分数在90%以上）。目前该工艺已形成新建装置工艺包，预计盈利能力会超出硫酸烷基化技术2倍以上。

3.2 清洁柴油生产技术进展

3.2.1 Haldor Topsoe公司的柴油加氢处理新催化剂

Haldor Topsoe公司最新推出的TK-609HyBRIM催化剂[15]，是一种改进的钴钼和镍钼型加氢处理催化剂，具有在活性提高（比常规催化剂活性高40%）情况下稳定性依然很好、初期运行温度降低、硫氮转化率更高以及体积收率提高等特点。与其上一代TK-607催化剂相比，因活性金属的有效利用，新催化剂的加氢活性更好。在不改变工艺的情况下，更多的单环芳烃被饱和，产品体积增大，同时用该催化剂生产超低硫柴油的反应温度降低7℃（13°F）。在加氢裂化原料油加氢预处理和加氢处理生产超低硫柴油时，该催化剂的活性提高和反应温度的降低可以延长运转周期，改进产品质量和提高装置处理量。该催化剂既可用于加氢处理生产超低硫柴油，也可用于加氢裂化原料油加氢预处理，均能达到提高炼厂经济效益的目的。目前全球有20多套生产超低硫柴油的加氢处理装置和加氢裂化原料油预处理装置选用该催化剂，中国计划于2015年开工的山东晨曦石化公司80×10⁴t/a柴油加氢装置采用该催化剂，用以处理焦化汽油、柴油、催化柴油及直馏柴油等，生产国Ⅴ柴油。

3.2.2 日本千代田公司的钛基柴油加氢脱硫催化剂

与传统氧化铝为载体的加氢脱硫催化剂相比，以二氧化钛为载体的催化剂在单位比表面积上表现出的催化活性更高。日本千代田公司开发的第一代钛基柴油加氢脱硫催化剂，因成本和堆积密度较高，加氢脱硫活性和加氢脱氮选择性较低无法工业应用。该公司将二氧化钛与氧化铝进行复合，开发出第二代钛基柴油加氢脱硫催化剂，不仅克服了第一代催化剂成本高的缺点，同时展现出极高的加氢脱硫活性，已于2014年工业应用。

3.2.3 中国石化的柴油加氢处理新催化剂

在柴油脱硫过程中，4,6-二甲基苯并噻吩因高相对分子质量及空间位阻效应，目前大多采用加氢方法进行脱硫，这不仅会因芳环大量饱和导致氢耗增加和成本上升，而且受热力学平衡影响反应只能控制在较狭窄的温度操作空间，缩短了装置运转周期。中国石化研究了4,6-二甲基苯并噻吩脱硫反应的每一步机理，开发出一种通过 β - 烷基转移有效消除加氢脱硫过程中空间位阻效应的方法，建立了4种技术平台实现催化柴油的深度脱硫。制备的FHUDS系列柴油加氢脱硫催化剂，与常规单一催化剂相比，反应活性提高近30%。

3.2.4 UOP公司的可再生柴油新工艺

霍尼韦尔UOP公司与埃尼公司合作开发的生产高十六烷值可再生柴油的Ecofining新工艺[16]，与常规柴油相比，用此工艺生产的绿色柴油产品可减少生命周期温室气体排放80%。该装置所用的原料是动物脂肪和非食用植物油，通过加氢生产可再生柴油，其十六烷值高达80，是与低十六烷值柴油调和生产合格产品的理想组分。Diamond Green 公司采用该工艺建在美国路易斯安那州Norco的产能为8500bbl/d的可再生柴油装置现已投产，装置操作性能及柴油质量都优于预期。

3.3 加氢裂化催化剂

加氢裂化催化剂的设计主要是调节催化剂的两大功能：一是脱氢/加氢功能；二是裂化与异构化功能。金属活性中心负责提供加氢和脱氢功能，这些非贵金属硫化物活性中心位于催化剂粒子约10nm的孔中；酸性中心负责提供烃类分子的裂化和异构化功能，这些活性中心位于沸石约1nm和无定形氧化硅、氧化铝组分约10nm的孔中。优化和改变这些酸性组分能调节酸强度和孔大小，满足生产不同分子大小的油品（例如，石脑油、航煤、柴油、润滑油基础油料等）市场的需要。

3.3.1 雪佛龙鲁姆斯公司的加氢裂化催化剂

雪佛龙鲁姆斯公司开发的Isocracking加氢裂化新催化剂，主要包括用于加氢裂化原料油预处理的ICR511和ICR512以及用于加氢裂化的ICR183、ICR185、ICR188、ICR214、ICR215、ICR 240、ICR250和ICR255共10种。这些新催化剂用于VGO加氢裂化装置，以生产最大量的柴油、石脑油和柴油/喷气燃料。其中，ICR250催化剂是开发应用优势较为突出的一种新催化剂，该催化剂能够优化非贵金属硫化物纳米颗粒的大小、位置及分散情况，可进一步提高催化剂性能。与已工业应用的ICR240催化剂相比，ICR250用在第二段加工高芳烃油时活性和中馏分油的选择性明显提高，航煤、重柴油收率分别提高1.2%和0.3%，中馏分油总收率提高1.5%。

3.3.2 UOP公司的加氢裂化催化剂

UOP公司开发的Unicracking加氢裂化新催化剂主要有HC-470LT、HC-310LT和HC-320LT 3种。其中，HC-470LT活性高，主要用于转化产物和未转化油的最大量饱和，既可以用于VGO原料高转化率生产中馏分油和石脑油，也可以用于柴油馏分原料部分转化生产石脑油和未转化柴油改质。HC-310LT和HC-320LT主要用于两段加氢裂化装置的第二段，生产最大量中馏分油，其中，HC-310LT用于替代其前身，柴油收率可提高1%～2%（体积分数），而HC-320LT主要是活性高，可用于提高装置加工量或加工含氮量高的原料油，也可用于加氢裂化装置的第一段提高中馏分油的收率。

3.4 清洁油品生产的部分方案简析

3.4.1 美国超低硫汽油生产方案[17]

美国从2017年起实施Tier 3汽油质量标准，要求硫含量从目前的年均30μg/g降至10μg/g，但环境保护署（EPA）对原油加工能力低于75000bbl/d的小型炼厂允许有3年的达标过渡期。EPA建议，可以保持目前的炼厂出厂以及其下游体系的硫含量最大值要求，即80μg/g和95μg/g，或者将其分别降至50μg/g和65μg/g（图8）。

美国典型的汽油调和组分由多个馏分组成（图9），主要包括丁烷、乙醇、轻直馏石脑油、异构化组分、重整组分、烷基化油、催化汽油和加氢裂化汽油。此外，还可能存在外购组分。除催化汽油外，大多数调和组分硫含量非常低（一般小于1μg/g）。

目前美国炼厂用于满足Tier 2汽油要求的手段主要包括：（1）FCC原料预处理；（2）FCC汽油后处理；（3）FCC原料预处理和FCC产品后处理组合。到目前为止，几乎没有炼厂能够不经加氢脱硫处理就将大量FCC汽油组分直接调入汽油调和装

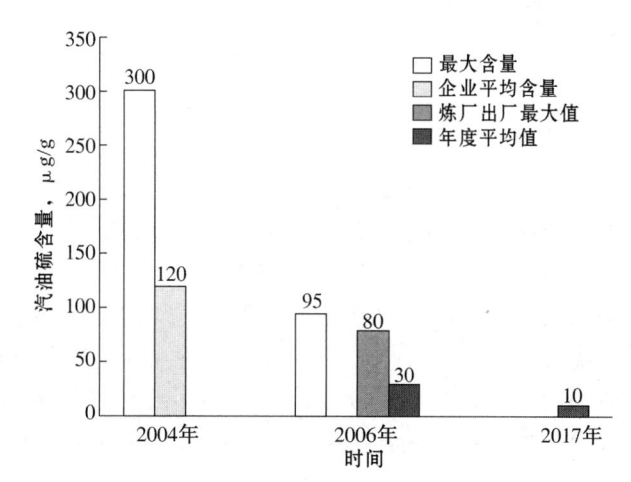

图8 美国汽油硫含量标准
（对炼厂出厂及其下游体系的硫含量最大限值要求还未最终确定，EPA提出或保护目前的80μg/g和95μg/g，或者将其分别降至50μg/g和65μg/g）

置。实际情况是，多数美国炼厂拥有FCC预处理装置，用于部分或全部FCC原料加氢处理，但只有不到15%的炼厂通过FCC预处理手段就可达到Tier 2汽油的指标要求，约70%的炼厂采用FCC预处理和后处理的组合工艺达到Tier 2汽油硫含量的要求。

现有装置的限制以及可行方案的经济性将决定满足Tier 3汽油标准的技术及技术方案的选择。针对Tier 3标准要求进行的改进包括：

（1）通过增加原料预处理装置能力或者提高现有FCC预处理装置苛刻度方式。除了使所有的FCC产品的硫含量降低外，增加或提高FCC预处理苛刻度使更多的芳烃饱和、氮含量和金属含量降低，从而达到改善原料的裂化性能以及提高FCC转化率和体积收率的目的。

（2）通过增加FCC汽油后处理装置能力或者提高现有后处理装置苛刻度方式。FCC汽油中含有的大量烯烃主要集中在轻组分中，而硫则主要集中在重组分中。相对于传统的石脑油加氢，当前后处理技术的独特之处在于其可优先脱除重组分中的硫，同时可使轻组分中烯

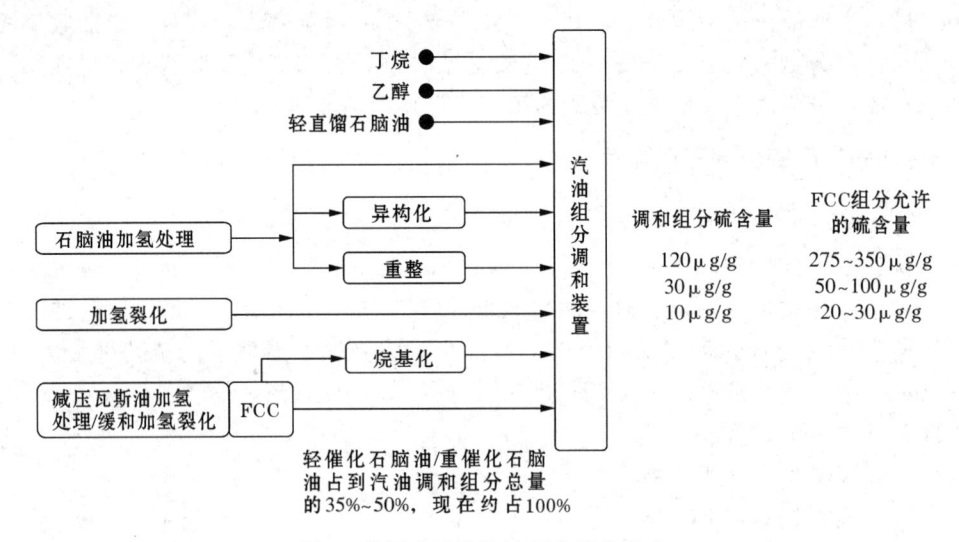

图 9 美国典型的汽油调和组分组成

烃损失最小。但因部分烯烃被饱和，后处理不可避免地会损失辛烷值，为达到 Tier 3 目标增加苛刻度也会导致辛烷值损失增加。

（3）FCC 原料预处理与后处理工艺相结合。

目前催化原料油加氢预处理装置除了具体操作条件不同外，运行方案主要有 3 种：一是加氢脱硫方案。全球约有 70% 的催化原料油加氢预处理装置采用这种方案运行，该方案运转周期最长。二是芳烃最大量饱和方案。这种方案运行周期约为加氢脱硫方案的 60%～80%，具体取决于原料油组成及操作条件，有 10%～20% 的该类装置采用此方案。三是缓和加氢裂化方案。这种方案的运转周期约为加氢脱硫方案的 50% 左右，有 10%～20% 的该类装置采用此方案运行。

美国目前运行的 124 家炼厂中 84 家有 FCC 装置，其中 47 家有 FCC 预处理装置，主要目的是通过加氢脱除硫、氮以及金属以改善 FCC 原料质量。随着 Tier 3 标准的实施，相信以脱硫为目的的该类装置还会增加。

3.4.1.1 FCC 原料预处理方案

（1）提高 FCC 原料预处理装置操作苛刻度。

FCC 汽油不仅硫含量最高，而且在汽油调和组分中所占比例最大，汽油调和组分中总硫的 2/3 来自 FCC 汽油，因此典型炼厂必须将 FCC 汽油硫含量降至 20～30μg/g，才能满足 Tier 3 要求。催化汽油的硫含量通常是催化原料油硫含量的 5%～7%，如果催化原料油加氢预处理后 VGO 的硫含量为 1500μg/g，催化汽油硫含量为 75～100μg/g。对于目前生产符合 Tier 2 标准汽油的炼厂，意味着催化汽油可以 30%～40% 的份额送进汽油调和装置进行调和。大多数按加氢脱硫方案运行的催化原料油加氢预处理装置，实现这种催化原料油硫含量的要求比较容易，许多装置的运转周期都在 2 年半以上。若执行 Tier 3 标准，为提供同样份额的调和组分，催化汽油硫含量需降至 25～35μg/g，加氢预处理装置需将催化原料油的硫含量降至 400～600μg/g。因此，需要大幅提高加氢预处理的苛刻度以达到大于 97% 的脱硫率来生产符合 Tier 3 标准的汽油，而要满足符合 Tier 2 标准的汽油要求脱硫率只需达到 90%

左右。

（2）采用新型高性能 FCC 原料预处理催化剂。

除了增加 FCC 原料预处理装置能力外，开发特殊的催化剂对现有 FCC 预处理催化剂进行升级换代是降低汽油升级成本的主要措施之一。为满足 Tier 3 汽油标准，美国 Criterion 公司开发的 CENTERA™ 系列 FCC 原料预处理新催化剂，即镍钼型 DN-3651 和钴钼型 DC-2650 催化剂，与上一代催化剂（镍钼型 DN-3551 和钴钼型 DC-2551）相比活性更高。这些催化剂的新进展可使 FCC 预处理装置在相同的操作条件下生产出硫含量更低的产品，并且达到满足 Tier 3 汽油质量标准所需的投资最少。DC-2650 通常与 DN-3651 一起使用，尤其是在低压装置中通过组合优化加氢脱硫和加氢脱氮的性能。以下为采用该公司催化剂降低催化汽油硫含量的两个范例。

范例 1：对于处理 API 度为 20°API、硫含量为 2.0%（质量分数）、氮含量为 2000μg/g 的原料，典型的 36 个月操作周期，目前生产硫含量为 1000μg/g 产品的中压装置，为了生产硫含量为 20~30μg/g 的 FCC 汽油，需要提高 FCC 预处理反应的苛刻度，使其产品硫含量降低到 300μg/g 左右，同时保证操作周期仍然不小于 24 个月（表 4）。产品的氮含量也会显著降低，同时氢耗和 FCC 装置的转化率都会提高。

表 4　不同模式运转的操作条件、产品性质及 FCC 汽油硫含量（中压装置）

操作模式	压力 psi	液时空速 h^{-1}	操作周期 月	产品硫含量 μg/g	产品氮含量 μg/g	氢耗 ft^3/bbl	FCC 转化率 %（体积分数）	FCC 汽油硫含量，μg/g
当前的典型模式	1000	1	36	1000	1000	500	基准	100
Tier 3 模式	1000	1	26	300	500	600	基准 + 2.3	25

范例 2：对于处理 API 度为 18°API、硫含量为 2.5%（质量分数）、氮含量为 2500μg/g 的原料，典型的 36 个月操作周期，目前生产硫含量约 600μg/g 产品的高压装置，为了生产硫含量为 20~30μg/g 的 FCC 汽油，需要提高 FCC 预处理反应的苛刻度，使 FCC 原料硫含量降低到 300μg/g 左右，同时保证操作周期保持在 30 个月左右。此外，产品的氮含量也会显著降低，同时氢耗和 FCC 装置的转化率都会提高（表 5）。

表 5　不同模式运转的操作条件、产品性质及 FCC 汽油硫含量（高压装置）

操作模式	压力 psi	液时空速 h^{-1}	操作周期 月	产品硫含量 μg/g	产品氮含量 μg/g	氢耗 ft^3/bbl	FCC 转化率 %（体积分数）	FCC 汽油硫含量，μg/g
当前的典型模式	1500	0.7	36	600	750	700	基准	60
Tier 3 模式	1500	0.7	31	300	450	800	基准 + 1.9	20

降低或者避免新建装置投资的机会还是存在的，利用先进的催化剂技术，可使 FCC 预处理装置在尽量长的操作周期内满足 FCC 原料降低硫含量的要求，或者利用 FCC 后处理装置在最小的辛烷值损失条件下降低 FCC 汽油的硫含量。

3.4.1.2 催化汽油后处理方案

为符合Tier 3汽油质量标准，美国 EMRE 公司、法国 Axens 公司等为此进行了诸多研究。

（1）EMRE 公司催化汽油选择性加氢脱硫技术方案[18]。

针对已采用或计划采用 EMRE 公司的催化汽油选择性加氢技术，并需进一步满足 Tier 3汽油质量标准的炼厂，该公司提出了相应的技术解决方案。

EMRE 公司催化汽油选择性加氢脱硫工艺主要有 3 种形式：

①SCANfining Ⅰ工艺，依靠催化剂的选择性在转化硫化物的同时减少烯烃饱和（辛烷值损失），适于硫含量在 300μg/g 以下的低硫催化汽油，投资和操作费用都较少。

②SCANfining + Zeromer 适用于中等硫含量（300～1000μg/g）的催化汽油，投资和操作费用中等。Zeromer 是一种后处理技术，可使再结合的硫醇减至最少。

③SCANfining Ⅱ工艺，适用于高硫含量（＞1000μg/g）的催化汽油，投资和操作费用最多。最佳工艺的选择取决于原料油的硫含量及烯烃含量、产品的硫含量、可以承受的辛烷值损失以及投资。

目前美国有许多炼厂催化汽油加氢脱硫装置的产品硫含量高于 30μg/g 限值要求，这些炼厂需用其他组分进行调和才能满足目前硫含量不大于 30μg/g 的要求。为达到将来硫含量不大于 10μg/g 的汽油质量要求，许多炼厂需要改造现有的 SCANfining 装置。一是需要增加 Zeromer 段，追加约 25％的投资（取决于所用设备情况）；二是炼厂新建 SCANfining + Zeromer 装置，增加 50％的投资。炼厂进行改造最主要考虑的是装置今后操作的灵活性，是否要有加工硫含量更高原油的能力、承受辛烷值损失的能力以及投资的价值。一套 SCANfining Ⅱ工业装置运转表明，催化汽油原料硫含量为 1650μg/g，用第一代催化剂 RT－225 生产硫含量 10μg/g 的超低硫汽油，已运转 4 年，催化剂寿命预计可达 7 年。经过对载体特性、金属含量和分散性研究开发成功的第二代超高活性和选择性催化剂 RT－235 自 2007 年以来已应用于多套工业装置，催化剂使用寿命在 5 年以上。

（2）Axens 公司汽油选择性加氢脱硫技术方案[19]。

Axens 公司针对 Tier 3汽油质量标准，对于目前仅靠 FCC 原料深度预处理就可满足 Tier 2标准的炼厂，配有催化汽油后处理装置的炼厂以及配有全馏分催化汽油后处理装置的炼厂等提出了采用 Prime G⁺ 技术应用的不同方案。因不同方案的内容较多且在后续的专业论文（AM－14－38）中有详细论述，在此不再赘述。

此外，Criterion 公司针对 Tier 3汽油质量标准也开发了新催化剂及应对方案。

3.4.2 美国多产中馏分油的部分方案[20]

据哈特能源咨询公司预测，从 2012 年到 2035 年，全球中馏分油需求以 1.2％的年增长率增加，汽油年增长率仅为 0.7％。以汽油为主要运输燃料的国家，目前因节能降耗等因素影响，中馏分油需求特别是车用柴油需求的增幅较大。据美国能源信息署统计，2002 年以来美国车用柴油消费增幅一直远高于汽油。

炼油企业可以采用的改善柴汽比选择性的方法很多。美国炼厂提高柴汽比的方法主要有：

(1) 增加具有较高柴汽比的机会原油（方案1）。

(2) 将FCC预处理装置改造为缓和加氢裂化装置（方案1A）。

(3) 用转化率为80%的加氢裂化装置替代老旧的FCC装置（方案1B）。

(4) 用全转化加氢裂化装置替代老旧的FCC装置（方案1C）。

(5) 在现有延迟焦化装置前增加渣油加氢裂化装置（方案2）。

由于不同的原油中固有的石脑油及中馏分油含量不同，所以原油类型

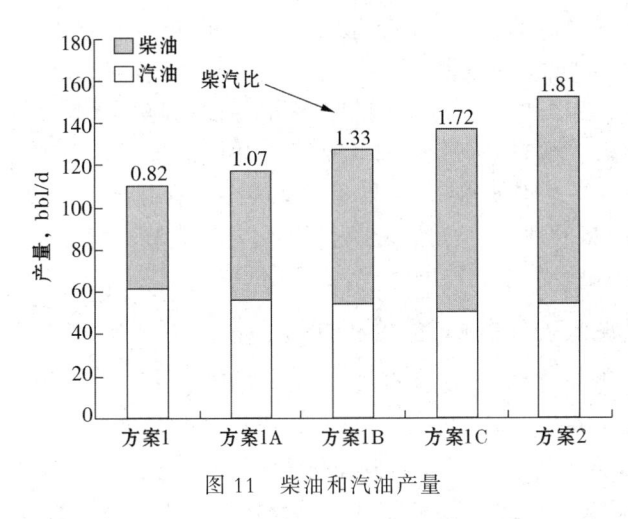

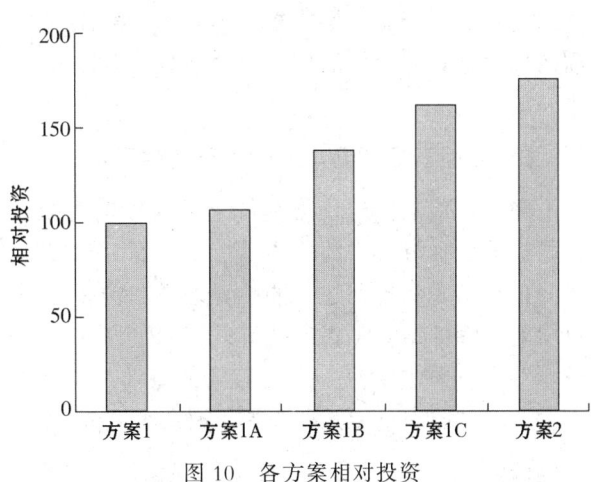

图10 各方案相对投资

图11 柴油和汽油产量

的选择对于炼厂柴汽比的影响非常重要。对美国炼油业通常加工的西得克萨斯中质原油（WTI）等5种原油进行分析，原油中固有柴汽比最高的为阿萨巴斯卡沥青7.0，接下来依次为玛雅原油1.28、阿拉伯轻质原油1.12、布伦特原油0.94、WTI原油0.85。因此，仔细分析并慎重选择重质原油应是炼厂提高柴汽比的一种低成本方案。除了选择加工的原油方案之外，其余4种方案，应该根据不同炼厂的实际情形加以选择。不同方案的投资不同（图10），不同方案的柴汽比变化也会不同（图11）。

除以上5个方案外，提高分馏能力、拓宽柴油的切割范围等也是提高柴油产率的有效方法。

4 看法及建议

4.1 渣油加氢技术仍将是未来需要重点攻关和集中突破的关键技术

渣油加氢技术正逐渐成为炼厂最主要的渣油加工技术手段。渣油固定床加氢处理技术仍将是未来10~20年渣油加氢的主流工艺技术，尤其是RDS/FCC组合工艺将继续被炼厂广泛作为实现超低硫汽油质量升级的主要技术手段。渣油固定床加氢处理技术的发展重点集中在突破加工劣质渣油和实现长周期运转的瓶颈，涉及优化工艺技术、开发更高性能的催化剂以及降低催化剂生产成本等。沸腾床加氢裂化技术作为目前实现渣油最高效利用的工业化技术，在加拿大油砂沥青改质生产合成原油以及渣油加工方面将发挥愈加重要的作用，还需进

一步解决装置投资大、操作复杂等问题。悬浮床加氢裂化技术是当今炼油工业世界级的难题和前沿技术，具有较好的推广应用前景，但需开发高活性的分散型催化剂以及着重解决装置结焦问题。

4.2 重油热加工工艺仍有改进提升的空间

未来全球重油供应量将继续上升，加工劣质、重质或非常规原油是炼油工业面临的挑战。尽管随着加氢技术的进步，重油热加工工艺的市场份额会逐渐减少，但对于现有的以及大部分正在新建和规划建设的装置来说，仍有提高液体产品收率、降低焦炭产量、延长装置运行周期、降低结垢、提高装置运行稳定性和安全性等技术升级需求。未来重油热加工工艺的技术发展方向主要有：一是与其他渣油加工工艺组合，提高转化率；二是通过开发添加剂，提高液体收率；三是研发新型硬件和设备，提高自动控制水平，延长装置运行周期。

4.3 多产丙烯技术以及抗金属中毒催化剂和助剂成为 FCC 研究的新热点

近期 FCC 在工艺技术和催化剂及助剂方面的进展，再次证明了现在和将来相当长的时期内 FCC 依然将扮演着连接重质原料和轻质产品的重要角色。中东尤其是美国蒸汽裂解装置原料轻质化的趋势将导致丙烯短缺，势必增加利用 FCC 装置多产丙烯的趋势，这就要求 FCC 装置具有很强的操作灵活性，可依据市场需求切换生产丙烯、汽油或馏分油，实现炼厂收益最大化。另外，原油质量劣化的趋势也将使得 FCC 装置进料的金属含量越来越高，即使是来自页岩油的原料，也含有较高含量的铁、钙、钠等催化剂毒物，研究和开发抗金属中毒催化剂和相关金属捕获助剂也将成为研发的重点课题之一。

4.4 新型催化剂的应用成为低成本实现超低硫汽油生产的主要措施

为满足 $10\mu g/g$ 以下汽油质量标准，提高 FCC 预处理装置反应苛刻度或扩大 FCC 预处理装置能力，增加 FCC 后处理反应苛刻度或扩大 FCC 后处理能力，或将以上两种工艺组合使用都是可以采用或实施的方案，但势必会增加炼厂的投资及操作成本。利用先进的催化剂技术可以降低或者避免上述投资，可使 FCC 预处理装置在尽量长的操作周期内满足 FCC 原料降低硫含量的要求，或者利用 FCC 后处理装置在最小的辛烷值损失条件下降低 FCC 汽油的硫含量。

美国 Tier 3 汽油质量标准的实施时间早于中国（2018 年 1 月 1 日起实施国Ⅴ）1 年，汽油硫含量均为 $10\mu g/g$ 以下，催化汽油也是美国汽油的主要调和组分，因此了解并分析美国超低硫汽油质量升级路线及解决方案，可为中国汽油质量升级提供一定的借鉴作用。从目前报道的美国炼厂超低硫汽油的技术方案发现，活性好、选择性好、使用周期长的新催化剂的应用可以降低清洁汽油的质量升级成本，中国应加快催化汽油加氢后处理或 FCC 原料预处理新催化剂的研发及应用，以最低成本实现中国清洁汽油的质量升级。

4.5 不断优化炼厂装置结构永远是炼油业发展的关键

科学改变炼厂装置结构有效适应加工原油及油品质量的变化，是炼油企业发展的关键。从近几年 AFPM 不断涌现的炼厂装置结构优化或装置改造的论文不难发现，主要原因不外乎为炼厂原油类型变化和油品质量升级。近几年，美国为了应对致密油加工，出现了对炼厂常减压蒸馏装置、FCC 原料预处理装置、重整装置、加氢装置等的改造和调整，以及为了满足 Tier 3 标准要求的油品质量升级而进行的装置改造或结构优化等。

总之，在应对不断变化的原油类型和油品质量要求的同时，对现有炼厂装置结构进行高效、低成本的改造已成为炼油企业面对的主要挑战。中国地域辽阔，各地区油品需求差异较大，炼油业应从全局出发，针对不同地区的市场需求和加工原油特点，在油品生产技术方案的开发上多下工夫，开发出适于中国特点的经济有效的油品升级方案，整体提升中国炼油业的竞争力。

参 考 文 献

[1] EIA. US Crude Oil Production Forecast‑Analsis of Crude Types. 2014. 5. 29. http：// www. eia. com.

[2] Dillip Dharia, Alexander Maller, Eusebius Gbordzoe. Shale Gas‑Driven Wave of New Petrochemical Plants in North America is Opportunity for Refiners. AM‑14‑24，2014.

[3] Iwao Ogasawara. High Severity Fluidized Catalytic Cracking（HS‑FCC）‑ Go for Propylene! // 21st World Petroleum Congress‑Block 2：Refining, Transportation and Petrochemistry, 2014.

[4] Saravanan S, Brijesh K Verma, Manoj K Yadav, et al. A Novel Process for Synergistic Simultaneous Cracking of Lighter and Heavier Hydrocarbons to Produce Light Olefins. // 21st World Petroleum Congress‑Block 2：Refining, Transportation and Petrochemistry, 2014.

[5] George Yaluris, Alan Kramer. Take Actiontm‑to Maximize Distillate and Alky Feed from your FCC U‑nit. AM‑14‑26，2014.

[6] Todd Hochhieser, Bart de Graaf. FCC Additive Improves Residue Processing Economics with High Iron Feeds. AM‑14‑27，2014.

[7] Morita Masato, Tetsuya Watanabe, Michio Fujimoto. Utilization of RDS/RFCC for Residual Oil Upgrading//21st World Petroleum Congress‑Block 2：Refining, Transportation and Petrochemistry, 2014.

[8] Khusain Kadiev, Salambek Khadzhiev, David M Wadsworth. An Efficient Solution to the Conversion of Heavy Hydrocarbon Residue// 21st World Petroleum Congress‑Block 2：Refining, Transportation and Petrochemistry, 2014.

[9] Marzieh Shekarriz, Jamshid Zarkesh, Forouzan Hajialiakbari, et al. Nanoemulsion Concept to Enhance Deep Slurry Hydrocracking Process// 21st World Petroleum Congress‑Block 2：Refining, Transportation and Petrochemistry, 2014.

[10] 2014 Worldwide Refining Survey. Oil & Gas Journal. 2013. 12. 2. http：//www. ogj. com/index. cfm.

[11] 李出和. 中国石化延迟焦化新技术状况// 中国石油化工信息学会石油炼制分会. 2013 年中国石油炼制技术大会论文集. 北京：中国石化出版社，2013.

[12] Technology Update：Coking. Worldwide Refining Business Digest Weekly, 2014. 4. 21. http：// www. hydrocarbonpublishing. com.

[13] Raul Arriaga, Ryan Nickel, Phil Lane, et al. Improve Your Delayed Coker's Performance and Operating Flexibility with New OptiFuel Coker Additive. AM‑13‑67，2013.

[14] Number and Capacity of Petroleum Refineries. http：//www. eia. gov/dnav/pet/pet_pnp_cap1_dcu_nus_a. htm.

[15] Per Zeuthen. A New Catalst Generation for Additional Hydrogenation and Volume Swell. AM‑14‑19，2014

[16] Eni. Diamond Green deploys UOP, Eni technology. http：//www. hydrocarbonpublishing. com/Log‑in. php.

[17] Patrick Gripka, Wes Whitecotton, Opinder Bhan, et al. Tier 3 Capital Avoidance with Catalytic

Solutions. AM-14-37, 2014.

[18] Mohan Kalyanaraman, John Greeley, Monica Pena. Options for octane. Hydrocarbon Engineering, 2014, 19 (3): 59-64.

[19] Geoffrey Dubin, Delphine Largeteau. Advances in Cracked Naphtha Hydrotreating. AM-14-38, 2014.

[20] Wisdom L, Peer E, Craig M, et al. A Step-Wise Approach to Meeting the Growing Imbalance between Diesel and Gasoline Production. AM-14-21, 2014.

美国页岩气的化工利用及影响

王红秋 乔 明 郑轶丹

1 引言

2008年以来,随着水平井和水力压裂技术的进步,美国页岩气产量呈现爆发性增长,2012年美国页岩气产量达到$2945\times10^8 m^3$,约占美国天然气总产量的40%。预计2013—2040年,页岩气产量将翻一番,到2040年在美国天然气产量中的比重将上升到53%。页岩气产量的大幅增长拉低了美国天然气价格,2013年天然气价格为3~4美元/10^6Btu(合人民币0.6~0.8元/m^3),丰富低廉的页岩气为美国化工产业的强势复兴提供了条件,合成氨、甲醇、乙烯、丙烯等与之紧密相关的石油化工龙头产业均呈现快速发展趋势,在全球竞争格局中具备较大的竞争力,继而影响全球化工市场。

2 美国页岩气资源现状及预测

2.1 美国页岩气资源现状

2012年美国页岩气储量达到$3.66\times10^{12} m^3$,比2011年下降了2%,如图1所示。下降原因一方面是由于天然气价格下降,影响了对页岩气的勘测热情;另一方面,随着勘测技术、评价方法的进步及对页岩气认识程度的深入,对于储量规模的预测也在不断调整[1]。

美国页岩气资源主要分布在Marcellus、Barnett、Haynesville/Bossier、Eagle Ford、Woodford和Faetteville六大区块,储量占总储量的93.7%,产量占总产量的92.3%。

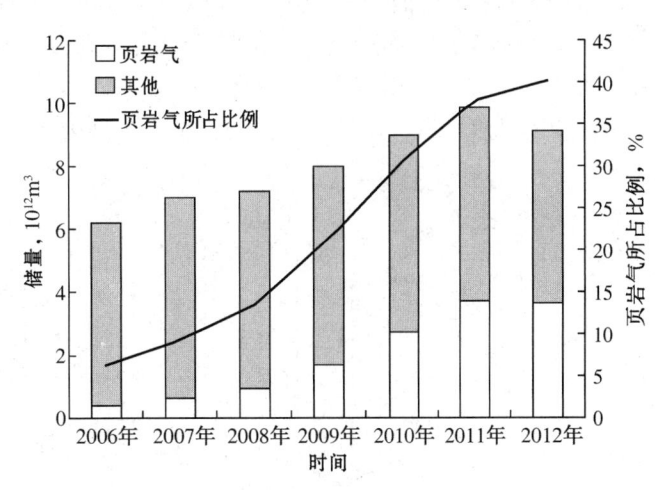

图1 美国天然气储量变化情况

2.2 美国页岩气生产情况

据美国能源信息署统计,2012年美国天然气产量为$7390.7\times10^8 m^3$,比2011年增长了6%,是自1977年以来的产量峰值,其中,页岩气产量约占美国天然气总产量的40%,达到$2945\times10^8 m^3$[1]。预计2013—2040年,美国天然气产量将增长56%,其中页岩气产量到2040年将达到$5606.8\times10^8 m^3$,在美国天然气产量中的比重将上升到53%,如图2所示[2]。

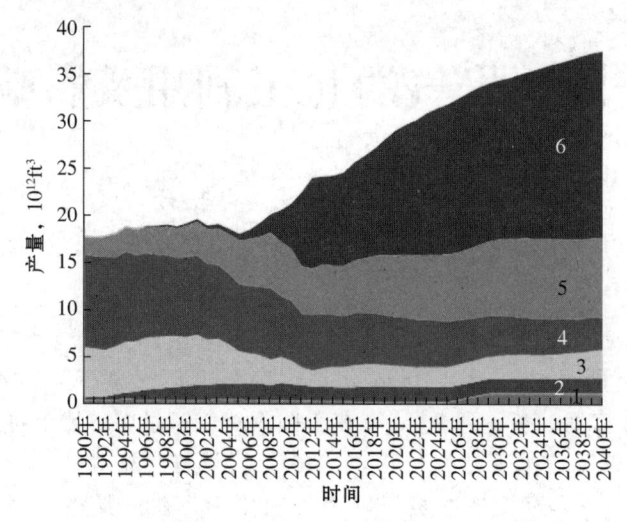

图 2 美国 1990—2040 年天然气产量及来源
1—阿拉斯加全部天然气；2—煤层气；3—本土 48 州海上天然气；
4—本土 48 州陆上常规天然气；5—致密气；6—页岩气

2.3 美国天然气的价格及进出口情况

页岩气开采技术的突破性进步使美国天然气产量大幅增长，美国国内天然气价格近几年一直维持在较低水平，如图 3 所示。美国天然气净进口量从 2007 年的 $1018\times10^8 m^3$（$3595\times10^9 ft^3$）减少到 2012 年的 $425\times10^8 m^3$（$1501\times10^9 ft^3$），对外依存度从 2007 年的 16.4% 降低为 2012 年的 5% 左右，逐渐趋于天然气自给自足的能源独立。据美国能源信息署预测，美国将在 2016 年成为液化天然气（LNG）的净出口国，到 2025 年将成为管道天然气净出口国，随着美国天然气出口设施的建设和完善，未来天然气价格将有所上涨[3]。

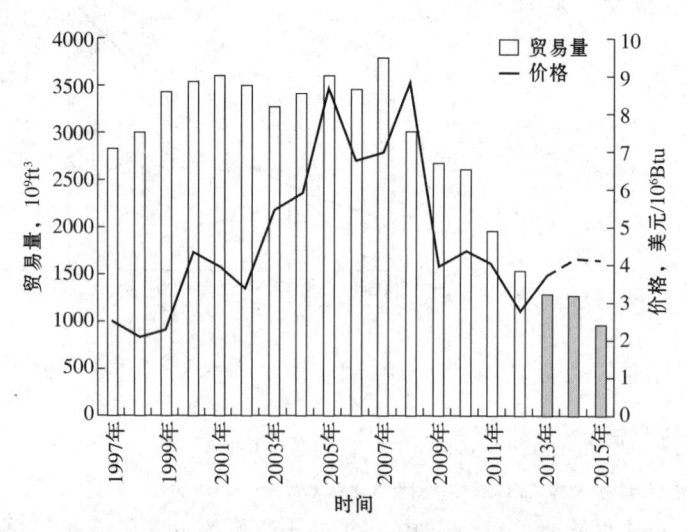

图 3 1997—2015 年美国天然气贸易量和价格变化情况

2.4 美国天然气凝析液（NGL）的生产和利用情况

NGL主要来自原油和天然气生产过程及炼油过程。2012年之前，美国NGL主要来自油田伴生气，价格与原油价格的相关度密切；而2012年之后，随着Marcellus、Utica等区块的页岩气（富含NGL）开发，美国NGL的供应量迅速增长，2011—2013年产量增长了23.8%。目前，大约75%的凝析液来自天然气生产过程，但由于基础设施建设滞后，下游链条的建设赶不上上游扩能增产的速度，很多NGL资源或者被放空燃烧（如Bakken页岩区块），或者在储运地积压，导致2012年后期价格下跌，在10美元/10^6Btu左右，如图4所示[4]。

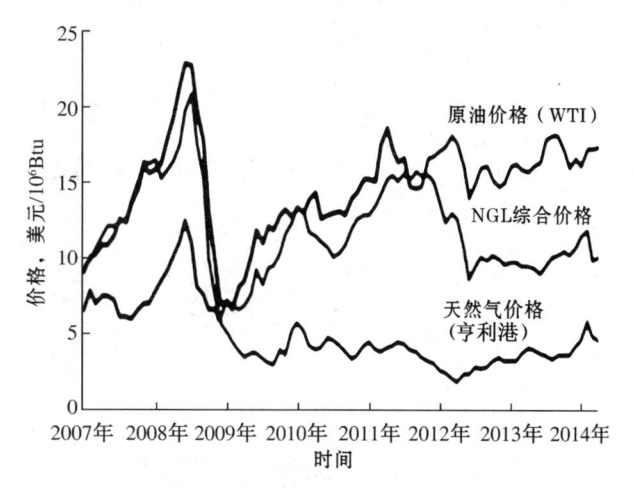

图4 NGL与原油、天然气的价格变化

过去5年，来自天然气处理装置的NGL产量增长了50%，2013年达到了260×10^4bbl/d[5]。美国能源信息署预测，2030年将增长到300×10^4bbl/d左右，之后随着天然气产量增长放缓，NGL的产量也趋于平稳。NGL是低相对分子质量烷烃的混合物，乙烷、丙烷、丁烷及戊烷以上的含量分别约为40%，30%，18%和12%，如图5所示[6]。

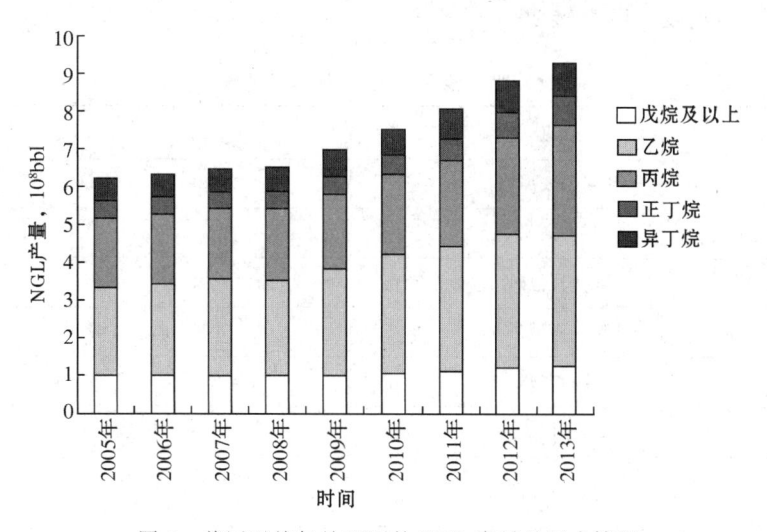

图5 美国天然气处理厂的NGL产量及组成情况

3 美国页岩气化工利用途径

美国页岩气的蓬勃发展不仅惠及美国的能源领域，对美国整体的工业、电力、交通甚至就业都有着更为深远的意义，同时对美国化工行业也产生了极为积极的影响。页岩气是非常规天然气，其主要成分是甲烷，一些湿气还含有丰富的乙烷、丙烷和丁烷等。丰富低廉的页岩气为美国石油化工产业的强势复兴提供了条件，合成氨、甲醇、烯烃等与之紧密相关的石油化工龙头产业均呈现快速发展趋势（图6）。

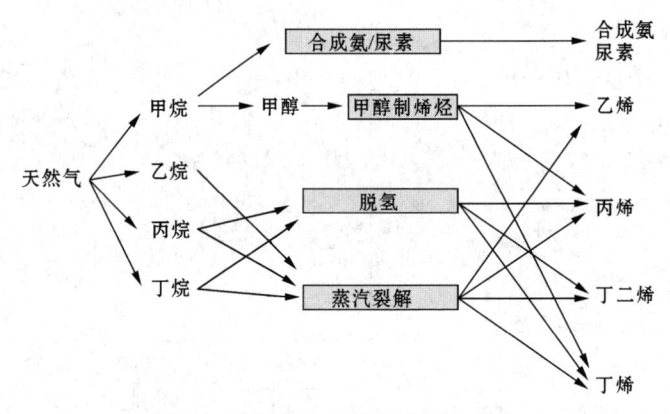

图 6 天然气的主要化工利用途径

3.1 天然气制合成氨（尿素）

目前美国生产1t尿素的天然气成本仅约为人民币400元，这使美国尿素成为继中东之后，全球盈利水平第二的尿素生产地区。廉价且丰富的天然气资源不仅掀起了美国本土氮肥企业的扩产热潮，同时也吸引了国际氮肥企业在北美地区新建尿素工厂。据不完全统计，从2012年初至今，北美地区共投资了21个氮肥项目，产能总计超过1000×10^4t（表1），这将使国际氮肥供需格局发生巨大转变[7]。

表 1 北美地区合成氨/尿素扩能情况

公司名称	地点	项目类型	产能	投产时间
加钾	路易斯安那州	复产	45×10^4t/a 合成氨	2013年
美国CRV能源	堪萨斯州	扩产	13×10^4t/a 尿素	2013年
美国达科他天然气	北达科他州	新建	40×10^4t/a 尿素	
美国Rentech氮肥	伊利诺伊州	扩产	合成氨产能增加23%	2013年
埃及OCI	爱荷华州	新建	72×10^4t/a 合成氨、120×10^4t/a 尿素	2015年
美国奥斯汀矿业	田纳西州	新建	15×10^4t/a 硝酸铵	
挪威雅苒国际	加拿大萨斯喀彻温省	扩产	合成氨、130×10^4t/a 尿素、尿素硝酸铵等	2017年
加拿大加阳	加拿大艾伯塔省	扩建	17×10^4t/a 尿素	2015年
北美农民组织	加拿大曼尼托巴省	新建	未知	
美国粮食与食品（CHS）	北达科他州	新建	80×10^4t/a 合成氨、尿素、尿素硝酸铵	

续表

公司名称	地点	项目类型	产能	投产时间
Agrifog	帕萨迪纳	新建	世界级氮肥工厂	
美国俄亥俄河谷（Ohio valley）	印第安纳州	新建	80×10^4 t/a 合成氨、100×10^4 t/a 尿素硝酸铵	2016 年
美国美盛	路易斯安那州	扩建	合成氨扩能 2 倍	2016 年初
NPN 氮肥厂	北达科他州	新建	72×10^4 t/a 尿素、尿素硝酸铵	2017 年以前
科氏化肥	俄克拉何马州	新建	100×10^4 t/a 尿素	2016 年
美国 CF 工业	路易斯安那州、爱荷华州	新建	190×10^4 t/a 合成氨、$(180\sim240)\times10^4$ t/a 大颗粒尿素、160×10^4 t/a 尿素硝酸铵	2015 年、2016 年
North Dakota Grain Grovers Association	北达科他州	新建	未知	
澳大利亚 Incitec Pivot	路易斯安那州	新建	80×10^4 t/a 合成氨	
Summit Power Texas Clean Energy	得克萨斯州	新建	64×10^4 t/a 合成氨	
BioNitrogen	得克萨斯州	新建	12×10^4 t/a 尿素	
印度 IFFCO	加拿大东部	新建	150×10^4 t/a 合成氨、260×10^4 t/a 尿素	

美国历来是合成氨和尿素的进口国，根据美国农业部（USDA）数据，2012 年美国尿素表观消费量为 1180×10^4 t，国内产量为 630×10^4 t，净进口量为 660×10^4 t，比 2011 年的 530×10^4 t 净进口量增加了 24.5%。美国进口尿素的半数来自中东，5% 来自中国。

截至 2012 年底，美国尿素产能约为 700×10^4 t/a，一旦上述项目如期投产，到 2020 年，美国尿素产能有望达到 2000×10^4 t/a。一般尿素消费量不会出现大幅增长，这不但意味着美国将减少从中东和中国的尿素进口，还将从尿素净进口国转变为净出口国，预计其年出口量将超过 500×10^4 t。

3.2 天然气—甲醇（—烯烃）

随着页岩气革命的成功，甲醇的生产原料甲烷的成本大幅下降，美国掀起了甲醇扩能热潮：新装置建设、旧装置扩能、闲置装置重启，甚至全球其他地区的装置也迁至美国（表2）[8]。新装置主要位于美国得克萨斯州和路易斯安那州，均为设计产能超过 100×10^4 t/a 的大型装置。2018 年，美国将新增甲醇产能超过 1300×10^4 t/a，新建装置投资将超过 85 亿美元。如果计划中的项目能顺利实施，那么 2018 年北美地区甲醇产能将达到 2000×10^4 t/a，届时产能将大于预期需求量，部分甲醇将会出口。

另外，丰富的页岩气资源可以用于发展甲醇产业链，通过甲醇制烯烃技术，进一步发展下游乙烯、丙烯工业。天然气经甲醇制烯烃技术是一种利用天然气中的甲烷而不是 NGL 作为原料生产乙烯和丙烯的方式，主要分两步：首先天然气转化为合成气，合成气生成粗甲醇；然后甲醇转化生成烯烃（主要是乙烯和丙烯）。该技术的关键在于催化剂的活性和选择性以及相应的工艺流程设计，其研究重点主要集中在催化剂的筛选和制备。代表性工艺有

UOP/HYDRO 的甲醇制烯烃工艺、Lurgi 公司的甲醇制丙烯（MTP）工艺、中国科学院大连化学物理研究所的 DMTO 工艺、中国石化上海石油化工研究院的 SMTO 工艺和清华大学的 FMTP 工艺。

表 2 美国甲醇扩能计划

公司	地点	项目类型	产能，10^4 t/a	预计投产时间
南路易斯安那州甲醇公司（SLM）	路易斯安那州	新建	182.5	2016 年第四季度
梅赛尼斯公司（Methanex）	将位于智利的甲醇装置迁移至美国路易斯安那州	搬迁	200（两套 100×10^4 t/a 装置）	1 号甲醇装置于 2014 年底投产，2 号装置将在 2016 年第二季度投产
埃及欧瑞斯克姆建筑工业集团（OCI）	得克萨斯州博蒙特	新建	175	2016 年第四季度
塞拉尼斯公司	得克萨斯州克利尔湖（Clear Lake）的乙酰基产品联合体中增设一套甲醇生产装置	新建	130	2015 年第二季度
塞拉尼斯公司	得克萨斯州 Bishop 石化工厂	新建	130	2017—2018 年
瓦莱罗公司	路易斯安那州	新建	160	2016 年第二季度
NWIW 公司	华盛顿州	新建	182.5	2018 年
NWIW 公司	俄勒冈州	新建	182.5	2018 年

据报道，BASF 公司计划在美国建 MTP 装置，预计 2019 年投产，为其在北美地区的丙烯下游产品提供丙烯原料。尽管北美地区的甲醇制烯烃产业 2013 年才刚刚起步，但中国从 2010 年起甲醇制烯烃技术就已实现工业化，首套装置采用煤基甲醇为原料。目前，中国已有 8 套甲醇制烯烃装置投产，原料分别来自煤基甲醇和外购甲醇。另外，还有 50 多套装置处于规划、设计和建设的不同阶段。在石油价格高位的形势下，甲醇制烯烃技术将展现出较强的市场竞争力。

3.3 乙烷裂解生产乙烯

10 年前，WTI 原油价格为 31 美元/bbl，美国天然气价格为 5.5 美元/10^6 Btu，美国以乙烷为原料的乙烯生产成本是世界上最高的。2009 年以来，随着页岩气的大规模开发，美国天然气价格下滑至 4 美元/10^6 Btu，而 WTI 原油价格却快速上涨至 62 美元/bbl，乙烷原料成本优势显现，美国从高成本的乙烯地区转变为低成本的乙烯地区，如图 7 所示。目前，中东仍是乙烯生产成本最低的地区，北美紧随其后，乙烯生产成本在 450 美元/t 左右。亚洲和西欧的乙烯原料仍以较重的石脑油为主，是世界生产成本最高的地区，超过了 1000 美元/t。

过去 3 年，美国以乙烷或乙烷/丙烷混合料为原料生产乙烯的利润从 2011 年 1 月的不到 500 美元/t 增加到 2014 年 1 月的 1000 美元/t 以上。尽管石脑油裂解装置的利润很不稳定，但乙烷裂解装置与石脑油裂解装置的利润差就没低过380美元/t，并且最高达到了1590美元/t，如图8所示[9]。

在盈利驱动下，美国正兴起新一轮的裂解装置投资热潮，陶氏、雪佛龙菲利普斯、台塑、壳牌、埃克森美孚等国际大石化公司均有建设计划，现分别处于在建、环评、规划等不同阶段。2020年前，近1000×10⁴ t/a的新增乙烯产能将陆续投产，这将给全球市场带来新的压力[10]。同时，对于现有装置美国乙

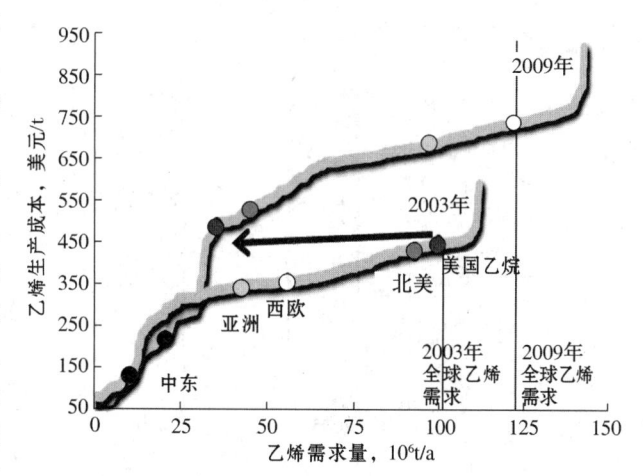

图7 2003年和2009年全球乙烯生产成本比较

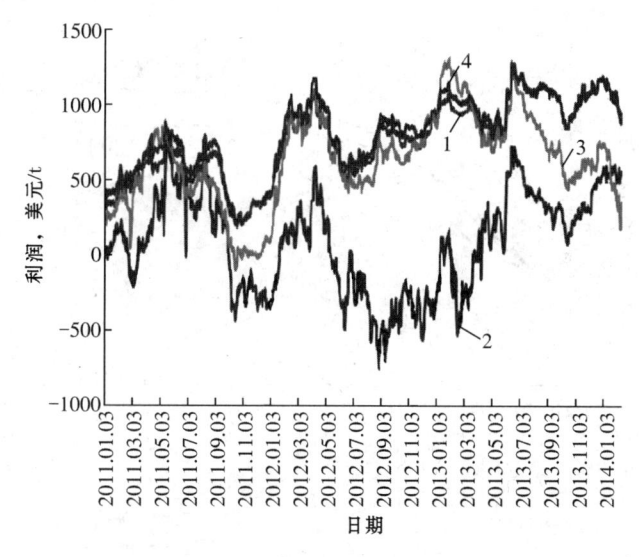

图8 美国裂解装置利润情况
1—乙烷裂解装置利润；2—轻石脑油裂解装置利润；
3—丙烷裂解装置利润；4—乙烷/丙烷混合进料裂解装置利润

烯生产商正在用乙烷替代石脑油作为裂解原料。2013年，美国裂解原料中的乙烷比例已由2005年的41%提高至58%，而石脑油比例则由28%降至7%，预计到2024年乙烷比例将增至76%，石脑油比例将仅为5%，如图9所示。

美国能源部最新发布的《2014能源展望》报告中，对在不同情境下的未来乙烷与石脑油的价格比进行了分析预测。未来，无论是高油价情景还是低油价情景，也无论是油气资源多还是油气资源少，乙烷作为裂解原料都具有绝对的成本价格优势，2025年前乙烷与石脑油的价格比均小于0.3，2040年前均小于0.4，如图10所示[11]。

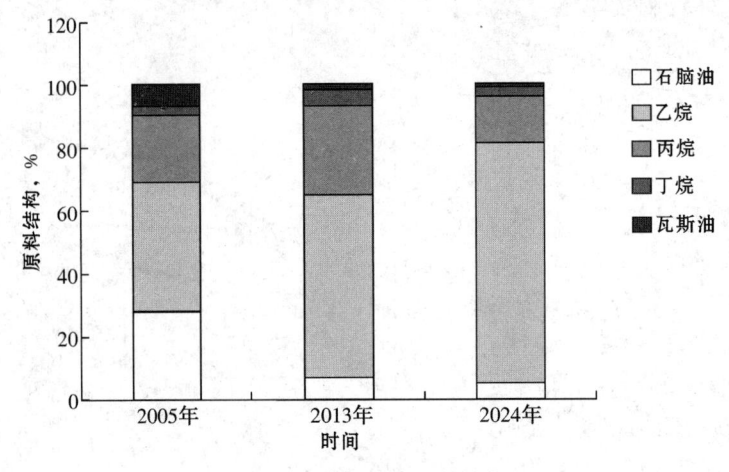

图 9 美国裂解原料结构

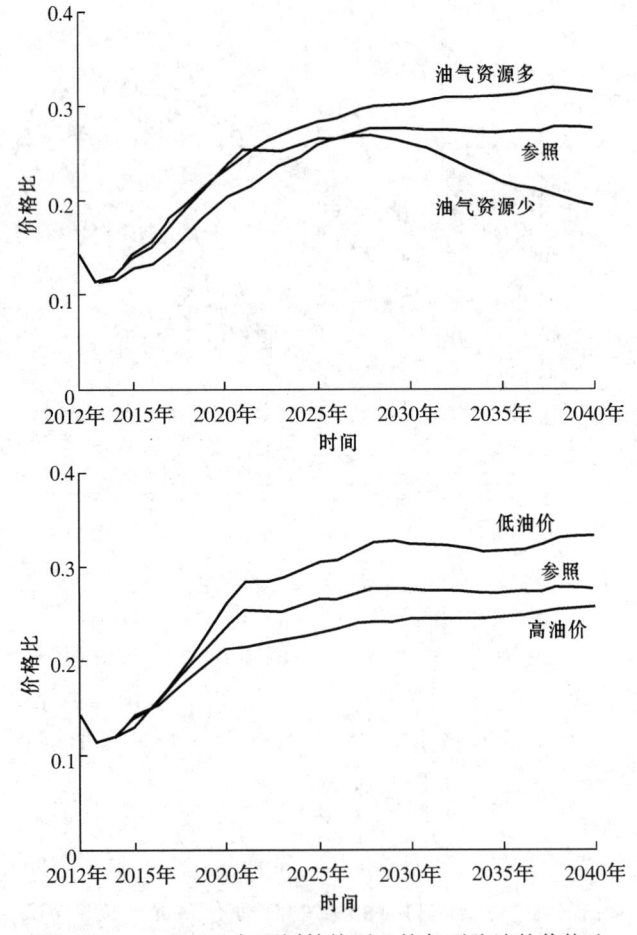

图 10 2012—2040年不同情境下乙烷与石脑油的价格比

3.4 丙烷脱氢生产丙烯

过去几年,随着乙烷在裂解原料中的比例增加,来自裂解装置的丙烯产量已经减少。乙烷裂解的丙烯收率仅为3%,而石脑油裂解的丙烯收率大于15%。同时催化裂化装置的丙烯产量也没有增长,导致丙烯价格陡然上升,2012年聚合级丙烯和炼厂级丙烯的价格均超过了1500美元/t,同期乙烯价格约为1200美元/t。因此,新型增产丙烯技术发挥的作用越来越大,来自丙烷脱氢和复分解装置的产能都有所增长,特别是来自丙烷脱氢装置的丙烯产能在未来5年将快速增长,如图11所示[12]。

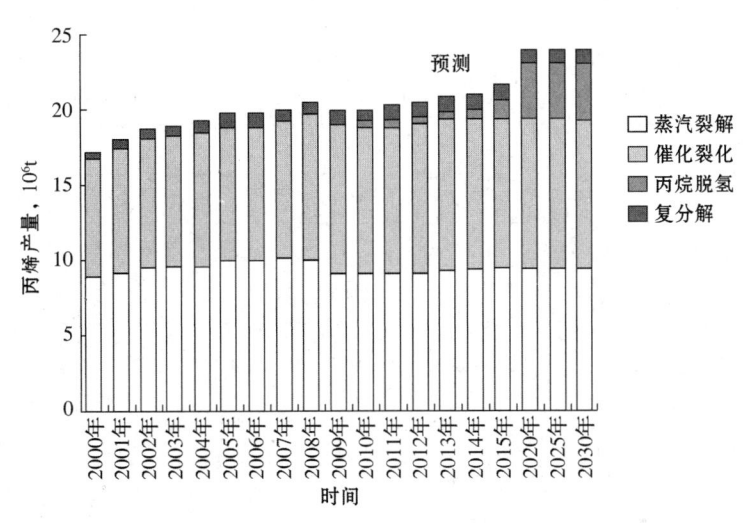

图11 2000—2030年北美地区丙烯来源结构

北美地区第一套丙烷脱氢装置在2010年后期投入生产,由美国丙烯生产商Petro Logistics建设,采用Lummus-Catofin工艺,产能65×10⁴t/a。另外,还有380×10⁴t/a丙烷脱氢装置产能目前处于规划和建设阶段,见表3。

表3 美国丙烷脱氢装置建设情况

公司	产能, 10⁴t/a	投产时间	所处阶段
Petro Logistics	65	2010年	运行
Enterprise Products	75	2015年	在建
Dow	75	一期2015年	在建
	75	二期2018年	规划
Ascend Performance Materials	100	2016年	环评
Formosa Plastics	60	2016年	在建
合计	450		

目前实现工业应用的丙烷脱氢工艺有UOP公司的Oleflex工艺、ABB Lummus公司的

Catofin 工艺和 Krupp Uhde 公司的 STAR 工艺。另外，Linde AG/BASF 公司、Snamprogetti/Yarsintz 公司等也开发了丙烷脱氢工艺。近年来，丙烷脱氢工艺的进步主要体现在装置的规模效应、工艺过程的改进以及新一代催化剂的开发。各种工艺之间的差异在于反应器、反应供热方式及催化剂结焦后再生方式的不同，详见表4。

表4 丙烷脱氢工艺特点比较

专利商	UOP 公司	ABB Lummus 公司	Krupp Uhde 公司
工艺名称	Oleflex	Catofin	STAR
反应器类型	移动床	固定床	固定床
催化剂	$Pt-Al_2O_3$	$Cr_2O_3-Al_2O_3$	$Pt+Ca-Zn-Al_2O_3$
压力，MPa	>0.10	>0.05	0.29～0.47
温度，℃	600～700	540～640	500～580
分压控制方式	N/A	真空	蒸汽
加热方式	炉子再热	循环烧焦	真空管加热器
催化剂再生方式	连续再生	循环再生	循环再生
工业化应用	13套/373×10⁴t	6套/275×10⁴t	1套/35×10⁴t

注：N/A 是指 Not Applicable，译为不适用。

3.5 丁烷生产丁烯（丁二烯）

受页岩气革命的推动，近两年美国天然气处理厂生产的正丁烷数量年增幅超过了10%，如图12所示[13]。

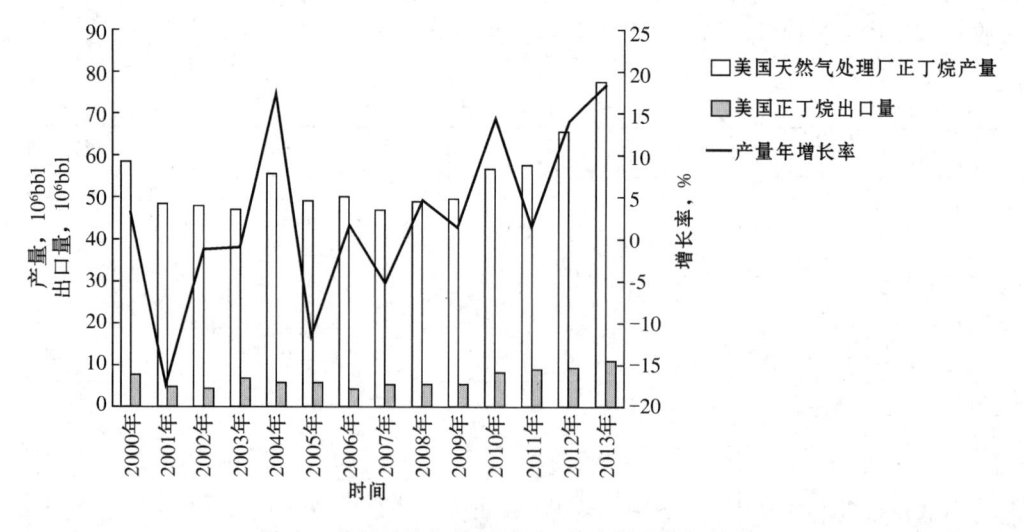

图12 美国天然气处理厂正丁烷产量及出口情况

目前，大约20%的丁烷（正丁烷、异丁烷）用作石化原料，生产乙烯、环氧丙烷等。

未来，随着乙烷供应量继续上升，美国以廉价乙烷为原料的裂解能力将增加，丁烷在乙烯原料中的比例将下降。由于美国乙烷裂解的 C_4 副产物大幅降低，中国的甲醇制烯烃项目也基本不产 C_4，导致丁二烯的短缺量增加。因此一些公司考虑建设丁烷生产丁二烯装置，目前中国和美国也有几个项目在评估。美国 TPC 公司与 UOP 公司正在合作开发一项专门生产丁二烯的有效、低成本新技术，并计划在 2017 年或 2018 年采用新技术建设一套工业装置。BASF 公司与林德公司也在合作开发丁烷专门生产丁二烯新技术，目前正在德国 Ludwigshafen 的中试工厂进行试验[14]。

4 对全球化工市场的影响

能源成本在化工产品的生产成本中占有很大比重。特别是一些能源密集型产品，如甲醇、乙烯、丙烯等，能源不仅提供原料，还提供燃料和动力，能源成本在生产成本中的比重高达 80% 以上，如图 13 所示[15]。能源价格高将会严重削弱下游产品的竞争力；反之，能源价格低将会给下游产品带来较强的竞争力。

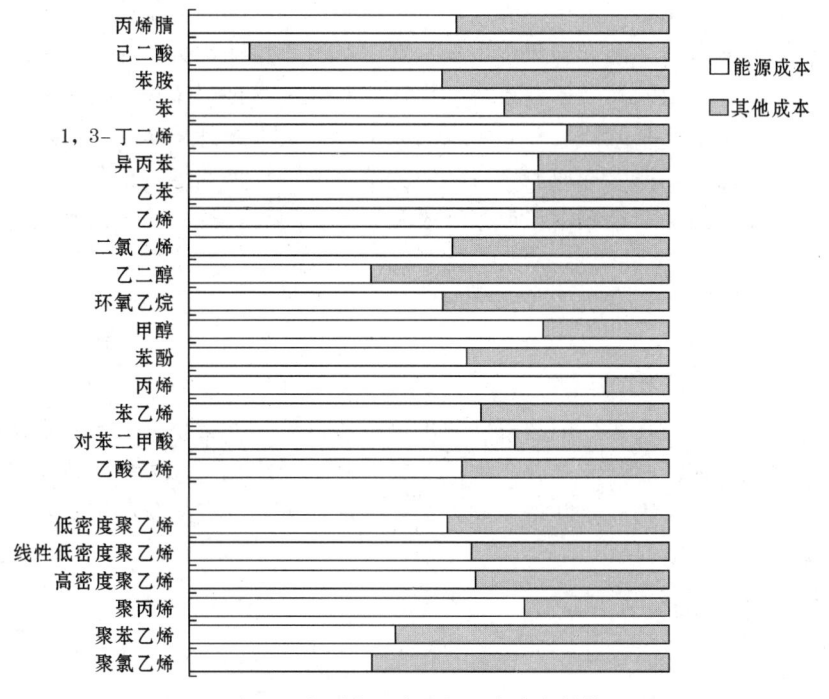

图 13 主要化工产品的生产成本结构

页岩气的成功开发带来的低能源使用成本使美国化工产业在全球竞争格局中具备较大的竞争力，吸引着全球企业前来投资。除了美国本土企业，许多欧洲和亚洲的企业计划前来投资，甚至中东的一家大企业也在讨论前来投资的可能性，事实上 51% 的投资来自美国以外的企业。投资主要集中在大宗化学品（裂解装置和丙烷脱氢装置）领域以及塑料树脂和化肥，如图 14 所示。预计到 2020 年，新增化工产品总量约 5590×10^4 t。

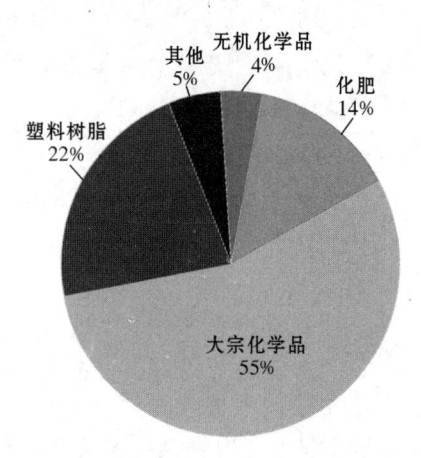

图 14 美国页岩气化工的投资构成

4.1 对尿素市场的影响

在美国逐渐转变为尿素净出口国的过程中,国际尿素市场的竞争将更加激烈。中东、加拿大和中美地区的尿素将逐渐失去美国市场,同时,由于运输优势,拉丁美洲的尿素缺口将被美国填补。另外,多余的美国尿素还将被运往西欧甚至是远东市场。而原本主要供应拉丁美洲、西欧和远东市场的东欧、北非和中国的尿素出口量将受到挤压,结果就是中东、东欧和中国在印度、东南亚和澳大利亚尿素市场的竞争将变得更加激烈。值得注意的是,拉丁美洲、东南亚和印度地区也积极在本土或国外投建尿素新项目,这意味着未来全球尿素贸易量将缩小。

中国是尿素净出口国。2012 年尿素出口量占全球贸易总量的 17%,主要出口到印度,占出口总量的 30%～50%,其次是美国、越南、韩国、孟加拉国等,美国占中国出口总量的 10% 左右[16]。2013 年中国尿素出口量达到 826.5×10^{4}t,成为世界最大的尿素出口国。但随着北美地区尿素产能扩张,中国尿素的出口市场将受到严重挤压。有观点认为,美国氮肥扩能将加速中国国内氮肥行业洗牌,淘汰高成本氮肥产能,未来尿素重心将集中在国内市场;但也有观点认为,中国尿素并不一定就会失去国际市场,煤炭价格下滑和产业现状有利于提高中国尿素的竞争力。

4.2 对甲醇市场的影响

生产甲醇的原料可以是天然气、煤炭、焦炭、渣油、石脑油、乙炔尾气等。在全球油价高企的形势下,中东和北美地区的天然气及中国的煤炭生产甲醇更具市场竞争力。2009 年中国甲醇净进口量大幅增长,达到 528.8×10^{4}t,其中来自中东的甲醇占进口总量的 66%;2011 年净进口量达到 573.2×10^{4}t 的峰值,中东所占比例超过 80%,中东低成本甲醇对中国甲醇市场产生显著冲击。但 2011 年后,大批煤制甲醇项目的投产在一定程度上抑制了进口。

同时,近年来甲醇下游新兴应用领域如甲醇燃料、甲醇制烯烃等行业发展迅速,尤其是煤经甲醇制烯烃(丙烯)和甲醇制烯烃(丙烯)项目近期接连上马。据统计,中国已有 8 套甲醇制烯烃装置投产,总产能达 416×10^{4}t/a。另外,还有多个甲醇制烯烃项目处于试车、建设和前期工作阶段，预计到2018年产能将达到1773×10^4t/a。按当前生产1t烯烃需要3t甲醇的水平算，2018年甲醇需求量将超过5000×10^4t。虽然未来几年会有多套新建甲醇装置投产，但老旧甲醇装置普遍规模小、生产成本高、竞争力差，国内甲醇市场仍将受到进口低成本甲醇的冲击。预计未来5年，北美地区页岩气制甲醇凭借其低廉的成本优势，将在中国进口甲醇中占据一定的市场份额。

4.3 对乙烯产业链的影响

随着北美地区以乙烷为原料的新增及改扩建裂解项目的相继投入运行，乙烯及其下游产品产量大幅增加，无法在本土和美洲消化，必将出口到其他地区，影响全球的贸易和市场价格。自2008年以来，全球乙烯市场便呈供应过剩局势，随着全球乙烯产能的持续扩张，过剩局势仍将持续，乙烯市场的竞争将日趋激烈[17]。美国2010年乙烯当量出口约600×10^4t，主要出口产品为聚乙烯和乙二醇。随着北美地区乙烷裂解装置产能的释放，欧洲和亚洲一些规模小、经济性差的石脑油裂解装置将关停。

乙烯产能的大量释放使北美地区聚合物生产商的聚乙烯产能快速增长，导致2018年北美地区聚乙烯产能过剩，超过450×10^4t，同期中南美地区聚乙烯供需缺口较大，为320×10^4t，北美地区过剩产品将自然流入中南美地区。然而2020年美洲地区过剩量将达到300多万吨峰值，如图15所示[18]。因此2017—2023年北美地区聚乙烯生产商需要积极寻求美洲以外的市场，参与欧洲和亚洲市场的竞争。

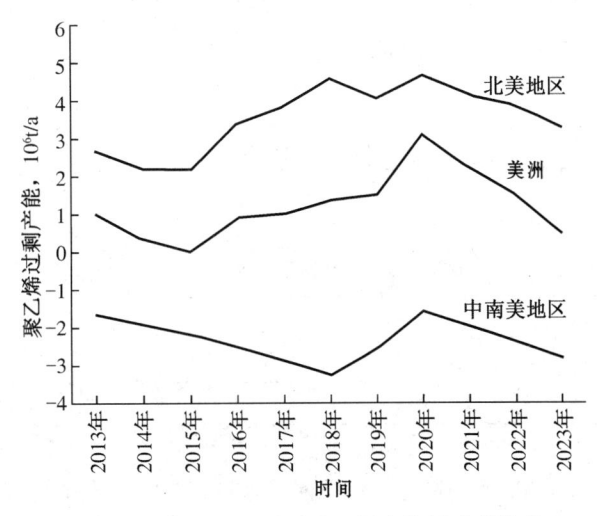

图15 2013—2023美洲聚乙烯产能的过剩情况

4.4 对丙烯产业链的影响

裂解原料轻质化将造成丙烯产量的减少，预计美国来自裂解装置的丙烯将从2013年的500×10^4t降至2023年的350×10^4t，约下降30%。美国稳定廉价的丙烷来源，使丙烷脱氢工艺比其他原料路线生产丙烯更具竞争力，因此丙烯产量减少的问题将通过丙烷脱氢项目得以解决。如果美国规划的丙烷脱氢项目全部投产，2020年丙烯产能将会增加近450×10^4t/a，这足够抵消因裂解原料轻质化所减少的150×10^4t/a丙烯量，导致美国的丙烯供应过剩。丙烯必须出口到其他国家才可缓解美国国内的供应过剩问题，届时将对全球丙烯市场，特别是中国丙烯市场造成影响。

目前，中国只有1套丙烷脱氢装置运转，即2013年9月投产的天津渤化60×10^4t/a丙烷脱氢项目。另外，还有多套装置目前处于建设和设计阶段，据不完全统计，中国已审批的丙烷脱氢项目产能达566×10^4t，详见表5[19]。

现有丙烷脱氢装置均采用高纯低硫丙烷为原料，丙烷纯度在97%以上，杂质气态硫含量在100μL/L以下。中国湿性油田伴生气资源较匮乏，而石油炼制副产液化气硫含量较高，丙烷质量无法满足丙烷脱氢工艺原料要求。因此，在国内建设丙烷脱氢装置必须进口以国外油田伴生气为来源的高纯度液化丙烷。中国海关统计数据显示，2013年中国进口液化丙烷245.4×10⁴t，平均价格为893.9美元/t，与2012年相比，进口量增加了30.3%，价格上扬了0.69%。

表5 中国丙烷脱氢制丙烯项目建设规划情况

序号	所属公司	所在地	产能，10⁴t/a	预计投产时间	采用技术	状态
1	中国软包集团	福建	66	2014年	UOP - Oleflex	在建
2	浙江三锦	浙江绍兴	45	2014年	UOP - Oleflex	一期，在建
3			45	待定		二期，筹建
4	浙江卫星	浙江平湖	45	2014年	UOP - Oleflex	一期，在建
5			75	待定		二期，筹建
6	宁波海越	浙江宁波	60	2014年	Lummus - Catofin	在建
7	广东鹏尊	广东湛江	30	2015年	Lummus - Catofin	在建
8	扬子石化	江苏张家港	60	2015年	UOP - Oleflex	在建
9	长江天化	江苏南通	65	2014年	UOP - Oleflex	在建
10	烟台万华	山东烟台	75	2014年	UOP - Oleflex	在建
	合计		566			

2007—2013年，国内丙烯出厂价与进口液化丙烷平均价差（含税）为4000元/t左右。国内先行投产的丙烷脱氢项目可获得较为可观的盈利，但预计到2015年之后，随着全球丙烷脱氢项目的陆续上马和投产，中国过去近10年的丙烯与进口丙烷可观价差将适当收窄。国内丙烷脱氢项目经济性取决于能否拥有长期、稳定、相对低廉的丙烷资源供应和充足的丙烷储存设施。

4.5 对丁烯（丁二烯）产业链的影响

丁二烯主要来源于蒸汽裂解装置，北美、中东地区乙烯原料轻质化造成丁二烯供给量减少。另外，受中国、印度等新兴经济体的快速发展影响，汽车需求增加导致合成橡胶需求量不断增加，丁二烯将呈现世界范围的供不应求局面。丁烷脱氢生产丁二烯路线重新被关注、评估和改进。

未来全球丁烷脱氢生产丁二烯的能力将进一步上升，丁烷脱氢路线生产的丁二烯产量占丁二烯总产量的比例将从目前的2.6%上升到2018年的8.2%，对全球丁二烯供应和贸易流向都会产生一定影响。美国丁烷脱氢产能的上升将使美国从丁二烯净进口国成为丁二烯净出口国，如果丁烷脱氢产能并未按期投产，全球丁二烯供应有可能会短缺，导致价格上升。但全球丁二烯市场极易饱和，新建几套装置就有可能使市场供应过剩，生产成本高的装置将无法盈利，被迫关闭。

4.6 对芳烃产业链的影响

以乙烷为裂解原料，裂解汽油的收率还不到2%，而以石脑油为裂解原料，裂解汽油收率为19%。北美地区乙烯生产企业采用轻质原料导致热裂解汽油产量明显下降，继而造成芳烃产量减少。未来10年，美国裂解汽油产能减少100×10^4 t/a，将造成苯产能减少25×10^4 t/a，约占美国苯总产能的3%；甲苯产能约减少7.5×10^4 t/a，占美国甲苯总产能不到1.5%；二甲苯减少6.5×10^4 t/a，占美国二甲苯总产能不到1%[20]。由于北美地区芳烃79.6%来自催化重整油，19.1%来自裂解汽油。裂解原料的改变对美国芳烃的供应影响有限，但由于致密油中萘和芳烃含量较低，美国炼厂致密油的使用将会对芳烃产量产生不利影响。美国芳烃产量的减少必然造成全球芳烃供应紧张、价格上涨，特别是供需矛盾较为突出的对二甲苯[21]。

中国是对二甲苯净进口国，受国内对苯二甲酸新建装置投产的影响，2013年对二甲苯进口量同比增加43.9%，为905.3×10^4 t，进口价格呈现高位震荡走势。随着国内对二甲苯规划项目的建设和投产，中国对二甲苯产能将有所增长，但仍难满足国内对苯二甲酸产能快速增长的需求，预计2017年国内对二甲苯自给率维持在60%左右，市场缺口仍然较大。而预计未来5年全球对二甲苯需求增速高于产能增速，这将加剧中国对二甲苯市场供需矛盾。

5 思考及建议

5.1 关于中国页岩气化工利用的前景思考

尽管中国页岩气可采资源量预测值约为25×10^{12} m³（不含青藏地区），超过常规天然气资源，但目前国内页岩气开发尚处于起步阶段。2013年国内天然气产量为1210×10^8 m³，其中页岩气产量仅占总量的0.165%。中国页岩气的开发还存在缺乏符合中国地质特点的勘探开发核心技术，资源总量和分布情况还没有完全掌握，以及页岩气矿业权配置存在障碍、天然气输送管网不开放、基础设施建设落后、水资源缺乏及环保形势严峻等诸多问题。

过去10年，随着中国经济发展，作为清洁能源的天然气生产与消费都迎来快速增长。2013年国内天然气表观消费量为1692×10^8 m³，同比增长12.9%，城市燃气、交通运输和天然气发电的天然气用量都有不同程度的增长，而天然气化工则受到了一定限制。另外，基于2012年12月1日起正式施行的《天然气利用政策》，以及天然气价格持续上涨、页岩气开发存在诸多问题的背景，页岩气规模地应用于化工的可能性比较小。再者，在中国目前地质构造条件下，天然气基本是干气，甲烷含量超过90%，依此预计未来开采出的页岩气也应属于干气，可作为优质化工原料的乙烷、丙烷、丁烷和戊烷以上组分含量很少。

综上所述，展望未来，中国页岩气一旦实现商业化开采，将主要用作城市燃气、发电燃料和车用燃料。如果实现大规模开发，在页岩气丰富地区，政策上可能会允许化工应用，用于生产甲醇、合成氨等基础化工原料，继而对甲醇制烯烃产业和氮肥产业造成影响。

5.2 建议

美国页岩气化工产业的成本优势非常明显，虽然从产能投放上看，近几年的新增产能比较温和，但其长期对中国相关行业的负面影响不容忽视，特别是石脑油裂解生产乙烯及其下游行业将面临巨大压力。面对严峻的形势,必须采取有效措施进行应对。

(1) 优化和拓宽原料来源,降低乙烯生产成本。

应充分利用流程模拟等生产优化工具来预知裂解原料的裂解效果,在切换裂解原料之前就要对裂解温度、裂解收率做到预知,在裂解温度的控制上要做到窄范围稳定控制。在条件允许的情况下,坚持裂解原料的轻质化、优质化。要积极拓宽乙烯原料的来源,组织开发重质原料裂解生产烯烃技术,替代原料转化技术[例如,合成气通过费—托合成工艺直接制烯烃技术、甲烷直接转化制烯烃技术以及非食用成分(如谷物的秸秆或木质废弃物)制化学品技术等],做好技术开发和技术储备。此外,还要积极寻求利用国外的乙烷、丙烷、液化石油气、LNG等资源,补充优化中国乙烯原料的不足。

(2) 采用有效技术,降低能耗物耗。

以先进、节能、高效为目标,继续推进乙烯生产企业的技术改造,关闭落后装置。近年来,经过工业验证值得推广应用的技术有添加结焦抑制剂等炉管结焦抑制技术;注入阻聚剂和喷涂衬里等减少急冷油塔和压缩机结垢技术;采用辐射型火嘴和二级急冷技术等提高裂解炉热效率;采用新型高效塔板和中间冷凝器与中间再沸器等优化分离系统;二元制冷和三元制冷等减少压缩机能耗的技术;乙烯装置先进控制和优化技术等。通过应用新技术,降低能耗物耗,延长运转周期,实现降低成本、增加效益的目标。

(3) 最大价值利用石脑油裂解装置的副产品,提高装置综合效益。

随着中国乙烯工业的快速发展,乙烯裂解 C_4、C_5 和 C_9 等裂解副产物的产量大幅增长,预计到2015年,中国裂解 C_4 总量将超过 $500×10^4$ t,C_5 总量将超过 $200×10^4$ t,C_9 总量将近 $200×10^4$ t。合理利用这部分资源,获取高附加值的化工产品,可提高企业经济效益和竞争力。为最大限度地提升中国裂解副产品的价值,可以实施两种方案:在不适合集中分离利用的地区可采取混合利用的方式;在乙烯装置比较集中的地区,应将各馏分裂解副产物集中分离出单组分,分别进行深度加工利用,为企业创造更高的效益。另外,应审慎新建石脑油裂解装置,确保新建装置具有国际竞争力。

参 考 文 献

[1] EIA. US Crude Oil and Natural Gas Proved Reserves. 2014. 4. 10. http://www.eia.gov/naturalgas/crudeoilreserves/#8.

[2] EIA. Annual Energy Outlook 2014. 2014. 5. 7. http://www.eia.gov/forecasts/aeo/MT_naturalgas.cfm#shale_gas.

[3] EIA. US Natural Gas Imports & Exports 2013. 2014. 5. 28. http://www.eia.gov/naturalgas/imports-exports/annual/#tabs-prices-1.

[4] EIA. US Producers Target Natural Gas Liquids. 2014-5-9. http://dailyfusion.net/2014/05/u-s-producers-target-ngl-28366/.

[5] EIA. Short term energy outlook. http://www.eia.gov/forecasts/steo/pdf/steo_full.pdf.

[6] EIA. Natural Gas Plant Field Production. http://www.eia.gov/dnav/pet/pet_pnp_gp_a_EPL0_FPF_mbbl_a.htm.

[7] 吴宁. 页岩气革命撼动世界氮肥格局. 农资导报,2013-07-12.

[8] 美国复兴甲醇工业. 环球塑化网,2014-07-07. http://www.pvc123.com/news/2014-07/296476.html

[9] Jim Foster. Petrochemical Landscapes: the Blessing and Curse of the Shale Revolution. AM-14-34, 2014.

[10] Praveen Gunaseelan, Vantage Point Advisors. How Shale Hydrocarbons are Reshaping US Refined Products Markets. AM-13-56, 2013.

[11] EIA, DOE. Annual Energy Outlook 2014 With Projections to 2040. April 2014.

[12] Blake Eskew, Chris Geisler. Petrochemical Integration: Changing Markets, Changing Strategies. AM-13-65, 2013.

[13] EIA. U. S. Gas Plant Production of NormalButane-Butylene. EIA. 2014.6.27. http://www.eia.gov/dnav/pet/hist/LeafHandler.ashx? n=PET&s=MBNFPUS1&f=M.

[14] Ethane Cracking Spurs Need for on-Purpose Butadiene Technologies. Hydrocarbon Processing. 2014 (8).

[15] Shale Gas, Competitiveness, and New US Chemical Industry Investment: An Analysis Based on Announced Projects. Economics & Statistics Department American Chemistry Council, May 2013.

[16] 进出口逆转中的尿素国际格局. http://www.chinaccm.com/31/20130716/3101_1291413.shtml.

[17] Warren R True. Global Ethylene Capacity Continues Advance in 2011. Oil & Gas Journal, July, 2012.

[18] Thinnes, Billy. Shale Gas Boom Helpful to North American Chemical Producers. Hydrocarbon Processing, 2011 (11).

[19] 王红秋. 丙烷脱氢生产丙烯项目在中国的前景分析. 中国石化, 2014 (8).

[20] Kevin Allen. The Shale Revolution and Its Impacts on Aromatics Supply, Pricing and Trade Flows, Platts, November 2013.

[21] Dillip Dharia Alexander Maller, Eusebius Gbordzoe. Shale Gas-Driven Wave of New Petrochemical Plants in North America is Opportunity for Refiners. AM-14-24, 2014.

炼油工业宏观问题

AM－14－51

2012年世界最佳炼厂

Eric Hutchins，Jon Stroup（Solomon Associates LLC，USA）

蔺爱国 译

摘　要　Solomon公司每两年开展一次世界最佳炼厂评选。跻身世界前列的炼厂具有经营业绩突出（包括投资回报率、能源强度指标、检维修成本效率和净现金利润等）、原料成本较低、炼厂利用率高和能源效率高等特征。未来，只有对炼厂运营进行持续改进提升，才能保持优势并不断提高竞争力。

1　引言

一些非常重大的驱动因素正在重塑炼油工业。然而，脱颖而出的世界最佳炼厂一直都具备几个共同的关键优势，根据Solomon公司完成的"燃料型炼厂运营分析（燃料研究）"，对2012年世界主要炼厂有关运行指标进行了评价。

2　背景

Solomon公司2012年开展的"燃料型炼厂运营分析（燃料研究）"获得全世界广泛参与，再次保持了极高的水准。30多年中，Solomon公司持续收集全世界炼厂的详细数据，采用其特有方法对单个炼厂的运营情况与特定集合里的其他炼厂进行对标，这项研究为炼厂管理人员提升运营效率提供了重要信息。文中涉及的数据来自Solomon公司完成的"燃料型炼厂运营分析（燃料研究）"，研究方法和专业术语均属Solomon公司的知识产权。

3　世界最佳炼厂

为入选Solomon公司的"世界最佳炼厂"榜单，候选炼厂不仅要在很多指标方面有出色的业绩，而且必须一直保持这样的成绩。从图1可以看出，Solomon公司要求至少在3个连续研究周期（6年）内，炼厂在一些指标方面业绩突出才能跻身世界前列，例如，投资回报率（ROI）、能源强度指标（EII®）、检维

Solomon公司燃料比较优势分析（CPA）数据库	三期研究（2008年、2010年、2012年）全世界298~322座炼厂2012年的研究方法
Solomon公司关键指标全球排名前50%	操作有效性 投资回报率（ROI） 能源强度指标（EII®） 检维修成本效率（MEI™）
一贯的经营业绩	连续研究年度中的前50%

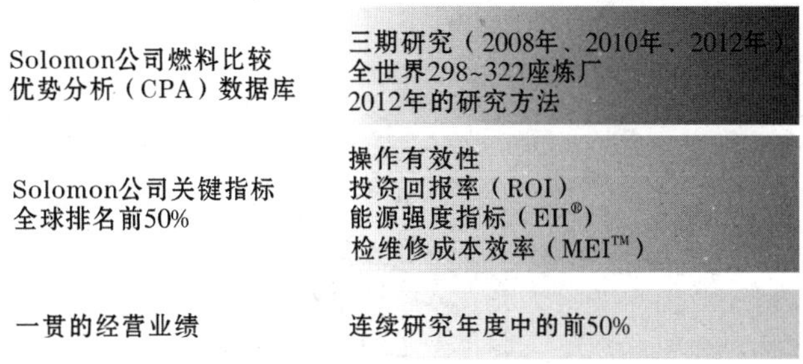

图1　世界最佳炼厂部分评价指标

修成本效率（MEI™）和净现金利润（NCM）等。世界最佳炼厂分组中不含那些由于地理位置特殊或具有原料优势的经营业绩好的炼厂。

为了便于对2012年的研究进行说明，我们将"世界最佳炼厂"分为中型炼厂和大型炼厂两组，每组炼厂都有独立的结论。每组炼厂的平均配置、运营年限和基本原料特征等信息见表1。

表1 2012年世界最佳炼厂分类及主要装置产能配置

参数		中型炼厂	大型炼厂
平均装置 10^6 bbl/d	常压蒸馏	186	447
	减压蒸馏	63	169
	焦化	11	48
	加氢裂化	28	34
	重整	35	67
	催化裂化	40	114
	柴油加氢处理	68	128
硫黄回收，t/d		154	626
复杂指数		11	14
平均年龄，a		27	21
原油硫含量,%（质量分数）		1.2	1.7
原油API度,°API		34	32

4 全球性大宗商品业务

除了少数个案以外，燃料型炼油工业属于全球性大宗商品业务。与其他类型的大宗商品业务一样，低成本生产商将决胜市场。根据图2所示的定义，全球燃料型炼厂生产的产品中大约67%直接用于生产交通运输燃料（图3）。

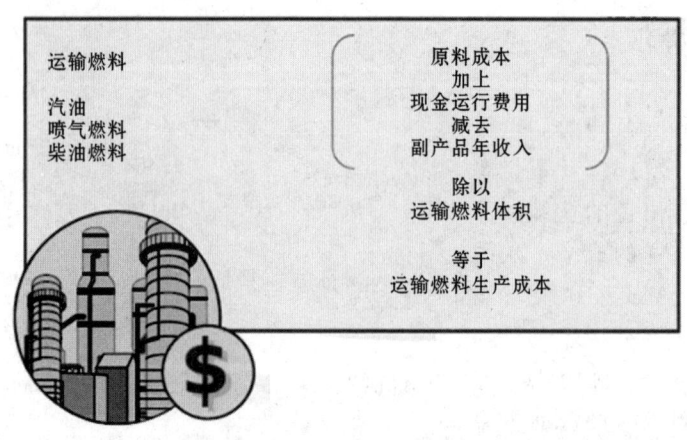

图2 生产成本计算

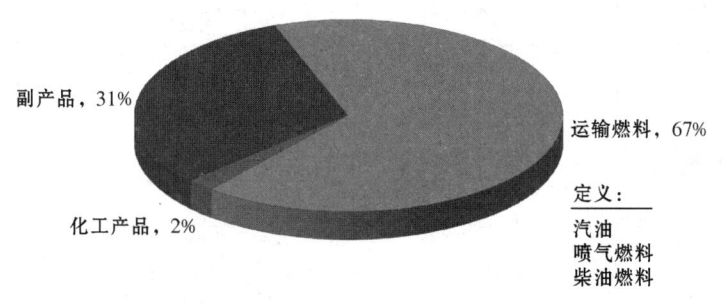

图 3 炼厂产品比例（全球平均）

Solomon 公司将那些 2010 年以来已经关闭或已经宣布要关闭炼厂的平均运输燃料成本与所有候选炼厂的平均运输燃料成本绘制在一张图中（不变价格），结果正如我们所预测，这些炼厂在世界成本最高的炼厂之列（图 4）。

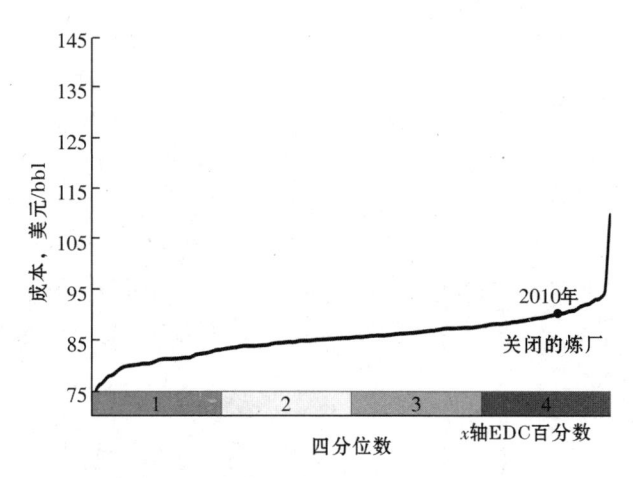

图 4 2010 年全球炼厂运输燃料生产成本

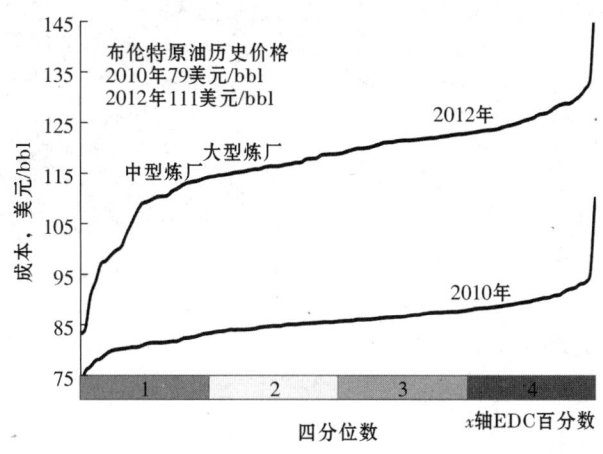

图 5 2012 年与 2010 年全球运输燃料生产成本比较

在 2012 年世界炼厂的平均运输燃料成本中（图 5），两组世界最佳炼厂的平均运输燃料成本大致位于第 1 区间和第 2 区间分界处，这个结果最初看上去有些意外。然而，曲线最左端（成本最低）的炼厂主要是北美地区炼厂，美国中部地区原油运输瓶颈导致该地区原油价格异常偏低，给这些炼厂带来了难得的机遇，这些炼厂获得了廉价原料，成本低于世界最佳炼厂。但原油定价异常现象将自行缓解，在未来的研究周期中成本曲线也将再次变平缓。

5　实现和保持世界最佳运营绩效

所有最佳炼厂的一个共同点是这些炼厂装置利用率高。装置利用率高就是运行可靠，可抓住市场机遇（图6）。

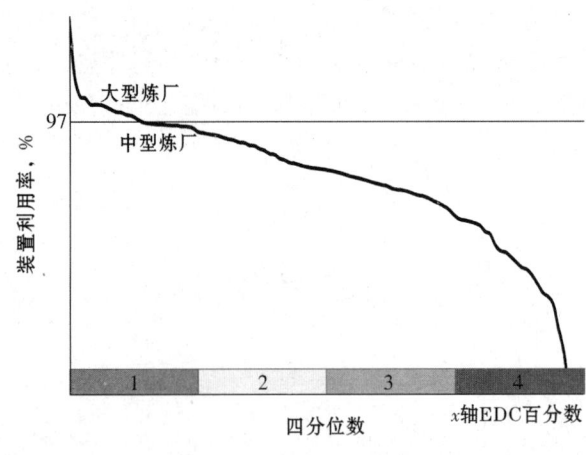

利用率高和整体检维修成本低有很强的相关性，从逻辑上解释，如果装置运行可靠，检维修投入的费用和时间就少。然而，利用率不是可供炼厂随意调节的一个开关，它是一种文化和工作方式，必须渗透到整个炼厂的运行中。

在每个研究周期详细分析的上百个炼厂中，我们发现装置利用率高的炼厂能够积极为员工提供时间和机会，用于学习、计划和持续改善炼厂运营水平；在装置利用率低的炼厂中，员工通常处于"消防员"状态，他们不断处理紧急情况，没有时间采取积极行动推动炼厂进步。

图6　炼厂装置利用率

通过对长期历史数据的分析发现，将装置利用率提升到较高水平是实现较低检维修成本的唯一可持续途径（图7），首要的是将检维修和操作流程、设备改造、监控系统落实到位。当一座炼厂能够实现持续的可靠运行后，检维修成本就会相应降低。

实现装置高利用率的另一个关键因素是尽可能减少年度停工时间。年度停工时间是一套装置停工的总天数（连续）除以两次停工之间间隔的年份，假设每次停工总天数一定，延长两次停工之间的间隔可直接减少年度停工时间。但Solomon公司研究的总体数据表明，随着两次停工间隔与业内平均水平的差距加大，超过临界点后其效果将递减。最佳炼厂一般停工时间短，停工间隔比业内平均水平略长（图8）。

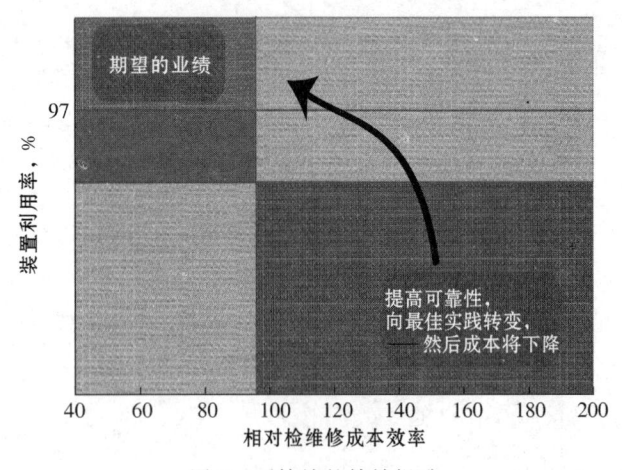

图7　可持续的绩效提升

在停工期内，通过严格检查各项工作以及该项工作的执行过程，世界最佳炼厂将停工时间和成本降到最低。通过对传统方案的创新和采用最先进的检修技术，他们能够取得远超世

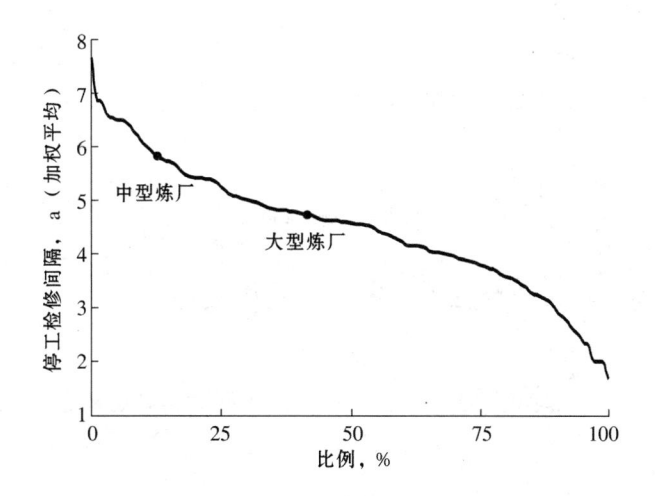

图 8　2010 年全球炼厂停工检修时间

（全球 38% 的炼油能力平均停工检修间隔为 4～5 年）

界其他同行的效果（图 9）。

图 9　停工绩效对比

（世界最佳炼厂提前做好停工检修计划，且很好地执行检修计划）

Solomon 公司在世界范围内的观察显示，能耗仍然是操作成本中最大的单一构成部分。世界最佳炼厂不仅有出色的能效（图 10），而且他们能够持续改善能效水平。如果单独评估能效提升项目，通常回报率较低，所有炼厂都面临证实这些项目合理性的难题。世界最佳炼厂将能效提升项目整合到其他项目、改造或更新项目中，整合之后的项目其整体可行性足够充分，包含在其中的能效提升项目就可以实施了。

世界最佳炼厂不会忽视原料损失，在原料成本为 100 美元/bbl 的情况下，即使原料损失很少一部分，也会对净现金利润产生显著影响。在世界最佳炼厂，安装监控系统和严格规范操作是运行管理中很重要的一个方面。

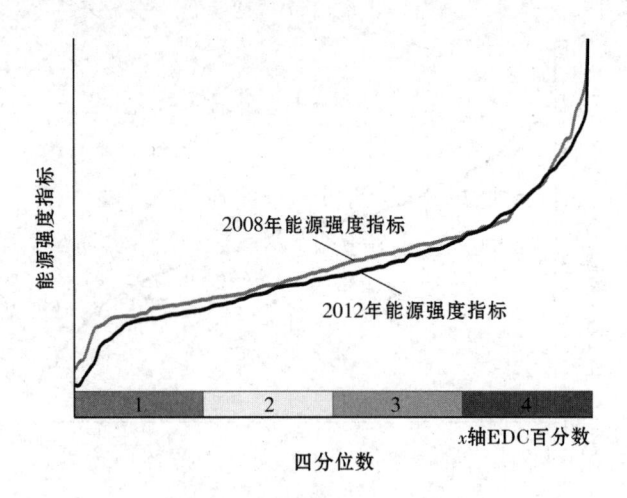

图 10 能源强度指标分布

6　几种误解

业界有一种观点认为,实现世界最佳的运营绩效要通过建设新的、复杂的工艺装置,图 11 中的数据显示实际情况并非如此,很多位居世界前列的炼厂并不是最复杂的炼厂。

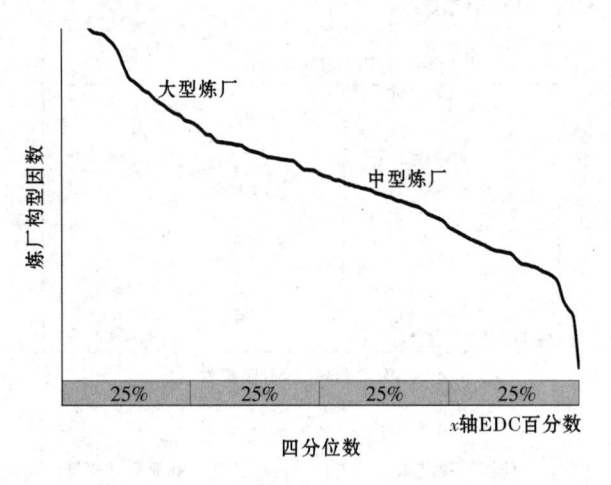

图 11　炼厂构型因数分布

另一种观点认为,装置利用率高只有在新炼厂中才能实现,图 12 显示,世界最佳炼厂的运行时间在所有炼厂中处于中间位置。

本文讨论的最后一个错误观点认为,世界最佳炼厂在每个主要测评领域都排在前 1/4。实际上也不是这样。对于管理层,关键是拥有足够的资源来运转和维护炼厂,以及必要的资源来不断发现并实施改进措施(图 13)。我们发现,世界最佳炼厂在非检维修人工方面一直未列前 1/4。

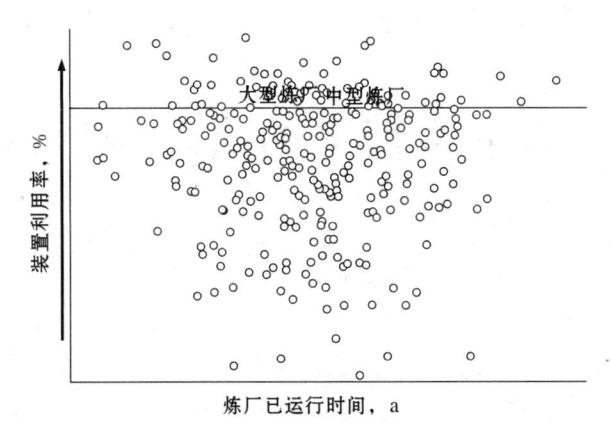

图 12　炼厂运行时间与装置利用率的关系

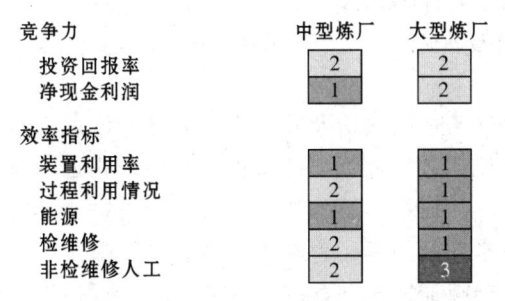

图 13　炼厂关键指标所属区间

7　结论

炼厂必须积极采取行动提高运行可靠性，同时缩短年度停工时间，这两种措施都能降低检维修成本，并可充分利用资本投资适时抓住市场机遇。

能源效率一直是世界级运营水平的一个基础，在可行性论证并不看好的环境中，炼厂需要创造性地大胆采取行动提高能效。

尽管新建装置有可能提升全厂运营绩效，但高水平的操作和检维修是长期取胜的关键，Solomon 公司将操作有效性视为世界最佳炼厂的一个关键指标。

与任意大宗商品业务一样，生产交通运输燃料成本高的炼厂有可能倒闭。最佳炼厂将继续向前发展，一些有资金、有远见的炼厂将持续改进提升，相比之下那些停滞不前的炼厂，其业绩与同行的差距将逐渐扩大。新建的生产运输燃料的低成本炼厂正相继投产，尤其在中东地区和亚洲，在当前完全全球化的炼油市场环境下，他们将给高成本的炼厂施加更大压力。

AM—14—34

页岩革命带来的机遇与挑战

Jim Foster (Platts, USA)
吴冠京 译

摘 要 随着北美地区页岩气产量的快速增长，北美地区石化产业发生了巨大变化。以乙烷或乙烷/丙烷混合料为原料生产乙烯的美国生产商，利润从2011年1月的低于500美元/t增加到2014年1月的1000美元/t以上。当然，在迎来机遇的同时，也面临着一些潜在挑战。北美地区乙烯项目、丙烷脱氢项目的建设过热导致乙烯产能、丙烯产能过剩，同时裂解原料轻质化造成裂解汽油等裂解装置副产品产量大幅减少。另外，致密油的开发具有改变整个石化工业的可能性。

考虑到目前美国页岩气革命的热情及其带来的有利于该地区石化产业的变化，极易简单地认为廉价乙烷的获取是机遇。乙烯生产商获得了与中东相近的原料价格优势，聚合物生产商以乙烷为原料的聚合物产品在全球石脑油基产品市场销售，其利润也在增长。

对于那些从廉价原料中获利的幸运者来说，页岩气革命是机遇。但是，和大多数与市场相关的趋势一样，机遇和挑战通常是并存的，这样一来，根据你在产品链中的位置，你的热情可能会在某种程度上减弱。

1 廉价原料的明显吸引力

10年前，美国以石脑油为原料的乙烯生产可变现金成本是世界上最低的，而采用乙烷或乙烷/丙烷混合料的乙烯生产可变现金成本是世界上最高的。到2008年，美国那些较轻原料的可变现金成本增长了近2倍（图1），这标志着美国烯烃和聚烯烃业务的终结。

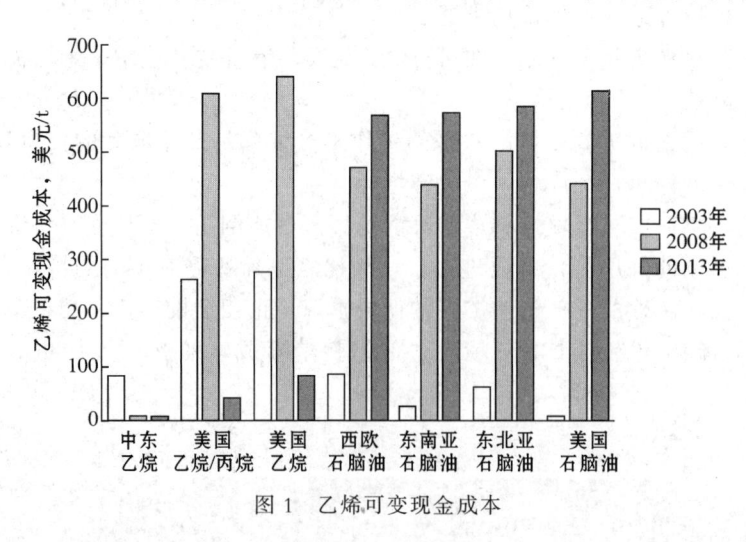

仅用5年时间，美国页岩气革命就如火如荼，美国乙烷/丙烷混合料和乙烷可变现金成本在全球紧随中东之后极具竞争力。而石脑油是成本最高的原料，与石脑

图 1 乙烯可变现金成本

油基乙烯的利润相比，中东和北美地区生产商具有较高的利润。

过去3年，以乙烷或乙烷/丙烷混合料为原料生产乙烯的美国乙烯生产商，利润从2011年1月的低于500美元/t增加到2014年1月的1000美元/t以上。尽管石脑油裂解装置的利润很不稳定，在负值和500美元/t之间波动，但美国乙烷裂解装置的利润和美国石脑油裂解装置的利润差自2012年1月以来就没低于380美元/t，并且最高值达到了1590美元/t，如图2所示。

鉴于以上数据，就不会惊讶：以乙烷为原料，到2020年末在全球 $40×10^6$ t/a 新增乙烯产能中，有 $10×10^6$ t/a 以上在美国。事实上，未来10年全球计划上马的乙烯项目大部分在美国和中东，与页岩气或具成本优势的原料有关。

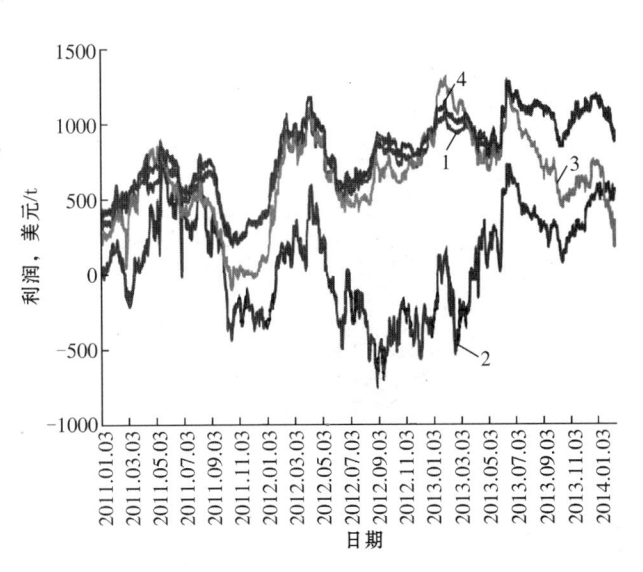

图2 美国裂解装置利润情况
1—乙烷裂解装置利润；2—轻石脑油裂解装置利润；
3—丙烷裂解装置利润；4—乙烷/丙烷混合进料裂解装置利润

由于未来10年亚洲聚合物需求将快速增长，亚洲出现了许多石脑油裂解项目、丙烷脱氢（PDH）项目及煤制烯烃（CTO）项目计划以确保下游原料供应。在50个左右的项目中（图3），24个项目在按计划推进，可能在2019年前完成，另外20个项目由于审批、资金、工程技术及原料等问题很可能延期，还有6个或更多项目可能将被取消。

图3 未来新建乙烯项目

在美国，大多数项目都在按计划推进，只有很少的项目面临延期风险。新建乙烷基乙烯产能及现有乙烯装置转用轻质原料，使得美国市场呈现有趣的局面。2005年美国裂解原料中，乙烷比例为41%，石脑油比例为28%，但到了2013年，乙烷比例已提高至48%，而石脑油比例则降至7%，如图4所示。预计到2024年乙烷比例将增至76%，石脑油比例则仅为5%，如图5所示。

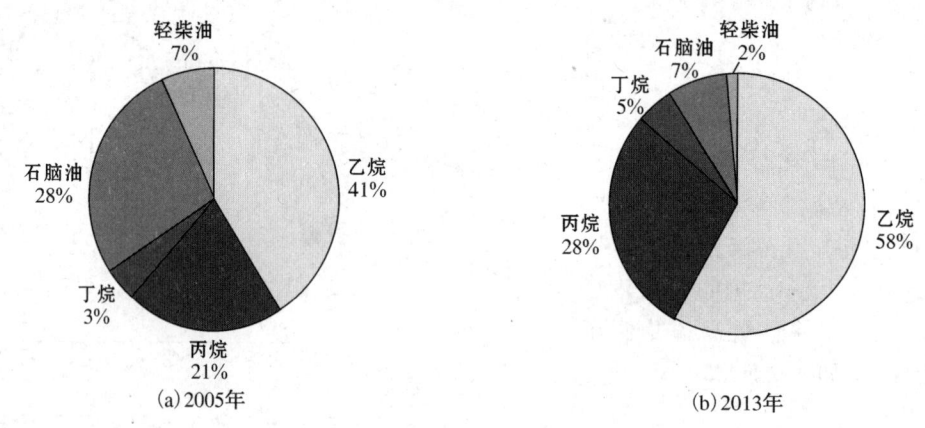

图4 2005年和2013年美国裂解原料结构

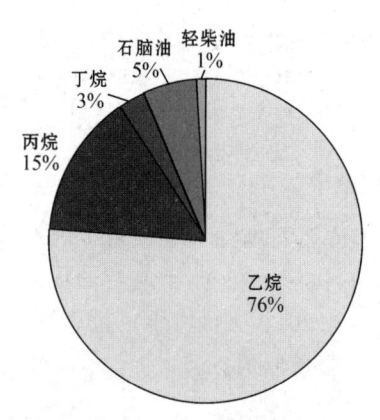

图5 2024年美国裂解原料结构

随着越来越多的乙烯装置采用轻质原料及 $10×10^6$ t/a 新建乙烷基乙烯产能的投产，将有大量的低成本乙烯和聚合物进入市场，美国将主导本土的聚乙烯市场。尽管将新建10套乙烷基乙烯装置，根据普氏能源资讯旗下的分析和预测部门 Bentek 的最新数据，到2023年美国乙烷的价格也不会涨到50美分/gal。

预计到2023年，廉价的乙烷将使美国新增乙烯年产量超过 $9.5×10^6$ t，美国的乙烯年产量将增长38%。与此同时，以乙烷为原料的乙烯年产量将从2013年的 $15.5×10^6$ t 增加到2023年的 $29.5×10^6$ t；而以石脑油为原料的乙烯年产量将减少 $85×10^4$ t，以丁烷为原料的乙烯将减少 $62.5×10^4$ t，如图6所示。

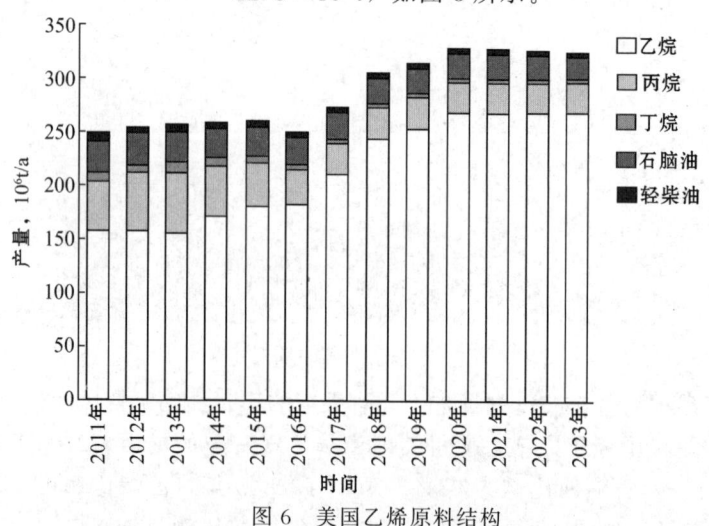

图6 美国乙烯原料结构

2 乙烯项目过热某种程度来说也是挑战

乙烯产能的大量释放使北美地区聚合物生产商的聚乙烯产能快速增长，到2023年新增产能近$6.5×10^6$ t/a，导致2018年聚乙烯产能过剩超过$4.50×10^6$ t/a，达到峰值，直至2023年产能持续过剩，约为$3×10^6$ t/a，如图7所示。预计2018年中南美洲聚乙烯供需缺口为$3.2×10^6$ t，北美地区过剩产品将自然流入中南美地区，然而2020年美洲过剩量将超过$3×10^6$ t，因此2017—2023年需要积极寻求美洲以外的市场。

如果不考虑廉价原料造成的过度建设，对于乙烯和聚乙烯生产商来说，页岩革命肯定是机遇。未来10年，美国聚乙烯供应将呈现较强的潜力，预计到2020年，美洲聚乙烯过剩量将达到峰值，生产商要么参与欧洲和亚洲市场的竞争，要么将装置开工率降低10%。另外，中国CTO产能的潜在增长使美国过度建设问题更加严重。

当美国和世界其他地方在关注页岩气和该廉价原料将会给全球市场带来怎样的影响时，中国正在开发自己的烯烃资源。预计，中国的聚乙烯需求将从2013年的$19.5×10^6$ t增长到2023年的

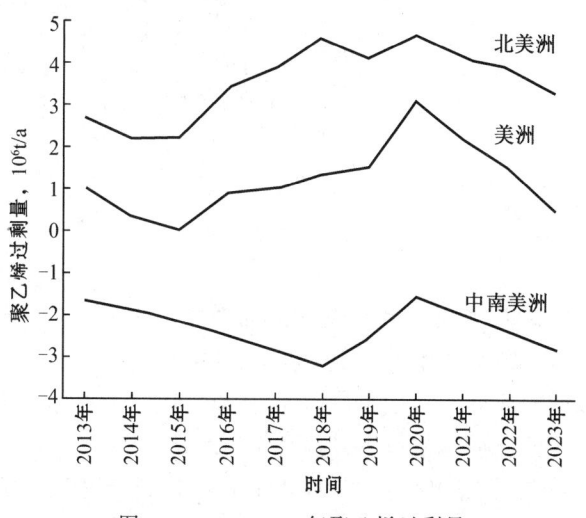

图7 2013—2023年聚乙烯过剩量

$32.5×10^6$ t，$13×10^6$ t的增长可以完全吸纳美国以页岩气为原料的新增聚乙烯产能，并且仍有缺口。

为了应对国内短缺，中国正在规划多达38个配套聚乙烯装置的CTO或甲醇制烯烃(MTO)项目。这些装置新增聚乙烯产能将超过$12.5×10^6$ t/a，其中已有两个建成，产能合计仅为$33.5×10^4$ t/a，另外19个项目在建设中，产能合计为$5.8×10^6$ t/a。其他项目处于审批、建设和规划的不同阶段，这些CTO/MTO项目如何发展，有多少可建成投产将取决于2018—2023年美国新建产能对聚乙烯价格的影响。

3 副产品短缺也是一个潜在问题

随着美国裂解原料的轻质化，关注的焦点主要在乙烯和聚乙烯市场。然而，裂解装置副产品问题也随之而来，以乙烷为裂解原料，乙烯收率约为78%，而丙烯收率仅为2.5%、碳四的收率也只有2.5%，裂解汽油的收率还不到2%。而以石脑油为裂解原料，乙烯收率约为35%，丙烯、碳四和裂解汽油的收率分别为16%，9%和19%。裂解原料轻质化将导致副产品产量大幅减少。

美国裂解原料结构发生了很大的变化，2005—2013年石脑油在裂解原料中的比例从28%降至7%，预计未来10年这一比例将降至5%。即使原料结构发生较小的变化，也会造成裂解汽油产能显著减少，2013年裂解装置副产的裂解汽油产能近$3.5×10^6$ t/a，预计到

2023年将降至$2.5×10^6$ t/a,如图8所示。

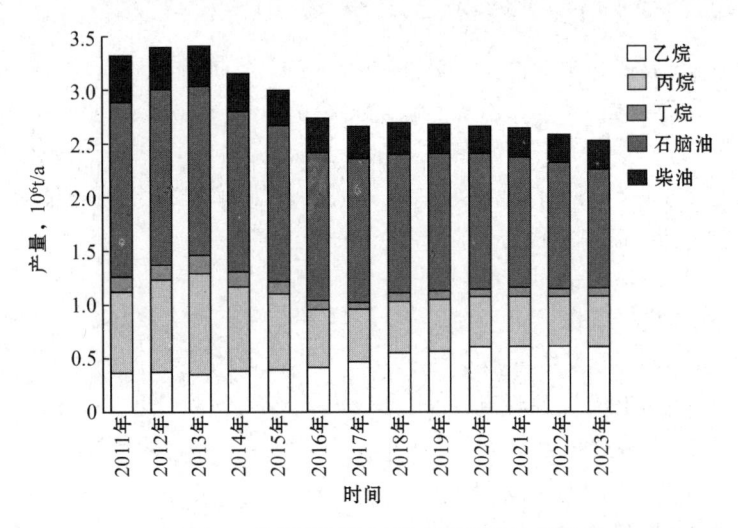

图8 美国裂解装置副产裂解汽油的产能

未来10年,美国裂解汽油产能将减少$1×10^6$ t/a,可能造成苯产能减少$25×10^4$ t/a,约占美国苯总产能的3%;甲苯产能约减少$7.5×10^4$ t/a,占美国甲苯总产能不到1.5%;二甲苯产能减少$6.5×10^4$ t/a,占美国二甲苯总产能不到1%。裂解装置副产品的减少将会改变炼厂的经济性和开工率。

美国炼厂使用致密油可能会对芳烃产量产生不利影响。由于致密油中萘和芳烃含量较低,炼厂的芳烃产量将会受到影响,而实际上,美国裂解原料的改变对美国芳烃的供应影响很有限。

4 丙烯和PDH方案

预计丙烯市场将受到较大影响,这个问题已着手通过PDH技术来解决。2005—2013年,美国裂解原料中丙烷所占比例从21%提高至28%,然而未来10年,预计这一比例将降至15%。裂解原料中丙烷比例的下降将造成丙烯数量的减少,预计美国来自裂解装置的丙烯将从2013年的$5×10^6$ t降至2023年的$3.5×10^6$ t,约下降30%,如图9所示。然而建设乙烷裂解装置的热潮带来了建设PDH装置的热潮,到目前为止,采用PDH技术在美国建设的丙烯产能已超过$65×10^4$ t/a。另外,还有$3.8×10^6$ t/a PDH产能处于规划和建设阶段。如果所有项目(5套新建装置)都如期投产,北美地区将有$4.5×10^6$ t/a PDH产能,这足够抵消裂解原料轻质化所减少的$1.5×10^6$ t/a 丙烯量。

当然,PDH项目的可行性主要取决于丙烷原料的可购性。由于乙烷的竞争力在于不进入天然气,乙烷价格不会随天然气价格波动而波动,因此采用乙烷为原料的裂解装置具有优势。当天然气价格突然增长,如果乙烷价格处于最底部,则可能会上涨。

丙烷可以作为住宅用和工业用燃料,也可以用作石化原料。丙烷比乙烷的出口量大,美国的丙烷出口量已经创了纪录,随着更多的出口设施建设应用,预计丙烷出口量还将攀升。普氏能源资讯旗下的分析和预测部门Bentek预测,未来10年,在住宅用、工业用及出口需

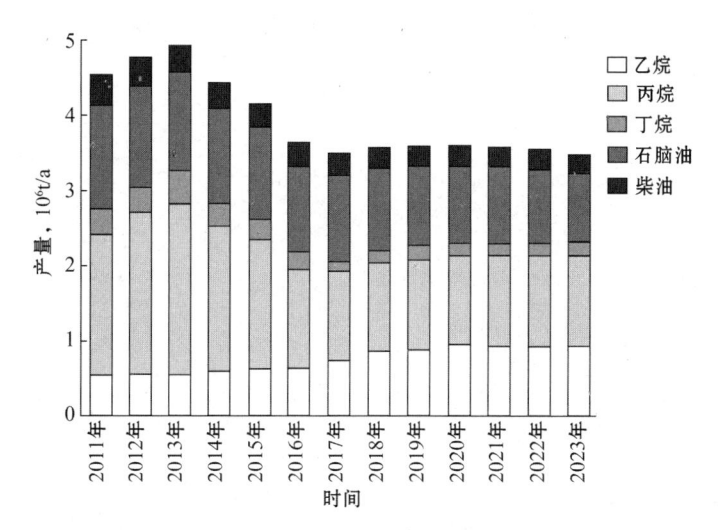

图9 美国来自裂解装置的丙烯产能

求增长的推动下，丙烷价格将上涨近30%。

PDH的建设热潮同样带来了过度建设的问题，在每个石化周期的上升阶段都容易出现过度建设问题。无论是裂解装置、MTO/CTO装置还是PDH装置，都可能面临这种挑战。

5 潜在的挑战还是机遇（取决于你自己的看法）

与页岩气本身一样，致密油具有改变整个石化工业的可能性。如果致密油造成廉价原油涌入全球市场，将会怎样？如果由于致密油的持续开发，全球石脑油供应量持续增长，将会怎样？如果美国出口需求推高乙烷和丙烷价格，而原油和石脑油价格却大跌，又将会怎样？

普氏能源资讯旗下的分析和预测部门Bentek已经显著调低了对美国2013—2018年原油和天然汽油价格的预测，在此期间，乙烷的价格将上涨30%，丙烷的价格将上涨12%，这将导致美国生产企业在原料花费上增加，而利润降低。

我们认为，在此期间美国将生产更多的石脑油，但石脑油太轻不是重整装置的理想原料，更适合作汽油调和组分或溶剂。但由于石脑油辛烷值低，用于汽油时，必须加入提高辛烷值的调和组分。目前，加拿大的溶剂需求使得美国的石脑油出口到加拿大。石脑油供应过剩有可能导致全球石脑油裂解装置原料价格下降。

石脑油价格下降将会减少乙烯的边际价值，至少削弱了部分新建乙烷裂解装置的利润。另外，随着新项目的投产，石化产品市场供应过剩，也会使新建裂解装置的利润下降。当然，美国以乙烷为原料生产乙烯毛利接近1000美元/t，只有乙烷和石脑油市场价格发生巨大的波动才会使当前的页岩气开发建设热情降低。

如果这一切发生了，肯定是出乎意料。页岩气已对全球市场造成影响，但还有一些影响是超乎预料的。

Note: Original English language article written and presented in March 2014 by jim Foster of Platts, © Platts a division of McGraw Hill Financial, Inc. (2014) all rights reserved. Chinese language translation by and © Petrochina Petrochemical Research Institute. (2014) all rights reserved.

AM—14—49

美国炼油产品供应/需求平衡发展趋势

Andy Hill（Turner，Mason&Company，USA）
何盛宝 译

摘　要　介绍了美国炼油产品市场的供应、需求及发展趋势，并具体将炼油产品细分为汽油、馏分油、残渣燃料油和天然气凝析液进行单独研究，预测了每种产品的净出口增长及出口国情况。结论认为，日益严格的政府政策导致美国石油产品需求降低，当前的页岩气热潮导致美国石油产品供应增加，这些供求因素使美国从世界最大石油产品进口国变为最大的出口国之一，这一势头预计将持续到下一个10年。

1990—2005年，"降低我们对外国石油的依赖"这种观点经常出现在美国的政治讨论中。到2005年，美国已成为世界最大的石油产品净进口国，这引发了美国人对石油供应中断（类似于20世纪70年代的石油禁运）风险提高的担忧。从那时起，过去30年间每届政府都推出一项旨在有效降低石油需求的国家能源政策。本届政府力主的美国可再生燃料标准（RFS）和企业平均燃效（CAFE）两项政策，对未来美国石油需求前景有显著影响。

与此同时，致密油和加拿大油砂产量的大幅增长推动了炼厂的扩能改造。对成品油供应的最大影响不是炼油能力的提高，而是产品收率的重要变化。Bakken、Eagle Ford、Niobrara等页岩油区块生产轻质原油，其汽油和轻馏分收率更高。

油品需求降低（由于日益严格的政府政策）和油品供应量增加（由于页岩油产量激增）使美国发生巨大转变，仅仅用了不到10年的时间，就从世界最大净进口国成为如今的第五大净出口国（图1），然而这种转变尚未结束。Turner, Mason&Company（TM&C）预测，未来10年内美国有可能成为世界上最大的石油产品出口国。

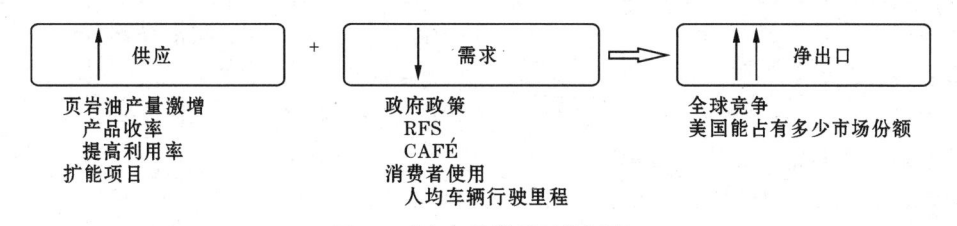

图1　石油产品供需平衡因素

虽然这利于美国的风险管理，但随着国内下游产业向出口导向型市场转变，炼厂必须合理定位。全球竞争越来越复杂，原油供应充足，并且在某些情况下，一些国有炼油企业并不总是基于自由市场原则进行决策。由此引发的问题是，在未来10年净出口量预测前提下，美国炼油工业是否具有全球性竞争力。

1 总的炼油产品供应/需求平衡

2005 年美国石油产品净进口达到最高,年均净进口量超过 2.4×10^6 bbl/d(其中炼油产品净进口量 2.1×10^6 bbl/d)。自那时以来,出口形势一直很好,每年净出口量增长接近 40×10^4 bbl,这一趋势在过去 1 年有所放缓,然而,供给/需求趋势有望持续未来数年,因此 TM&C 认为出口形势也将继续。

石油产品净出口总量是最直观反映宏观经济的指标。图 2 显示,美国利用 7 年左右的时间从最大的进口国成为世界最大的出口国之一(图 3)。

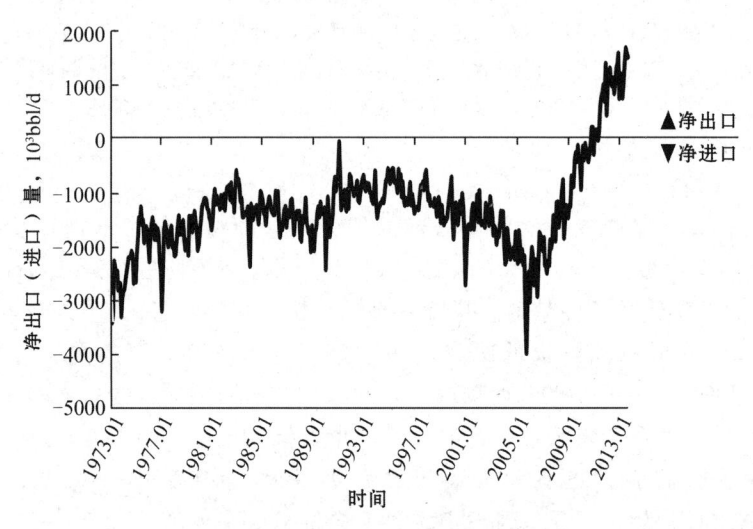

图 2 美国石油产品净出口(进口)量
(来源:美国能源信息署)

虽然这一宏观经济趋势对监测美国经济健康运行和衡量能源安全风险很重要,但对本行业更有价值的信息是这些产品出口的目的地和产品结构。图 4 显示了 2005—2012 年净出口增长的分布情况。美国国内环境的变化对每个地区进口的影响都不同,加拿大相比其他地区具有地理位置优势,2005 年以来净进口量只有小幅下降。南美洲和欧洲从对美国的强劲净出口状态转变为中等到强劲的净进口状态,中美洲实际上也符合这种情况,但其趋势在很大程度上受过去几年 Aruba 和 St. Croix❶炼厂关闭的影响。与此相反,受过去 10 年俄罗斯炼厂产量大幅增长的驱动,原苏联国家对美国已成为净出口国。

令人惊讶的是,非洲能够继续对美国净出口(尽管净出口减少了),我们本来预期可靠性以及复杂性长期较低使该地区接近中美洲和南美洲的情况。一个解释是,非洲 4 个主要的炼油国家(阿尔及利亚、埃及、利比亚和南非)的政府决定出资维持开工率,而南美地区政府降低了开工率,欧洲由于其在自由市场的竞争力不足导致其对美国的净出口下跌。

---

❶ 在该报告中美属维尔京群岛归类到中美洲(而不是美国)。

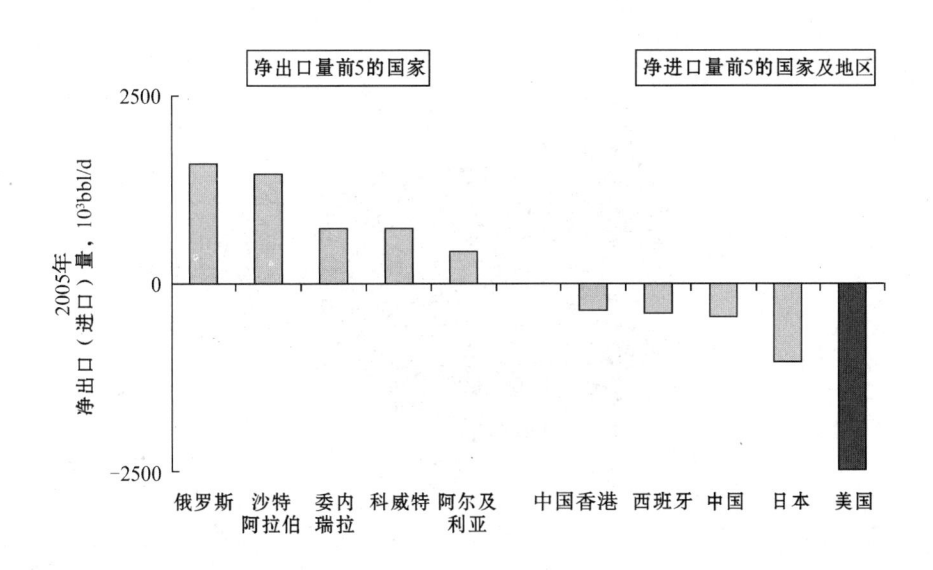

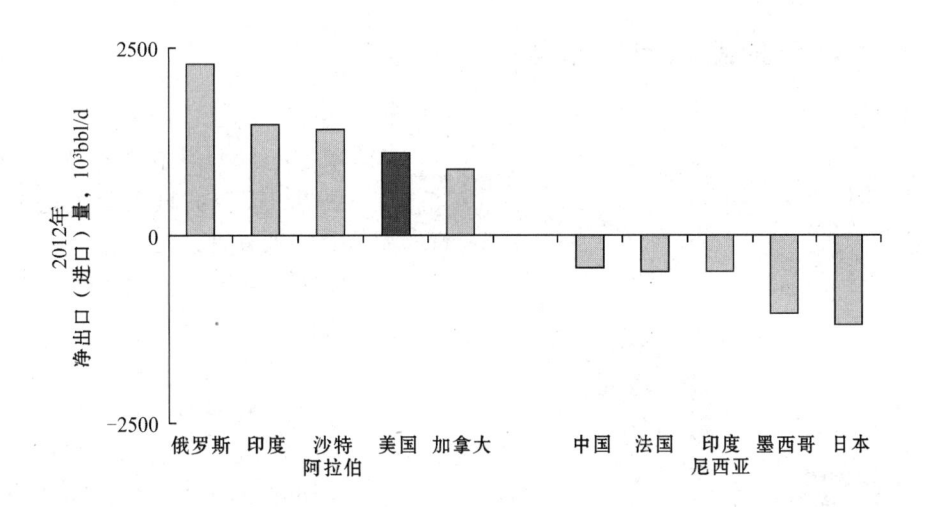

图 3 石油净出口（进口）位列前 5 位的国家及地区
（来源：国际能源署；Jodi 世界石油数据库）

为了进一步分析行业影响和长期预测，石油产品将细分为具体产品并单独研究。在这项研究中，TM&C 将石油产品进行如下分类：
(1) 汽油，包括航空汽油和全馏分石脑油。
(2) 馏分油。
(3) 残渣燃料油。
(4) 天然气处理厂凝析液。

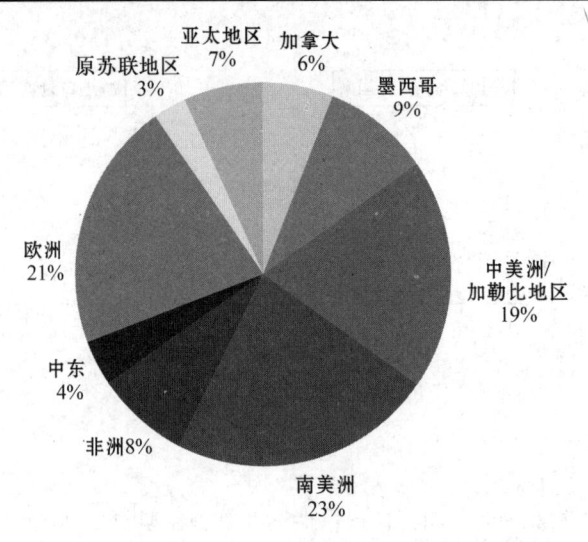

图 4 2005—2012 年各出口目的地净出口增长情况
（来源：美国能源信息署）

2 汽油净出口预测和出口市场

美国汽油消费下降预计对汽油净出口的转变影响最显著（图 5）。首先，人均车辆行驶里程在 2004 年达到峰值，后来持续下降，表明向城市化推进，更多使用公共交通以及在家办公❶。其次，RFS 方案要求在汽油中调和一部分乙醇。根据美国环保局（EPA）有关调和目标的最新公告，TM&C 预计，调和商没有动力去大量生产 E15 或 E85。在我们的长期模型中，我们将 E10 作为出售给消费者的标准汽油。最后，美国高速公路安全管理局发布了到 2021 年的 CAFE 标准❷，这些标准要求提高燃油经济性，从而有效降低运输燃料的长期需求。

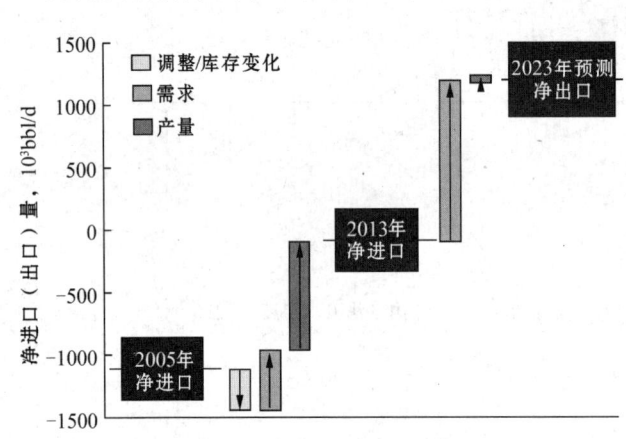

图 5 汽油净出口变化的原因
（来源：美国能源信息署；TM&C 预测）

如图 5 所示，TM&C 预计，未来 10 年汽油和石脑油馏分产品净出口将增加 1×10^6 bbl/d 以上，这有难度，但可以达到，是美国炼油工业的挑战。美国实现这样的市场份额可

---

❶ Sivak, Michael. "Has Motorization in the U. S. Peaked?" University of Michigan Transportation Research Institute November 2013.

❷ 最新的最终条例中包括 2022—2025 年的 CAFE 标准，然而，这些只是推荐，尚未最终确定。

通过3种可能的解决方案（由易到难排列）：

（1）减少进口总量。

（2）抢占现有的市场份额，迫使其他炼油地区减产。

（3）抓住世界汽油需求增长的机遇。

图5显示，美国已通过第1种方案取得显著进展，从2005年到现在净进口量降低约 1×10^6 bbl/d。第2种方案，理论上很简单，但可行性有限。美国汽油的主要市场（加拿大、墨西哥和中南美洲）目前从美国以外地区进口的汽油仅有 30×10^4 bbl/d，这显然远远低于 1.1×10^6 bbl/d 的目标。加拿大的炼油体系和美国炼油体系的竞争力相当，墨西哥和拉丁美洲国家不可能大幅降低现有装置的开工率，然而，价格竞争环境可能会阻碍未来投资。次要的市场（欧洲、非洲和亚太地区）目前进口约 1.6×10^6 bbl/d，其中40%～50%是复杂性低、竞争力差的欧洲炼厂生产的，有利于美国抢占这些欧洲炼油商的市场份额。

为消化剩余的 1.1×10^6 bbl/d 净出口量，美国将做好准备抢占世界需求增长的份额。TM&C估计，到2023年汽油需求将增加约 4×10^6 bbl/d（图6）。同时随着需求的增长，世界汽油产量将上升，但新增的汽油产量与美国增加的汽油净出口量相比竞争力不足，因为美国净出口增长将几乎不需要资本投资。

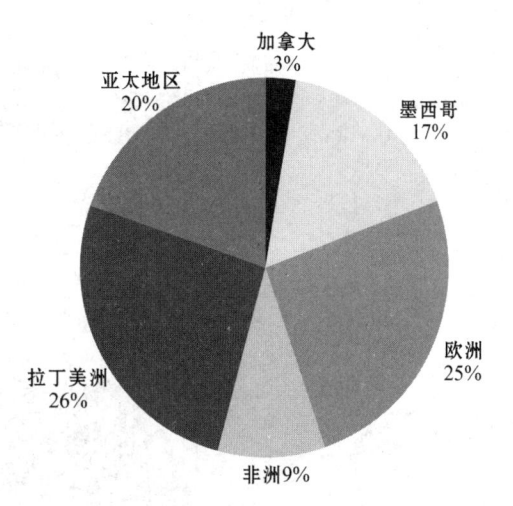

图6 2013—2023年出口目的地的汽油净出口增长情况预测
（来源：美国能源信息署）

3 馏分油净出口预测和出口市场

政府法规对馏分油预测的影响比对汽油的影响小，唯一有效的法规是美国高速公路安全管理局的重型车辆国家计划，强制实施与CAFE计划（重型车辆除外）类似的限制。考虑到超过30%的柴油不用于运输[1]，以及随着车队移交导致重型车辆国家计划标准自然延后产生的影响，燃油效率对柴油需求的影响很小。美国GDP的不确定性将是柴油需求预测最重要的因素。

自2005年以来，馏分油净出口增长的原因是需求减少和产量增加，不同的是，这两种现象出现在完全不同的时间段，如图7所示。需求减少主要是由于全球经济衰退，对柴油需求的影响持续了将近两年（2007—2009年）。在此之后，净出口持续增长，这是因为在这段时期新增产能投产运行（2009—2013年）。

TM&C预计，馏分油需求增长将超过馏分油处理能力的增长，因而未来10年的净出口量将减少。这对美国炼油业影响不大，因为它会在必要的时候缩减总出口量，然而，如图7

---

[1] 来源：美国能源信息署。

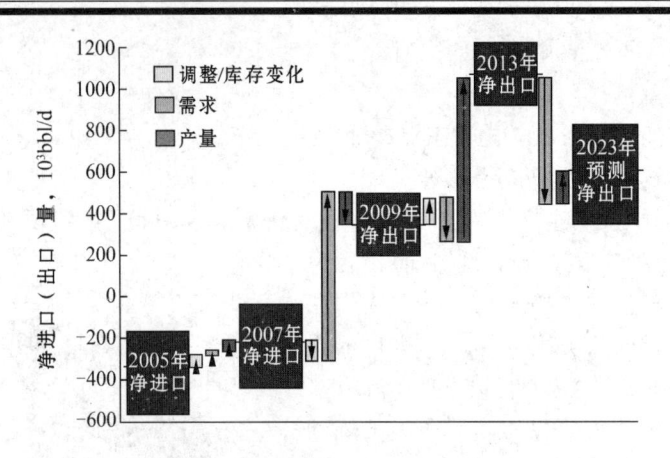

图 7　馏分油净出口变化的原因
（来源：美国能源信息署；TM&C 预测）

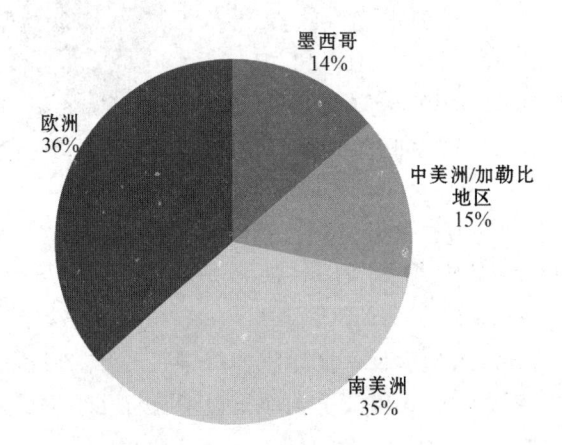

图 8　2013 年主要馏分油净出口地区
（来源：美国能源信息署）

所示，由于依赖美国经济，美国国内馏分油市场有较大的不确定性。

目前，美国是 4 个主要地区馏分油的净出口国，在未来的 10 年中随着美国净出口减少，最有可能减少的地区如图 8 所示（墨西哥除外）。这取决于 Tula Hidalgo 炼厂的建设情况，墨西哥净进口要么停滞不前，要么显著增加，无论怎样，美国仍将是墨西哥馏分油的主要供应国。如果对墨西哥的净出口增加，将进一步削减对欧洲和拉丁美洲（美国对这两个地区有水运优势）的净出口。

4　残渣燃料油净出口预测和出口市场

美国国内残渣燃料油市场比运输燃料市场分析起来简单。30 年来需求一直在下降，随着许多炼厂增加转化装置或关闭，产量也一直下降。唯一影响残渣燃料油出口形势的重要因素是低硫船用燃料油新规的影响。TM&C 预计，该法规将在未来 10 年使燃料油需求量减少 10×10^4 bbl/d 以上，并将这项法规纳入我们的研究结果。

自 2005 年以来，残渣燃料油消费量的下降幅度已经远远超过了残渣燃料油需求量的下降幅度，使美国成为残渣燃料油的净出口国。美国的净出口分析应分解为总进口和总出口，以最好地理解市场影响。自2005年以来残渣燃料油总进口下降了50%，来自加拿大和墨西哥的进口量保持不变，50%的跌幅绝大多数是美国从拉丁美洲的进口减少（图9）。在出口方面，拉丁美洲市场一直保持稳定，所有的增长都来自于亚太地区和欧洲市场（图10）。

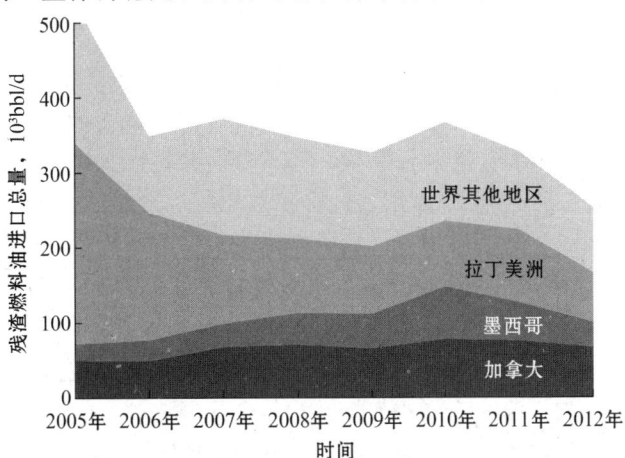

图9　残渣燃料油进口总量
（来源：美国能源信息署）

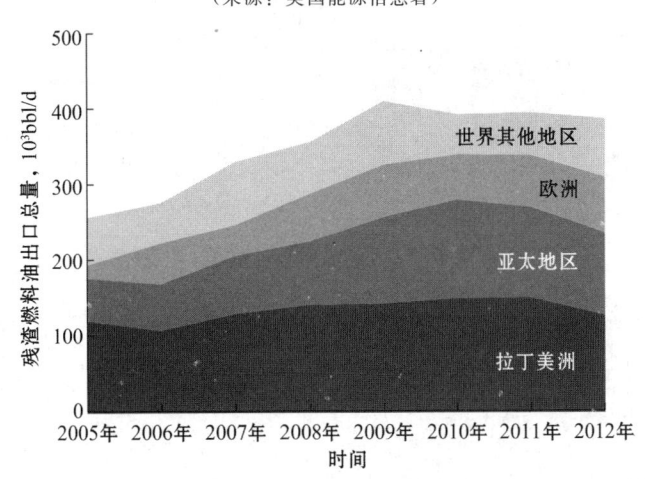

图10　残渣燃料油出口总量
（来源：美国能源信息署）

展望未来，TM&C预计这些趋势将继续。来自拉丁美洲和其他利用水运的地区的进口总量将缓慢下降，对欧洲出口量将继续增加，尤其是随着低复杂度的炼厂继续关闭。由于所处地理位置的原因，对亚太地区的出口将根据美国出口量的需要增加或减少（美国不到10%的出口总量来自美国西海岸，这意味着货船必须穿越巴拿马运河或绕过南美洲的最南端）。

5 天然气处理厂凝析液❶净出口预测和出口市场

虽然天然气处理厂生产的凝析液并不属于炼油产品，但是它们在市场上与炼厂生产的产品（如丙烷、异丁烷等）竞争。此外，这些凝析液是传统运输燃料（在有限的市场，例如，化工厂原料和重型车辆的运输燃料）的替代产品。

与水力压裂和水平钻井创造了美国页岩油热潮一样，技术进步大幅提高了天然气产量。如图11所示，在未来10年所有天然气处理厂凝析液净出口增长的明显推动力是天然气田产量的增长，在炼油方面，加工大量Eagle Ford致密油和其他轻质原油的炼厂和分馏装置也会使凝析液的产量增加。到2023年净出口预计提高约1.5×10^6 bbl/d，重点是中游行业需扩大出口能力（与运输燃料出口不同，且目前规模不大）。

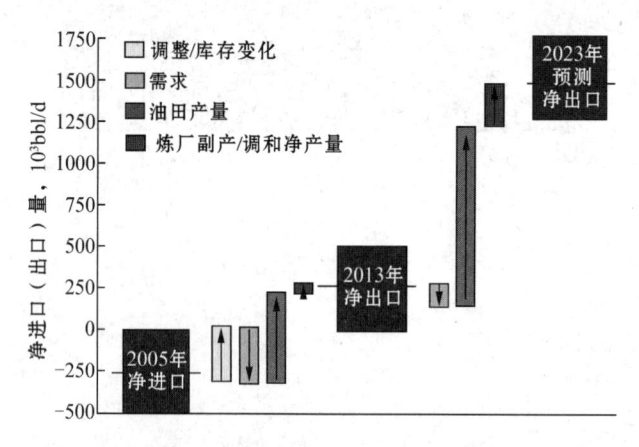

图11 天然气凝析液净出口变化的原因
（来源：美国能源信息署；TM&C预测）

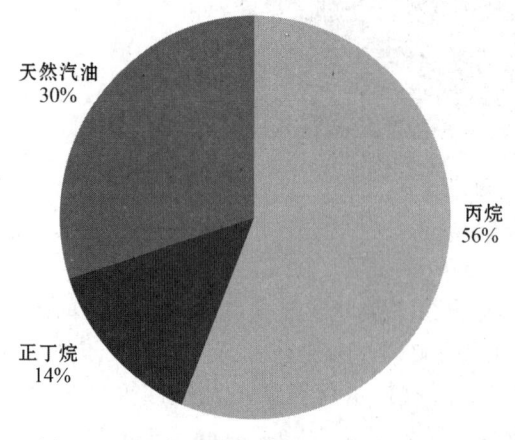

图12 2023年天然气凝析液出口结构预测

1.5×10^6 bbl/d的净出口量包括丙烷、正丁烷和天然汽油（图12），丙烷产量将远大于取暖、工业和石化的需求。考虑到当前价格竞争的市场环境下，随着出口能力的增加，丙烷价格将与全球价格关联，丙烷需求量预计比目前略有增加。假设RFS规定的汽油中调和乙醇的目标保持在10%左右，国内正丁烷需求将保持相对稳定。由于异丁烷不出口，因而异构化装置的加工量将降低。天然汽油将主要出口到加拿大用作稀释剂，中游行业已经向前推进扩能延伸项目，通过建设管道将这些油运到北部。

---

❶ 本文中的天然气凝析液不包括乙烷和乙烯。

美国天然气凝析液的净出口增长需要关注丙烷和丁烷（天然汽油可以通过管道输送到加拿大）。自 2005 年以来，液化石油气出口已经在增长，但它受制于美国的出口政策，国内丙烷价格与世界价格脱钩。为了显示问题的长期严重性，在美国净出口预测的同时增加了国外天然气凝析液需求的预测，据估计，到 2023 年在美国需获得全球天然气凝析液市场 15％～25％的份额（图 13）。

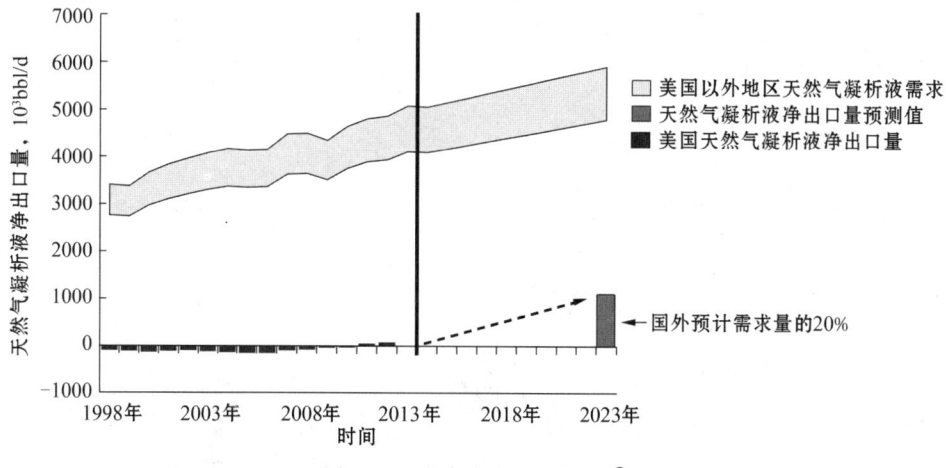

图 13 天然气凝析液净出口 ❶

由于美国的确在扩建出口能力，并与运货商共同开拓液化石油气运输能力，考虑到亚太地区和欧洲占世界天然气凝析液进口能力的 75％（图 14），出口目的地有可能是这两个地区。

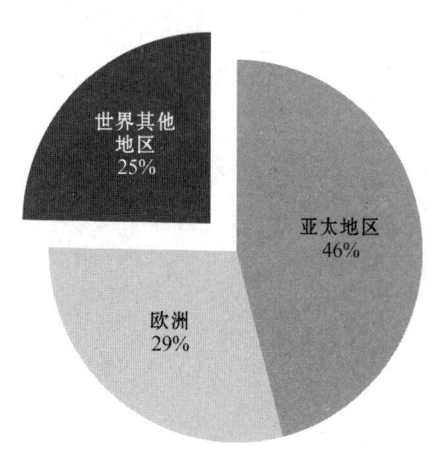

图 14 全球天然气凝析液进口能力
（来源：国际能源署）

---

❶ 由于公开获得的信息具有不确定性，美国以外地区天然气凝析液需求显示为一个范围。

6 结语

供给和需求因素（包括页岩油热潮和政策法规的变化）已经使美国从世界最大的石油产品进口国变为最大的出口国之一，这一势头预计将持续到下一个 10 年，为国内石油工业创造了新的机遇。未来 10 年，美国的出口量将是目前的 3 倍（图 15）。为了实现美国工业利润最大化，理解和应对这些不断变化的因素是至关重要的。

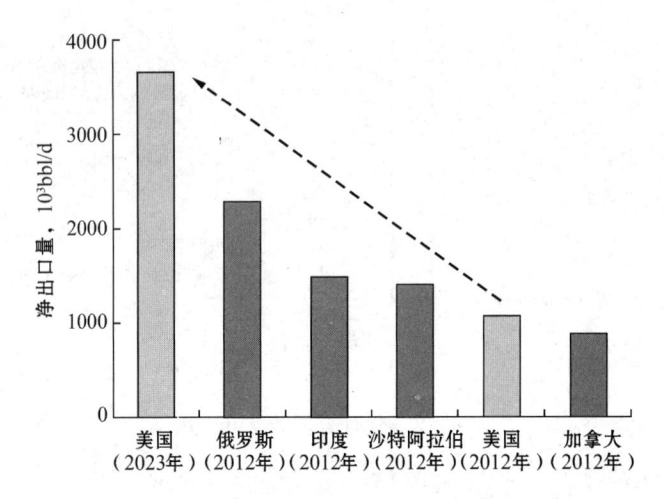

图 15　2023 年石油产品净出口预测

（来源：国际能源署；Jodi 世界石油数据库；TM&C 预测）

AM-14-13

加工机会原油面临的挑战和解决方案

Mike Dion（GE Water & Process Technologies，USA）

马　安　译

摘　要　优化脱盐操作是炼厂原油蒸馏装置控制腐蚀和结垢的第一道工序。现今的机会原油（包括合成原油、稀释沥青、稀释原油和页岩油）质量变化很大，其加工面临挑战。此外，常规原油和机会原油混合存在不相容的问题，容易析出沥青质和高相对分子质量的脂肪族化合物沉淀，这些沉淀物增加了乳液的稳定性，促进了下游装置结垢。原油质量差异和相容性的问题使得脱盐装置面临更大的挑战，脱盐装置的有效操作变得愈加重要。本文概括了原油质量的变化情况，描述了改进脱盐装置操作的几种方法，介绍了改进脱盐装置操作以加工机会原油的案例。炼厂采用集成方法有助于消除加工机会原油对下游装置（如废水处理厂）产生的负面影响，以及提供了改善炼厂可靠性的机会，如采用低铵盐技术减少原油蒸馏装置形成腐蚀性铵盐的可能性。

1　机会原油质量各异

原油采购成本约占炼厂总成本的85%[1]，控制原油成本是炼厂实现盈利目标的关键因素。与市场上其他类似的原油相比，机会原油价格上有折扣。由于机会原油较低的成本能够直接影响炼厂收益，同时也能够满足炼油商的生产目标，因此机会原油受到越来越多的关注。

目前，北美地区页岩油就是一种典型的机会原油，西得克萨斯州Eagle Ford地区的页岩油是一种轻质低硫原油，Eagle Ford页岩油样品见图1，依据油田上自动密闭输送装置的不同位置，Eagle Ford页岩油在颜色和烷烃含量方面都有变化。

从某种程度上来说，由于运输公司罐储设施的限制以及加拿大西部和委内瑞拉改质装置的增加，原油调和正在变得愈加普遍。管道和物流公司的存储能力有限，他们认为，当原油性质变化很小且更容易替换时，将增加存储设施的使用。WCS原油是由不同的改质原油调和而得的，其性质变化见图2。

图1　Eagle Ford页岩油样品

原油销售商可以灵活选择何种改质原油进行调和，最终提供满足规格要求的调和原油。

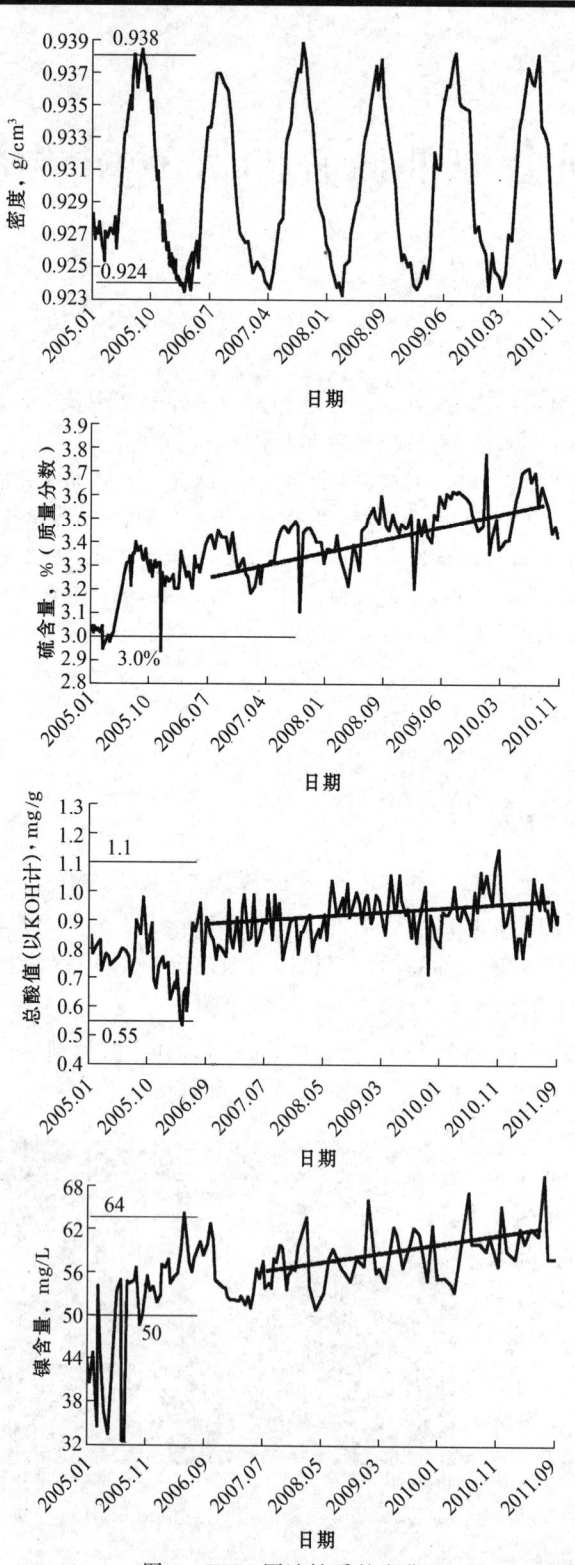

图 2 WCS 原油性质的变化
(来源：http://www.crudemonitor.ca)

原油调和组分通常认为是专有的。一些原油，如轻质含硫调和原油，可采用一种机会原油（如 Bakken 页岩油）作为其调和组分，前提是调和后能够满足规格要求。分析化验信息可用于确定调和原油的产量，然而不提供诸如乳液、结垢和腐蚀等信息。单个原油性质和调和原油组分的变化，显著增加了理解加工机会原油对炼厂影响的复杂性，通过依据原油名称获悉的经验数据，正在失去推测原油加工影响的价值。在这个不确定的环境下，炼油商应该与化学剂供应商合作以进行更准确的预测以及解决潜在的加工问题。

2 原油不相容性

原油是含有多种不同结构化合物的复杂混合物。沥青质是一种高相对分子质量的极性化合物，在分子水平上通常不溶于原油，而是以胶束形态存在，胶质（含高极性端和烷基链尾端）吸附在沥青质胶束上形成稳定的胶体体系，压力、温度和组成的变化都可能影响到调和原油的沥青质/胶质值。沥青质和高相对分子质量脂肪族化合物的沉淀析出通常被认为是原油不相容，这些沉淀物不仅加大了脱盐装置中乳液的稳定性，还能导致下游装置结垢。

GE 公司开发了一种专有的测量原油稳定性的实验室检测方法，在短时间、不同庚烷添加速率下进行测量以确定絮凝强度。相对于不存在稳定性问题的标准原油，絮凝强度用于计算相对不稳定值，通过有、无化学添加剂两种情况下的测量来计算相对化学稳定性，由此，可通过数据库来预测原油相容性。GE 公司专有的原油相容性预测模型示例见图 3，该模型不仅能预测原油调和的稳定性，还具备输入不同的原油调和顺序来预测调和稳定性的功能。

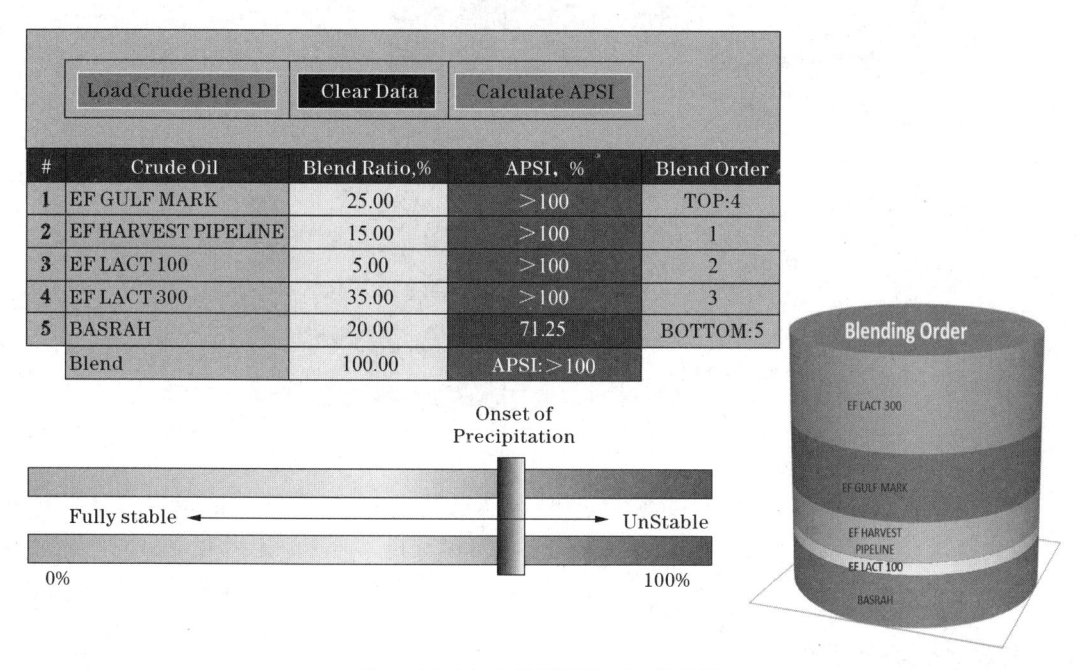

图 3 原油相容性预测模型（软件图）

历史案例

北美地区炼油商在加工机会原油时经历了许多问题。由于原油不相容生成了很厚且有黏性的乳液层，阻碍了脱盐装置关键指标的实现。提高破乳剂注入速率仅能进一步减少乳液层的厚度，但成本昂贵，采用GE公司专有的原油稳定剂能够大幅减少乳液层的厚度，由此允许炼油商提高混合阀压差，剪切力增加提升了盐和固体颗粒的脱除能力，不存在乳液层厚度增加而引起的加工问题。脱盐装置内乳液层厚度示意图如图4所示。采用GE公司原油稳定剂前乳液层厚度较大，混合阀压差较低，而采用GE公司原油稳定剂后乳液层厚度减少，水层厚度增加，由此炼油商可以提高混合阀压差而不会导致脱盐装置性能变差。

脱盐装置高度，ft

日期，d	0	1.0	1.5	2.0	2.5	3.0	3.5	4.0	4.5	5.0	混合阀差压
1	0	0	0	0	0	0	1	1	1	1	3.0
2	0	0	0	0	0	0	1	1	1	1	3.0
3	0	0	0	0	0	0	1	1	1	1	3.0
4	0	0	0	0	0	0	1	1	1	1	3.0
5	2	2	2	0	0	0	1	1	1	1	3.0
6	0	0	0	0	0	0	1	1	1	1	3.0
7	0	0	0	0	0	0	1	1	1	1	3.0
8	0	0	0	0	0	0	1	1	1	1	3.0
9	2	2	2	0	0	0	1	1	1	1	2.9
10	2	2	2	2	2	0	1	1	1	1	2.0
11	2	2	2	2	2	0	0	1	1	1	2.0
12	2	2	2	2	2	0	1	1	1	1	2.0
13	2	0	0	0	0	0	1	1	1	1	2.8
14	2	2	2	2	2	0	0	1	1	1	2.5
15	2	2	2	2	2	0	0	1	1	1	2.6
16	2	0	0	0	0	0	1	1	1	1	3.6
17	0	0	0	0	0	0	1	1	1	1	3.1
18	2	2	2	2	0	0	1	1	1	1	3.0
19	2	2	2	2	0	0	1	1	1	1	3.0
20	2	2	2	2	0	0	1	1	1	1	3.0
21	2	2	2	0	0	0	1	1	1	1	3.0
22	0	0	0	0	0	0	0	1	1	1	3.0
23	2	2	2	2	2	0	0	0	1	1	3.0
24	2	2	2	2	2	2	2	2	0	0	3.0
25	2	2	2	2	2	2	2	2	0	1	3.0
26	2	2	2	2	2	2	2	0	0	1	3.0
27	2	2	2	2	2	0	0	0	0	1	7.6
28	2	2	2	2	2	2	2	0	0	1	10.2
29	2	2	2	2	2	2	2	0	0	1	13.0
30	2	2	2	2	2	2	2	0	0	1	15.3
31	2	2	2	2	2	2	0	0	0	1	12.1
32	2	2	2	2	2	0	0	0	1	1	12.0
33	2	2	2	2	2	0	0	0	1	1	12.0
34	2	2	2	2	2	0	0	0	1	1	12.0
35	2	2	2	2	2	0	0	0	1	1	11.2

2 水　0 乳液　1 油

图4　乳液层厚度示意图

传统的沥青质分散剂含有磷、钙或者其他金属杂质。GE公司的原油稳定剂是无灰分的，仅含有碳、氢和氧，采用GE公司原油稳定剂可以减轻原油不稳定所表现出的厚黏乳液层、含油废盐水、盐和固体脱除能力弱等问题，而不会像传统化学剂那样给下游带来风险。

3　高金属含量原油

一些机会原油金属含量较高，如DOBA原油钙含量约为200μg/g，金属通常以环烷酸盐形式存在，如2（$RCOO^-$）Ca^{2+}。在常规脱盐条件下，有机金属通常不能脱除到脱盐装置的废盐水中，这将导致结垢和催化剂中毒以及影响产品质量，如电极焦中金属含量超标。

通过质子化或螯合作用（图5），化学剂能够改善金属脱除到废盐水中的效果，减少对下游工艺的负面影响。

GE公司研发了符合质子化和螯合机理的专有产品，用于提取环烷酸盐中的金属。然而，许多传统产品含有挥发性羟基酸，一部分酸将存在于脱盐原油的底部沉淀物和水中，一些常用的羟基酸或者挥发，或者分解为乙酸或甲酸等，导致酸量增加，塔顶腐蚀风险加大。为解决增加的腐蚀问题，通常需要注入更多的中和剂，由此原油处理成本增加。GE公司的脱金属方案采用柠檬酸，脱盐原油中含有的柠檬酸将会分解为水和二氧化碳，由此避免了传统化学剂引起的酸量增加问题。

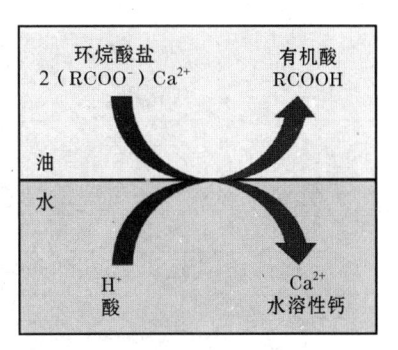

图5 质子化机理示意图

相对于石油烃相，柠檬酸是相对惰性的，由于柠檬酸盐的存在，在废盐水或水相中可能发生结垢。结垢潜力是一个复杂的问题，不仅仅依赖于温度和pH值，也取决于溶液的离子强度，蒸馏水条件下的结垢潜力的保守估计见表1。

表1 环烷酸钙在牛磺鹅去氧胆酸（摩尔质量498.4g/mol）溶液中的溶解度

pH值	溶解度，μg/g						
	25℃	40℃	80℃	100℃	120℃	130℃	140℃
4.5	1791	1578	1406	1320	1234	1191	1148
5.0	1209	997	825	738	652	609	566
5.5	1126	914	742	655	569	526	483
6.0	1043	831	658	572	486	443	400
6.5	960	748	575	489	403	360	317
7.0	877	665	492	406	320	277	234

为解决使用柠檬酸引起的结垢问题，GE公司脱金属产品中包含了专门设计的结垢抑制剂，在pH值6.5、温度120℃的条件下，可将蒸馏水中钙的结垢潜力抑制在1000μg/g左右，若在此限值上操作，则需要采用其他助剂。结垢抑制剂使用前后对比见图6。

纯粹从质子化角度看，柠檬酸的存在使得环烷酸盐质子化，因此可将钙脱除到废盐水中。采用GE公司独特的方案，化学剂进料速度或者进料量可减少约50%或更少。

表2列举了在柠檬酸和GE公司混合酸两种情形下DOBA调和原油的脱钙效果。在柠檬酸条件下，钙脱除率达到64%约需要270μg/g的柠檬酸含量，而只采用50%剂量的GE公司专有混合酸，钙脱除率即可达到53%，同时对水滴没有不利影响。水滴越大，乳液脱除越快。

脱除到废盐水中的金属也可能影响到废水处理工厂，1价、2价阳离子比率影响生物处理器的沉降和脱水[2]，通常降低比率有助于改善活性污泥的出水质量，而增加比率将提高聚

自动阀热壁面—空气界面处盐沉积（宽5mm）

自动阀底部沉积盐颗粒（可从底面剥落）

无结垢

未使用抑制剂　　　　　　　　　　　　　使用抑制剂

图 6　结垢抑制剂使用前后对比

合物的用量和成本。加工高金属含量机会原油时，将2价阳离子脱除到脱盐装置废盐水中理论上能够改善生物处理设施的效率，然而，一旦原油构成改变而忽略了高金属含量原油，将导致生物质絮凝和分离效果变差。采用集成方法能够减少对下游工艺的负面影响，不仅包括工艺方面，还包括废水和其他设施。

表 2　GE 公司专有混合酸和柠檬酸脱盐效果对比

柠檬酸				GE 公司专有混合酸			
剂量 μg/g	水滴 (32min)	废盐水 pH 值	脱钙效率 %	剂量 μg/g	水滴 (32min)	废盐水 pH 值	脱钙效率 %
空白	7.0	7.8	5	空白	7	7.2	5
136	7.0	5.5	21	138	7	6.6	53
177	6.0	4.4	28	176	6	5.2	61
217	6.5	4.3	46	215	7	4.5	70
272	6.5	3.9	64	292	6.8	4.1	70

4　固体颗粒

依赖于尺寸和结构，固体颗粒能够使 Pickering 乳液（Pickering 乳液可以粗略地认为是由固体颗粒代替表面活性剂而稳定的乳液）稳定存在。若在脱盐装置中固体颗粒未加以脱除，将会侵蚀管道，导致结垢，或者使下游催化剂中毒。使用润湿剂可以提高固体颗粒脱除率。图 7 给出了原油和脱盐原油的 400 倍电镜照片。

历史案例

某北美地区炼厂采用一级化学脱盐装置（非电脱盐），通过破乳实现约 38% 的固体脱除率，采用 GE 公司专有的润湿剂，固体脱除率从 38% 提升到 55%，见图 8。

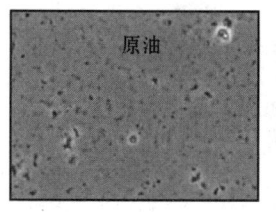

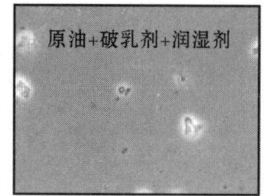

图 7 润湿剂效果

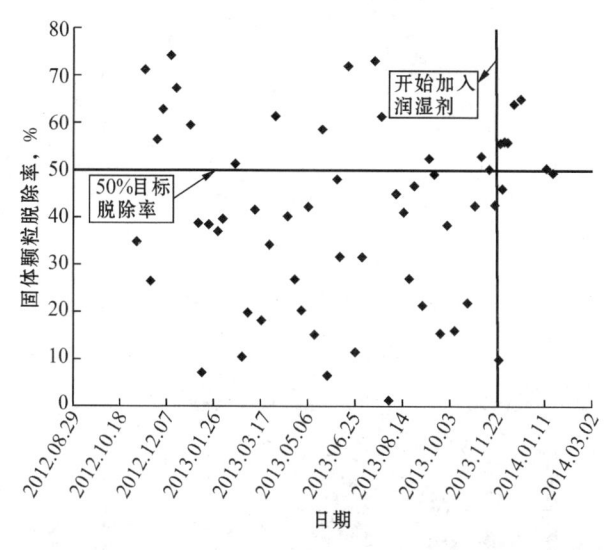

项目	固体颗粒脱除率统计，%		
	平均值	标准偏差	统计控制值（>50%目标）
加入润湿剂前	38.3	19.4	27.5
加入润湿剂后	55	6.8	87.5

图 8 固体颗粒脱除率

5 氯化物

一些机会原油（如 Bakken 页岩油）含有氯化物，且其含量波动性很大，如图 9 所示，这些氯化物也将增加蒸馏装置塔顶的盐酸腐蚀。采用 GE 公司的蒸馏装置塔顶监测系统，（图 10），每 2~4h 监控 pH 值和调整中和剂进料速率将提供一定的保护作用，但实际操作时可能中和不够或者中和过量，若中和剂使用过量，盐含量高，有盐腐蚀的风险。对潜在的挥发性氯化物，自动调整中和剂进料速率有助于减少腐蚀和提高设备可靠性，值得注意的是，仅依靠自动调整中和剂进料速率并不足以有效控制腐蚀。在建立安全操作范围时，应统筹考虑水温、盐含量、塔顶注水效果和其他参数。采用 GE 公司的低铵盐技术（正在申请专利）能够在不降低装置可靠性的前提下改变安全操作范围以及改善炼厂加工灵活性。

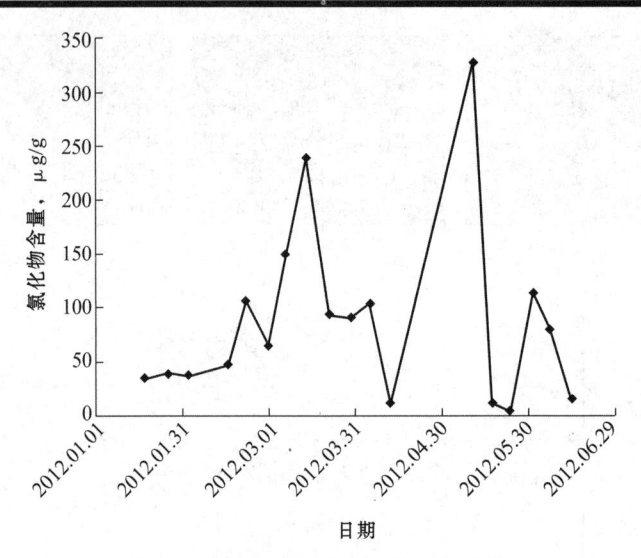

图 9　Bakken 页岩油氯化物含量变化

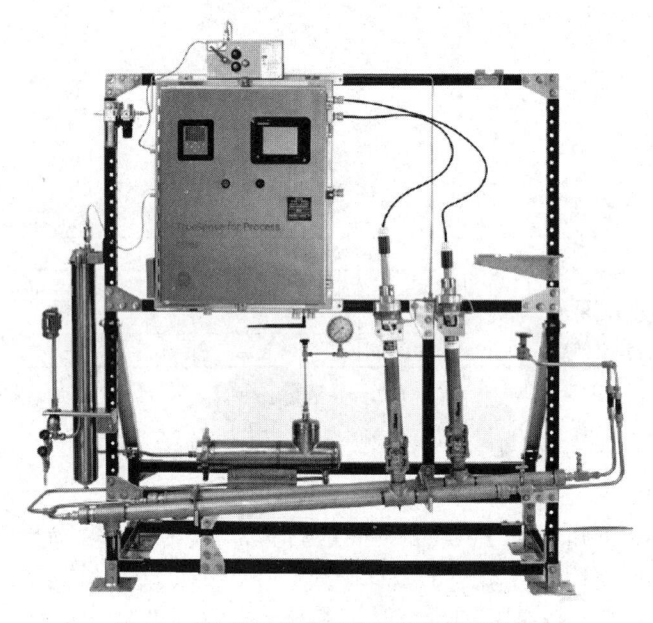

图 10　GE 公司的蒸馏装置塔顶监测系统

6　规划先行

随着调和原油市场的到来,预测潜在的加工问题变得愈发具有挑战性。加工机会原油之前,安装化学剂注入系统能够加强针对风险的快速响应能力,脱盐装置化学剂注入位置见图 11。基于原油性质,与化学剂供应商合作提前建立预测模型,能够对加工所面临的挑战做出快速响应。化学剂自动进料系统如 GE 公司的蒸馏装置塔顶监测系统,针对 pH 值变化能够连续调整化学剂用量,有助于改善加工效率和装置可靠性。加工机会原油时,采用综合型炼厂操作理念,包括原油处理、烃和工艺水处理以及废水处理,能够增强全厂的可靠性和盈利能力。

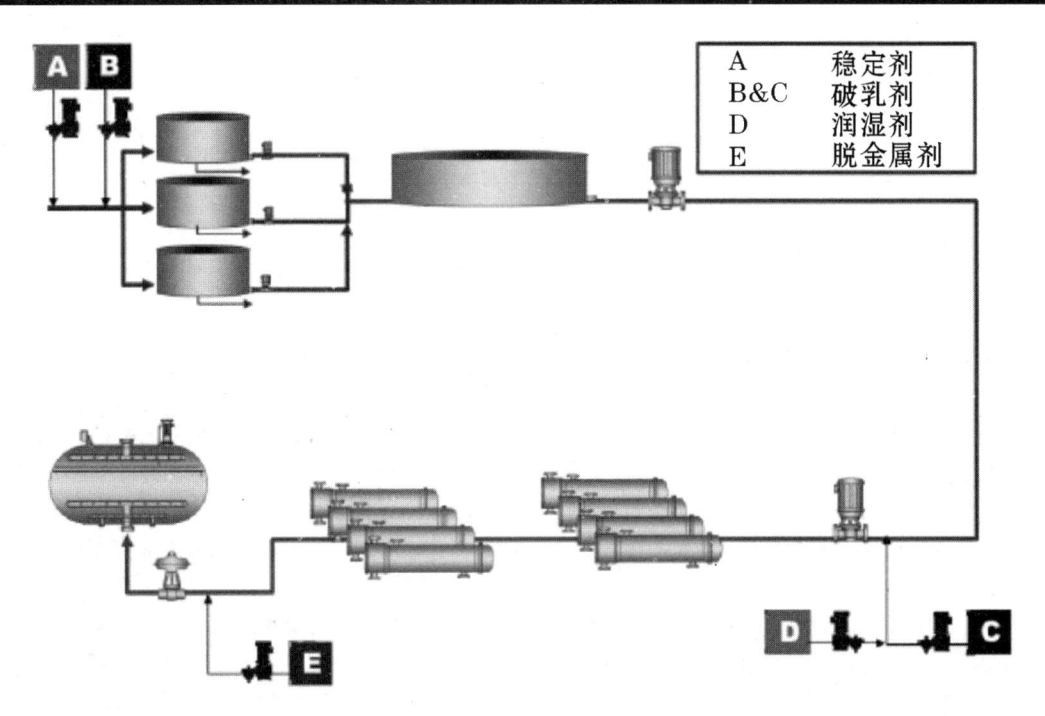

图 11　化学剂典型注入位置

（除了一些例外情况，破乳剂、润湿剂和脱金属剂可注入洗涤水中。在操作前应与化学剂供应商进行讨论）

参 考 文 献

[1] AFPM / Refining 101.
[2] "The effect of cationic salt addition on the settling and dewatering properties of an industrial activated sludge" John T. Novak, Nancy G. Love, Michelle L. Smith, Elliott R. Wheeler, Water Environmental Research, Volume 70, Number 5. July/August 1998.

AM—14—53

美国炼厂的投资能否成功

Samuel Davis (Wood Mackenzie, USA)
于建宁　张　博　译校

摘　要　数十年来在原油深度处理能力上的投资使美国成为世界上最复杂的炼油市场。以往的这些投资主要集中在精制及加氢装置，以用于处理重质原油和高硫原油（价值低于低硫轻质原油）。

然而，近期美国致密油的开采和发展导致了炼厂投资策略的转变，其投资开始倾向于增加原油铁路运输能力，提升原油蒸馏处理能力和轻烃加工处理能力，借此消化国内低硫轻质原油的增长。

新的格局下，由于炼厂要应对原料的改变，提出了一个关于炼厂盈利能力的问题：继续投资原油深度处理装置能否盈利。

炼油企业增加原油铁路运输能力，提升原油蒸馏处理能力，抑或是提升轻烃加工处理能力，都是为了消化国内低硫轻质原油产量的过快增长。以上这些措施将提升企业的盈利能力。

1　投资近况

图 1 显示了美国主要焦化项目的近期完成情况。2007—2008 年确定的投资项目正处于炼油行业"黄金时代"的尾声。自 2004 年开始，由于全球需求的增长和炼油能力的不足，美国炼油行业利润持续增长。与此同时，加拿大油砂的快速发展也刺激了希望加工油砂的炼油企业增加重质油处理能力。

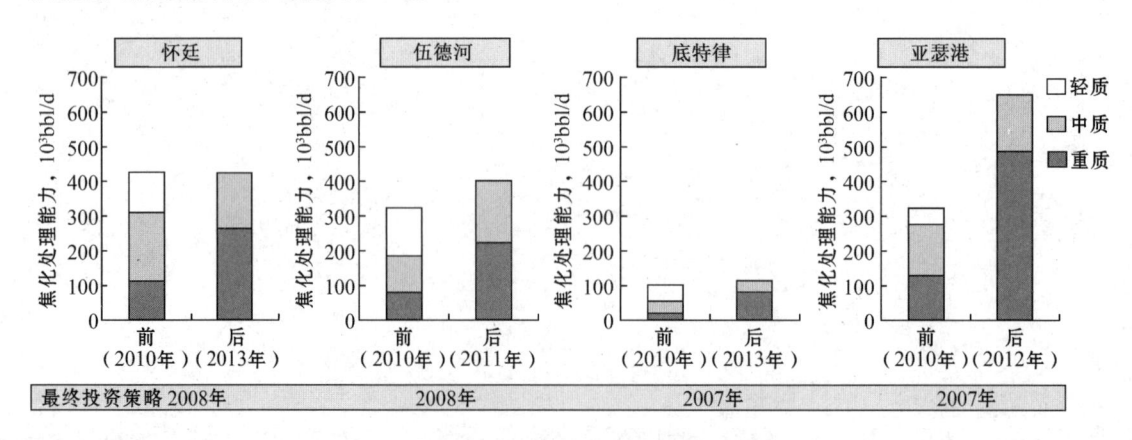

图 1　2011—2013 年美国焦化处理能力增量
（来源：Wood Mackenzie）

拥有重质油处理能力的炼厂能获得更高利润的事实使人们意识到，炼厂处理能力的多样性决定了炼厂的盈利能力。图 1 显示，自 2011 年以来，4 家主要炼厂增加的重质油处理能力已超过 700×10^3 bbl/d。

2 未来投资计划

致密油革命改变了炼油行业的规则。随着 Bakken，Eagle Ford 和 Permian 盆地区块低硫轻质原油产量的不断增长，美国炼厂开始越来越多地加工这些"物美价廉"的原油。

对炼厂投资的研究显示投资方向发生了显著变化。传统上，由于轻质原油价格高于重质原油，炼厂注重增加重质原油处理能力。但是，在以上转变中我们发现，投资正由扩张焦化处理能力转移至增加低硫轻质原油处理能力和加氢裂化处理能力以提升馏分油的出口。

Wood Mackenzie 分析认为，至 2018 年，炼厂蒸馏处理能力将增加 350×10^3 bbl/d，这将包括原油蒸馏塔的改造、新型塔顶和冷凝分流装置，以及新增的 150×10^3 bbl/d 加氢裂化处理能力（图 2）。另外，我们认为在这个时期内不会有新的焦化项目投入运行。

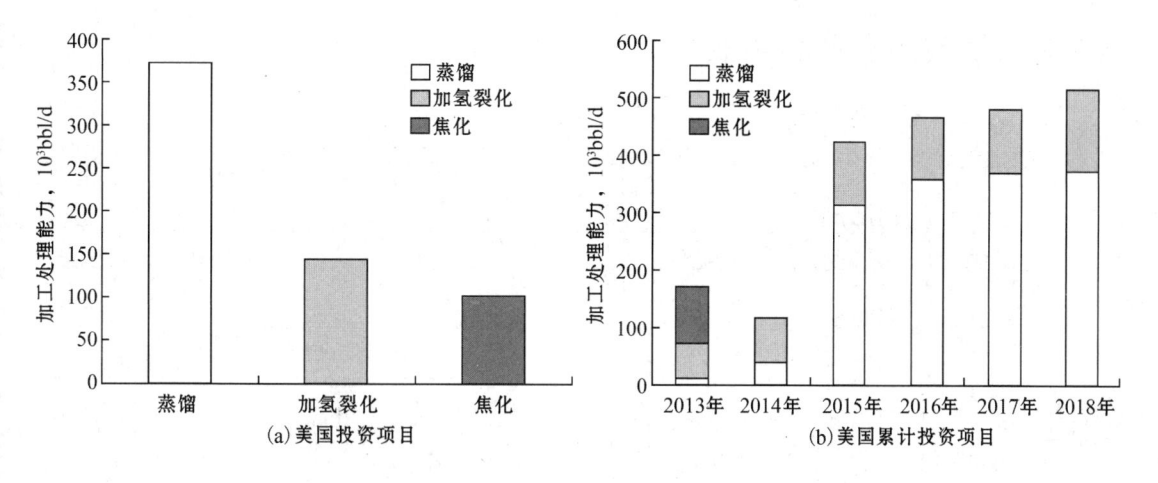

图 2　2013—2018 年美国炼厂投资项目
（来源：Wood Mackenzie）

3 投资趋势的驱动力

图 3 显示了 Eagle Ford 和 Bakken 区块原油与其他原油馏分组成的对比。从左至右，石脑油和轻馏分油在不同原油中的含量逐渐减少，Eagle Ford 区块原油中石脑油和轻馏分油接近 50%，是布伦特原油的 2 倍；而且 Bakken 区块原油石脑油和轻馏分油含量也高居第 2 名。因此，美国各大炼厂正不断用国内致密油（如 Eagle Ford 区块原油）替代布伦特原油，其石脑油和液化石油气产量不断攀升。

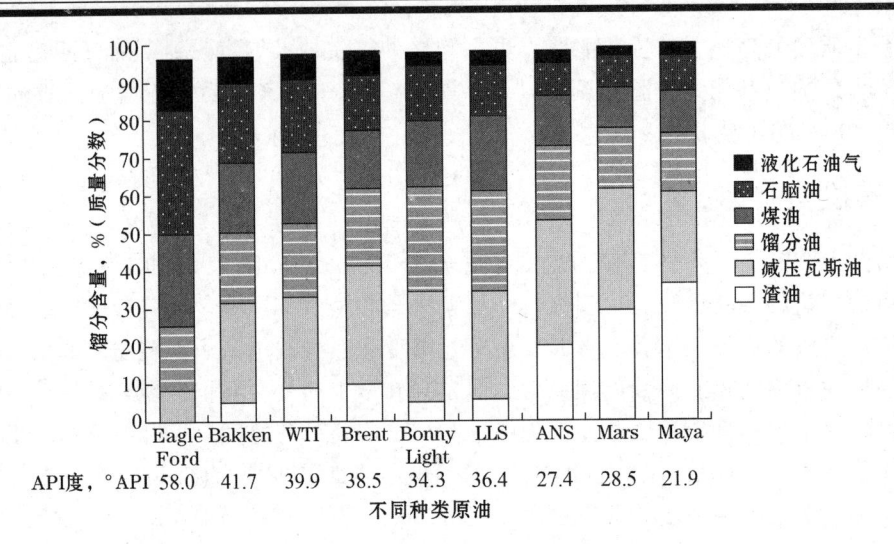

图 3 致密油与其他原油馏分组成的对比
（来源：Wood Mackenzie）

4 炼厂面临的机遇和挑战

图 4 为美国墨西哥湾沿岸炼厂示意图。由于低硫轻质原油处理量的增长，炼厂面临的机遇和挑战也逐步显现。首先面临的挑战是原油蒸馏装置，因为大多数炼厂的原油蒸馏装置已

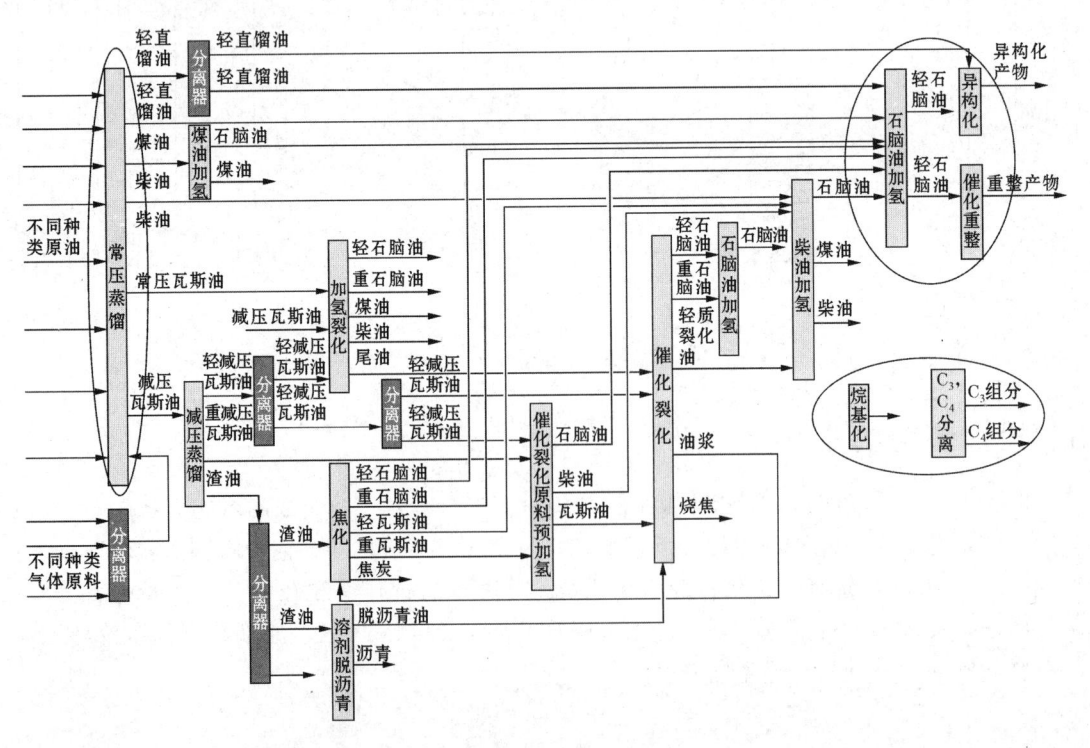

图 4 美国墨西哥湾岸区炼厂示意图

处于满负荷运转，同时一些项目报告显示，蒸馏装置的盈利前景正刺激炼厂为扩张原油处理能力而进一步投资。

正如图3所示，Eagle Ford 区块原油富含大量石脑油，而这也意味着石脑油加氢处理装置可能会超负荷运转，尤其是对于那些没有 C_5/C_6 异构化装置的炼厂而言，这种情况将尤为严重。然而对于有异构化装置的炼厂，它们也无法处理如此大量的石脑油原料。

随着石脑油加氢装置大量投入运行，催化重整装置利用率也将提升。由于汽油需求量减少，重整装置处理能力并未完全发挥，因此不需要继续投资重整装置，提升装置的利用率是炼厂更好的选择。

考虑到异丁烷及烷基化产物的前景，炼厂可以考虑投资烷基化装置。

由于低硫轻质原油经过气体饱和装置后可以获得更多的甲烷和乙烷气体，气体加工成为炼厂要面临的另一个问题。因为这些气体处理装置的设计处理量无法满足当前要求，所以大量气体处理装置处于超负荷运转状态。

5 结论

美国炼油工业正面临资本投资的转变，即从重质油处理转向增加轻质油处理能力，这一改变很大程度上是由美国国内致密油的开发引起的。

炼油企业增加原油铁路运输能力，提升原油蒸馏处理能力，抑或是提升轻烃加工处理能力都是为了消化国内低硫轻质原油产量的过快增长。以上这些措施将提升企业的盈利能力。

致密油气开发及原油供应

AM-14-12

欧佩克原油能否战胜美国致密油

Ann-Louise Hittle （Wood Mackenzie，USA）
李振宇　张　博　译校

摘　要　到 2020 年为止，美国致密油的开发将推进非欧佩克原油供给量的增长。我们预测新增的美国致密油产能是可以被吸收的，不会打破全球原油供需平衡。未来 10 年，中东及其他地区的政治风险将削弱欧佩克原油供给的稳定性，这为美国致密油提供了增长空间，并且不会造成油价下跌。

在一系列重大事件（如 2012 年通过的对伊朗原油出口的制裁）之后，美国致密油供给的增长稳定了布伦特原油价格，防止了价格飞涨。自美国致密油产量爆发性增长以来，布伦特原油成交价格一直保持在小范围内波动。致密油爆发性增长对美国相关所有产业造成了根本性的改变，并且在中东地区部分重要产油国发生政治动乱时为全球原油供给提供了缓冲。

鉴于一些欧佩克国家（如利比亚和伊朗）原油供给量的下降，欧佩克很难通过增加足够的原油产量来降低油价，进而削弱美国原油产能的爆发性增长。但是原油价格的下降可能是没有意义的，因为原油需求量降低或产量增长引发的价格下跌对美国致密油爆发性增长产生的伤害小于预期。

在这种情况下，全球油价大幅下跌的持续时间有限。Wood Mackenzie 对美国致密油的收支平衡分析显示，其成本为 45～120 美元/bbl。如果布伦特原油价格跌至 80 美元/bbl 以下，那么在未来 6～12 个月，约 40% 美国致密油产能将面临关停的危险。

1　美国致密油的开发将推进非欧佩克原油产量的增长

2020 年之前，美国一直是推进非欧佩克原油产量增长最大的贡献者。图 1 显示了预计到 2020 年非欧佩克原油产量的变化，我们将每年产量的变化量分为国家美国致密油、加拿大油砂和其他非欧佩克原油 3 部分。图 1 明确地显示了致密油过去及将来对非欧佩克国家原油供给量的影响。

根据已有历史数据，在 2011 年和 2012 年，美国致密油和加拿大油砂是非欧佩克原油产量增长的主要来源，同时也填补了全球原油供给量的损失。2013 年，美国致密油和加拿大油砂为非欧佩克原油产量贡献了 2/3 的增量，并且今后它们贡献的比重将保持在 35%～60%。

其他地区非欧佩克国家的产量也将增加，包括俄罗斯、巴西的盐下地层开发以及哈萨克斯坦的 Kashagan 项目。澳大利亚的液化天然气（LNG）项目将在 2020 年获得突破。在此，天然气凝析液（NGL）也被计入非欧佩克原油的产量。

2013 年，美国原油产量创纪录地增加了 1.1×10^6 bbl/d，达到 10×10^6 bbl/d，其中包括 NGL 产品的产量。上述计算方法也用于预测了 2014 年和 2015 年的原油产量。图 2 是我们预测的每季度美国液态油气产品产量。2013年的增长主要来源于Eagle Ford和Bakken致密油区块以及西得克萨斯州Permian盆地的开发；2013年下半年，墨西哥湾的气体厂NGL产量及该地区NGL的出口量都有所增长；截至2013年12月，全美液态油气产品的总产量超过10.5×10^6 bbl/d，达到25年来的最高点。

由致密油推进的美国原油产量的强劲增长将一直持续至2020年。2013年，美国致密油产量由85×10^4 bbl/d上升至2.6×10^6 bbl/d，预计短期内产量还将增长$(65\sim70)\times10^4$ bbl/d。到2020年，美国致密油产量将翻倍，达到5.3×10^6 bbl/d，其中Eagle Ford和

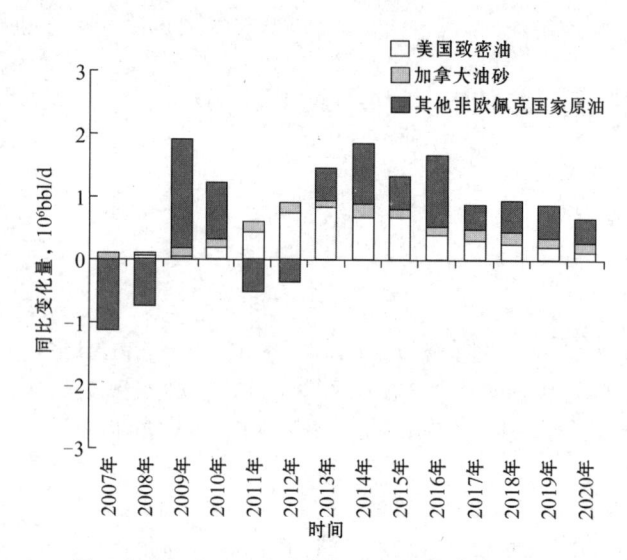

图1 预计到2020年非欧佩克原油产量同比变化
（来源：Wood Mackenzie）

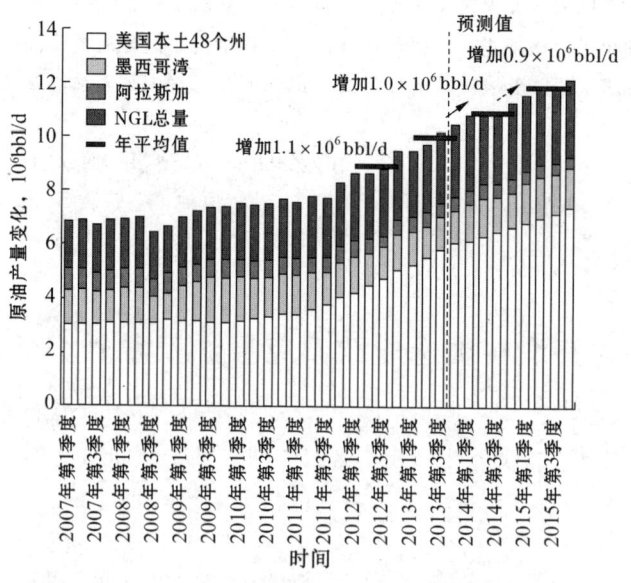

图2 美国致密油对液态油气产品增量的贡献
（来源：Wood Mackenzie）

Bakken区块将是增长的最大来源，到2020年这两个区块的产量都将超过1.5×10^6 bbl/d。

2 到2020年欧佩克原油的主要增长将来自伊拉克

预计到2020年，非欧佩克原油产量增量将超越欧佩克。此外，欧佩克原油的主要增长将来自于伊拉克，但伊拉克原油产量的增长已落后于预期。图3显示了2013—2020年欧佩

克产油国原油产量的变化。

2013—2020年,伊拉克产油潜力的爆发将引发欧佩克产油国为维护市场份额的竞争。为了获得更高的原油收益,其他产油国将伊拉克原油产量的增长视为对其在全球市场利益的威胁,并且在全球原油需求增长疲软的情况下,这种威胁将更加明显。

由于当前伊拉克原油增产遇到诸多问题,上文所述情况发生的可能性正在下降。图4是在2013年第4季度最新预测的伊拉克到2020年的原油产量与在2012年第4季度预测值的对比。2020年伊拉克原油产量将达到5.2×10^6 bbl/d,而之前的预测值为6.0×10^6 bbl/d。尽管伊拉克原油产量存在巨大的潜力,但是在2013年只有小幅度增长,稳定在3.0×10^6 bbl/d。伊拉克2013年原油产量增长乏力的主要原因如下:

(1) 过去1年库尔德人与巴格达政府的不和使库尔德地区原油输出管道被关闭。

(2) 我们预测主要原油产量增长在伊拉克南部,但是该地区薄弱的基础设施使油田无法满负荷开采。

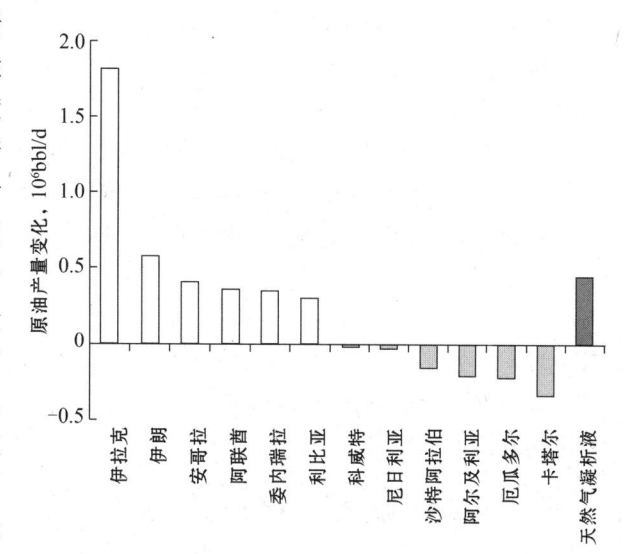

图3 2013—2020年欧佩克产油国原油产量的变化
(来源:Wood Mackenzie)

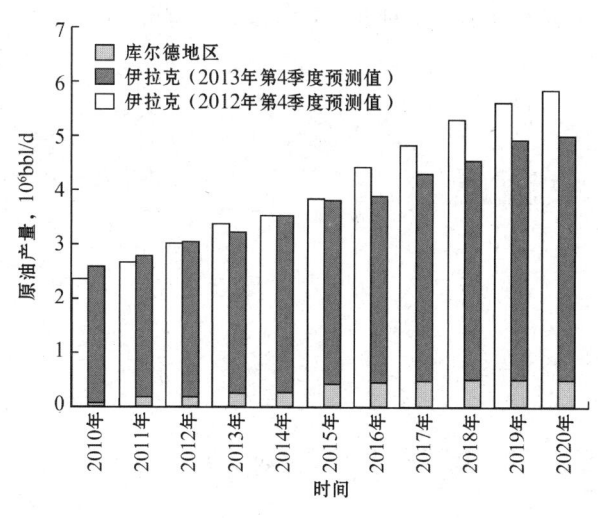

图4 2013年第4季度对伊拉克原油产量的预测与2012年第4季度预测的对比
(来源:Wood Mackenzie)

虽然伊拉克的海岸装卸设备得到了明显的提升,但是新的单点式泊船系统由于缺少输送设备和岸上储存设施而运转低效。这需要持续对相关设施进行更新和扩建,以便将更多的原油输送至海岸用于出口,基础设施对伊拉克原油出口的掣肘将至少持续至2017年。

库尔德地区传出了潜在的利好消息。一条连接至土耳其边境的输送能力为30×10^4 bbl/d的原油输送管道已经交付完成,这条管道输送的原油将暂时储存在土耳其Ceyhan,直到土耳其获得巴格达政府的许可。这将是库尔德地区在不经过巴格达政府允许、独立建造输油管道问题上迈出的一大步,但是由于库尔德地区基础设施薄弱,管道于2014年晚些时候才开工运行。

除了面临伊拉克原油产量增量减少的危险外，多个欧佩克国家原油产量也不稳定，部分时候一些欧佩克国家，如沙特阿拉伯，需要增加产量来填补其他欧佩克国家原油产量的损失。在2013年秋，沙特阿拉伯将原油产量提高至 10×10^6 bbl/d 以帮助弥补利比亚原油产量的损失。

（1）近年来，尼日利亚频繁发生的盗油行为及其所造成的基础设施破坏已经严重地影响了尼日利亚的原油产量，产量仅为 2.0×10^6 bbl/d，而其潜在产量应达到 2.3×10^6 bbl/d，并且这种情况将继续持续下去。

（2）我们认为对伊朗原油出口的制裁将持续至2015年，其出口量被限制在 2.7×10^6 bbl/d。如果终止伊朗铀浓缩的谈判获得成功，制裁将会终止，其原油出口量将逐渐回升至 3.4×10^6 bbl/d。相反，如果谈判破裂，制裁将持续至2015年，这可能导致伊朗原油出口量的进一步下降。

（3）由于国内的军事冲突和劳资纠纷，利比亚前景迷茫。2014年2月，利比亚的原油出口量为 40×10^4 bbl/d，同比减少 1.0×10^6 bbl/d。利比亚的混乱局势将持续下去，这是因为不同派别都希望能够在2014年宪法制定过程中扩大自身的影响力，同时劳资纠纷将影响到利比亚对西方国家的原油出口。

3 原油供应短缺将力挺油价

美国原油产品（致密油）的成功开发意味着到2020年，全球原油供给量增量（包含所有种类来源）将超过原油需求量增量。我们预测从2013年至2020年世界原油需求将稳步增长，需求累计增长 9.0×10^6 bbl/d，同时原油产量增长 11.5×10^6 bbl/d。原油需求增量是以世界经济稳步增长为基础进行预测的，其中2014年和2015年全球GDP增量分别为2.7%和2.9%。对欧佩克原油产量的预测是基于动荡国家（如利比亚）逐步恢复政治稳定以及对伊朗的制裁将于2015年解除的条件下做出的。

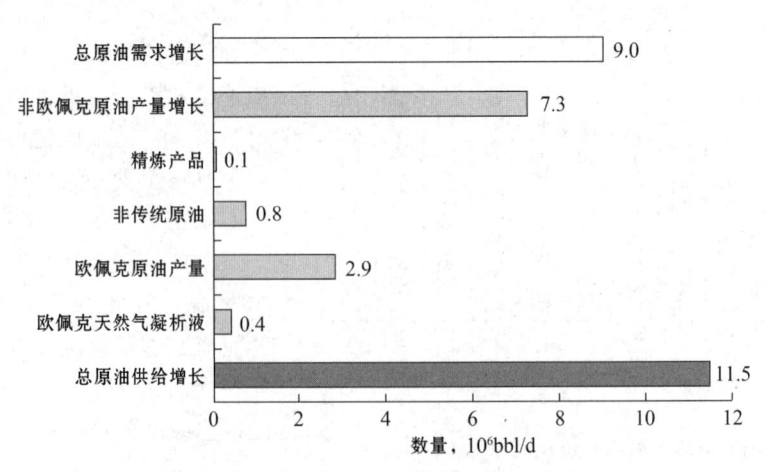

类别	数量
总原油需求增长	9.0
非欧佩克原油产量增长	7.3
精炼产品	0.1
非传统原油	0.8
欧佩克原油产量	2.9
欧佩克天然气凝析液	0.4
总原油供给增长	11.5

数量，10^6 bbl/d

图5 2013—2020年全球原油供给和需求增长
（来源：Wood Mackenzie）

图5为我们预测的全球原油供给和需求的变化，其中原油供给分为非欧佩克（包括

NGL)、精炼产品和非传统原油（包括生物燃料、煤液化产品、液化气和页岩油）。

尽管供应增长和需求增长之间存在不平衡，但是我们认为在这个时期内原油价格不会显著下跌的重要原因是原油供给存在风险。2013年第3季度原油供给中断造成原油市场的紧缩就是一个具体的例子。综合利比亚、伊朗、伊拉克和叙利亚原油产量的损失，2013年9月国际石油市场中中东原油供给量下降多达 $2.8 \times 10^6 \mathrm{bbl/d}$。此外，我们的扩展分析表明，2013年第3季度中东地区以外的产油国供给量下降 $5.0 \times 10^6 \mathrm{bbl/d}$。

图6用气泡的相对大小表示了2013年第3季度原油供给量的减少，减产的原因包括地区不稳定、技术问题、天气问题和维护工作。图中代表伊朗的气泡的大小为 $1.0 \times 10^6 \mathrm{bbl/d}$，最小气泡为 $1.5 \times 10^4 \mathrm{bbl/d}$。虽然一些地区的供给量在2014年2月已经恢复，但是中东、北非和西非地区巨大的缺口仍然没有恢复。

图6 2013年第三季度原油供给缺口
（来源：Wood Mackenzie）

4 低油价将阻击美国致密油

欧佩克希望协调一致提高原油供给量和降低国际油价的努力似乎无法有效控制全球原油供给，并且一些欧佩克成员原油产量可提升空间有限。此外，欧佩克国家为了维持油价，于2008年下半年和2009年早些时候降低了原油产量，油价的继续下跌会伤及欧佩克自身。如果原油需求增长乏力，部分欧佩克产油国将继续降低原油产量以维持油价，进而保证足够的原油收益和政府财政支出。政府的这种需要在"阿拉伯之春"后变得更为迫切。

低油价给美国致密油带来的压力可能来自于原油需求增长的疲软和原油供给的暴增（如解除对伊朗的制裁）所产生的副作用。在这种情况下，原油供给的暴增将超过市场承受能力，进而导致欧佩克和非欧佩克产油国为争夺市场份额而激烈竞争。此时将无人顾及欧佩克为限制美国致密油发展所主导的价格控制方案。

图7显示了布伦特原油价格对美国致密油增长的影响。图中Wood Mackenzie分析了美国致密油开发前景及其与布伦特原油价格的对比。盈亏平衡的价格模型的内部收益率取10%，这是根据当前致密油发展规划和经济运行中的规律确定的。

当布伦特原油价格低至80美元/bbl时，将会对40%美国致密油产能造成影响。对于新

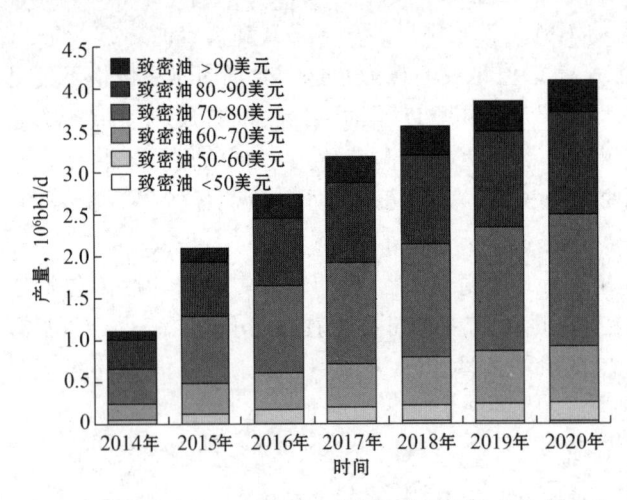

图7 美国致密油开发前景及其与布伦特原油价格的对比
（来源：Wood Mackenzie）

的油气开发项目，从最终决定投资到产品产出之间存在很长的时间周期，并且项目一旦开始就很难终止。但是对于美国致密油的开发而言，其运行则更为灵活。开发致密油的钻井工作要进行 6～12 个月，并且作业面的上下调整也比较简单，可以迅速对生产进行调整。

美国致密油增长的放缓有利于稳固原油市场供需平衡，并会使油价回升。美国致密油在非欧佩克原油产量增长中扮演了非常重要的角色，它帮助建立了一个原油价格平台并且快速地产生效果。

5 结论

从全球原油市场供应的角度看，致密油给油价造成的压力在很大程度上防止了布伦特原油价格的快速上涨。自美国致密油爆发性增长以来，WTI 原油价格面临下降的压力，但是布伦特原油价格还未跌破 100 美元/bbl。根据预测，我们仍然认为美国致密油爆发性增长不会引发国际油价的明显下跌，但是从现在至 2020 年，仍然存在风险和不确定性可能使油价大幅下跌。根据我们对致密油价格的盈亏平衡分析，原油价格的大幅下跌将只会持续较短时间。

AM-14-42

原油质量变化及对美国炼厂生产的影响

John Mayes（Turner，Mason & Company，USA）
李雪静 乔 明 译校

摘 要 未来几年，北美地区的原油供应将形成"哑铃形"结构，大量新增原油产量来自美国的轻质原油和加拿大的重质原油，中质原油产量下降。随着国内轻质原油产量上升以及从加拿大进口的重质原油量进一步增长，美国进口的轻质原油和中质原油将减少到结构性进口水平。美国炼厂面临着加工原油类型变化与炼厂现有装置结构不匹配和炼厂产品结构变化与市场需求不匹配的双重挑战。

近年来没有其他特殊的事件能像页岩革命那样对炼厂原料的质量产生如此重要的影响。不仅是由于页岩油（如 Eagle Ford 和 Bakken）通常较其他美国国内外轻质原油更轻，而且页岩油绝对产量的增加也将推动其取代更多的重质原油。这种更轻的原油结构将对炼油企业产生巨大的挑战，并引起产品收率的变化。由于这些变化以及与此相关的天然气凝析液的生产，如果保持当前的炼厂开工率，10 年内美国有可能会从 2005 年时世界上最大的液体产品进口国转变为世界上最大的液体产品出口国。

1 历史回顾

美国原油产量的最高水平出现在 1970 年 11 月，超过了 10.0×10^6 bbl/d，之后原油产量连续下降了 38 年，在 2008 年触底至 5.0×10^6 bbl/d，之后产量回升到 8.0×10^6 bbl/d（图 1）。从 2008 年之后增长的 3.0×10^6 bbl/d 原油都是轻质原油（API 度≥31.0°API）。Eagle Ford 油田产量增长最大，主要的两种原油是 45°API 的 Eagle Ford 原油和 56°API 的冷凝液，比其他国内轻质原油和大多数外国轻质原油轻得多，甚至 Bakken 原油（约 41°API）都比传统的轻质原油（如 39°API 的 WTI 原油和 36°API 的 LLS 原油[1]）更轻。

由于产自加利福尼亚的原油（通常比美国总体原油重得多）产量已经持续下降，这也加剧了美国原油变轻这一趋势，因此，美国原油总体上来说变得更轻和低硫。美国原油 API 度在 2002 年接近近期低点，达到略低于 32°API 的水平，2013 年美国平均原油 API 度约为 36°API，相反，平均硫含量在 2003 年达到顶峰 1.1%，2013 年降至 0.7%以下（图 2）。这些趋势预计还将持续到 2020 年。

由于一系列的物流和加工方面的制约，新的页岩区块的开发已经放缓。最初，最大的挑战是将原油运出产油区到最近的炼厂，随着新管线的建成、油轮和驳船运输的扩能以及铁路

---

[1] LLS 原油是指路易斯安那低硫原油。

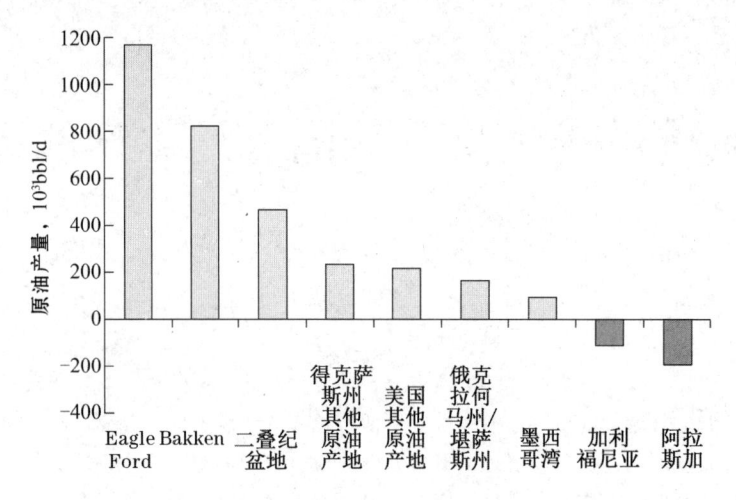

图1 美国原油产量增长情况（2008—2013年12月）
（来源：美国能源信息署）

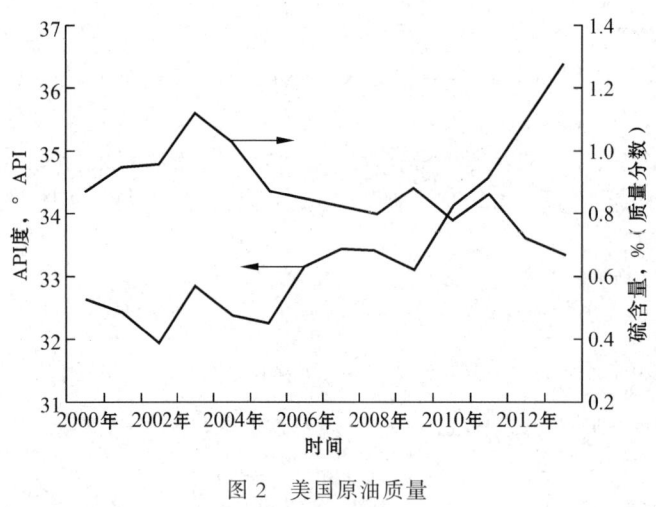

图2 美国原油质量
（来源：美国能源信息署）

运输（甚至必要时采用卡车）的恢复，这个问题已经解决。然而，随着原油产量的持续上升，将原油运往更远的炼厂成为必需，对管道的依赖也在上升。产量不断增长的Bakken原油开始与向南运输的加拿大原油争夺管道空间，因而产生了多个瓶颈。最大的拥堵点在库欣，这也是二叠纪盆地原油的主要中转站。由于缺乏足够的管道输出能力，导致加拿大原油、Bakken原油和二叠纪盆地原油价格异常偏低。

这个问题的解决始于2012年5月启动的Seaway管道反输项目。项目Ⅰ期能力为$15×10^4$ bbl/d，从2013年1月起始的Ⅱ期能力增加到$40×10^4$ bbl/d。Keystone管道在2014年初增加了$70×10^4$ bbl/d的能力，2014年下半年Seaway管道Ⅲ期又将增加$45×10^4$ bbl/d的能力。这些管线解决了（至少暂时解决了）库欣的拥堵，但将此瓶颈又转移到了休斯敦。

到2012年，休斯敦地区的炼厂接收到的来自库欣的轻质原油增加了，同时来自南得克萨斯州的Eagle Ford原油也迅速增长。当库欣瓶颈在2013年转移到休斯敦时，定价异常偏低现象有所缓解，但并没有结束，因为无法将这些原油运往路易斯安那州的炼厂。随着2014年初从休斯敦到霍马的壳牌公司的$30×10^4$ bbl/d管道的启动，这个问题也得到了解决。这些管道和其他新管道的出现形成了一个近乎完全整合的美国墨西哥湾沿岸炼油体系，所有主要的原油品种实现了相互间的连接。墨西哥湾沿岸管道能力的扩张又将原油产量增长的瓶颈转移到了整个美国炼油体系。

2 产量预测和炼厂原油结构变化

Turner，Mason & Company（TM&C）最近发布了2013—2022年北美地区原油和凝析油前景展望，该分析报告详细论证了2022年产量高增长情景下（$12.0×10^6$ bbl/d）和低增长情景下（$9.50×10^6$ bbl/d）的增长率及其对美国炼油行业的影响。最近几个月的实际增长已接近高增长情景。假设在两种情景下2022年加拿大的原油生产水平都是$5.5×10^6$ bbl/d。

未来几年，大量新增原油产量来自美国的轻质原油和加拿大的重质原油。几个富产的油田（Eagle Ford、Bakken、二叠纪盆地和墨西哥湾）在过去的5年中将美国的原油产量提高了60%，未来10年产量将继续上升，Niobrara、Utica和Monterey等新油田也在出现。

除了墨西哥湾和蒙特利，所有这些地区都主要生产轻质原油。Mars是来自墨西哥湾的占主导地位的原油，是一种中质原油（约30°API），而蒙特利生产大量重质原油，由于其复杂的地质结构和加利福尼亚严格的监管环境，蒙特利的发展困难重重。由于这些原因，TM&C认为只有在高增长情景下蒙特利原油产量才能增长，低增长情景下加利福尼亚原油产量将连续下降。从图3中可以看出，北美地区正在形成一种"哑铃形"的原油结构，轻质原油、重质原油产量不断增加，而中质原油产量下降。

到目前为止，美国轻质原油产量的增加在很大程度上逼退了国外（本文指美国国外，下同）轻质原油的进口增长。这一过程首先在PADD Ⅱ地区出现，进口轻质原油从2009年初的大约$20×10^4$ bbl/d下降到2013年的大约$3×10^4$ bbl/d。类似的趋势也出现在PADD Ⅲ地区，轻质低硫原油进口量从2010年的$1.2×10^6$ bbl/d下降到2013年的大约$23×10^4$ bbl/d。这个趋势将持续到所有的国外轻质原油从PADDs Ⅰ—Ⅲ地区完全退出，TM&C估计时间在2015年。

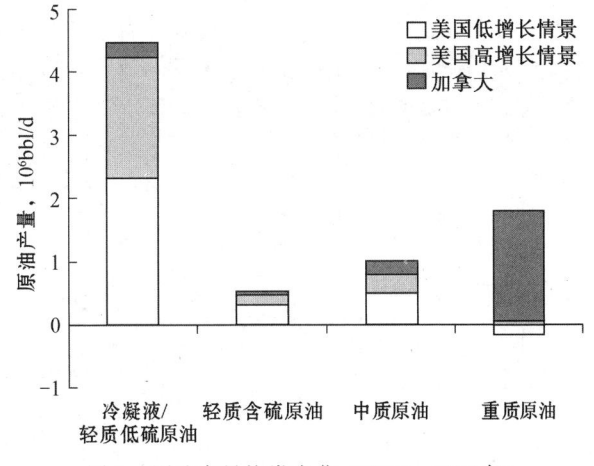

图3 原油产量按类变化（2012—2022年）

随着国内（本文指美国国内，下同）原油产量继续上升，不断增加的轻质原油将开始取代进口的中质原油，不断增加的加拿大重质原油也将与轻质原油一起加工，类似于加工中质原油。TM&C估计到2017年左右，进口的轻质原油和中质原油将减少到结构性进口水平，从那之后，原油出口或提高炼厂加工量将成为必需。由于部分美国炼厂存在外资所有权和一些加工需求，名义上的一些结构性进口仍将存在。原油类别的替换将通过国内原油定价的稳步下降而实现。当一种价格水平的国外原油退出美国市场后，国内原油价格将进一步下跌给更低价格的进口原油施加压力。

虽然API度是一种评估原油总体质量较方便的指标，但炼油企业更关注原油蒸馏，因为这决定了装置和设备的加工负荷，也是炼厂关注的一个日益突出的问题。虽然国外轻质原油（如Bonny轻质原油）在美国原油产量增长的第1阶段就被取代，但由于国内原油的轻质组分（C_1—C_4）和石脑油收率显著增加，这个过渡并不容易。常压塔的限制和气体回收装置的能力，甚至重整和异构化装置的限制都可能影响国内原油的加工份额。Eagle Ford 原油的轻组分量是 Bonny 轻质原油的近 3 倍，石脑油量是 Bonny 轻质原油的 2 倍，而 Eagle Ford 冷凝液的轻组分量是 Bonny 轻质原油的 5 倍，石脑油量是 Bonny 轻质原油的近 3 倍（表 1）。

表 1 美国国内外原油质量

性质		Bakken	Eagle Ford	Eagle Ford 冷凝液	Bonny 轻质原油	Arab 轻质原油
API 度,°API		41	45	56	34	31
硫含量,%（质量分数）		0.20	0.20	0.15	0.24	2.6
馏分收率 %（体积分数）	轻组分（C_1—C_4）	3.5	3.8	6.6	1.3	2.3
	石脑油	35.7	40.1	56.7	20.3	17.6
	中馏分油	30.9	29.7	28.6	45.5	31.4
	瓦斯油	24.8	21.2	7.6	27.4	27.9
	减压渣油	5.2	5.2	0.5	5.4	20.8

增加的轻组分和石脑油给炼厂加工带来挑战，而产品收率的变化也导致一些营销问题，馏分油收率可能下降近 40%，瓦斯油收率下降 20%~70%。当美国汽油需求下降而馏分油需求继续上升时，增加汽油产量和降低馏分油收率与市场趋势相背离。随着轻质原油产量的增加，外国中质原油进口量减少了，加工问题和产品收率的变化问题更难解决。

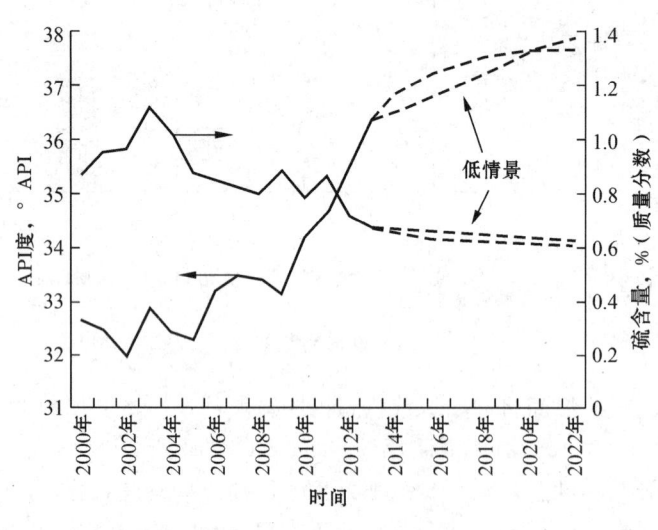

似乎上述这些因素的挑战性还不够，炼油商还必须应对加拿大重质原油质量变化的问题，当前的重质原油（如西加拿大精选原油）是油砂沥青和大量常规原油（轻质原油、中质原油和重质原油）及稀释剂的混合原油。稀释剂通常是当地产的冷凝液或从美国进口的轻质原油，因为油砂沥青产量预计增长速度远远超过常规原油，未来西加拿大精选原油将含有更高浓度的非常重的油砂沥青和非常轻的稀释剂以及少量的常规原油（提供大部分中馏分油和瓦斯油）。实际上，不只是北美地区的原油生产呈哑铃形结构，加拿大重质原油也呈现出同样的结构。

图 4 美国原油质量预测
（来源：美国能源信息署和 TM&C）

由于轻质原油的生产速度不断加快，直到 2022 年美国原油的平均 API 度将持续攀升，硫含量也将继续小幅下降（图 4）。

随着国外重质原油被国内轻质原油所替代,美国炼厂加工原油的平均 API 度也将在短期内上升(图 5)。在高增长情景下,假设 2017 年开始不定比例地出口非常轻的原油和冷凝液,届时炼厂加工原油平均 API 度将达到峰值,之后到 2022 年炼厂加工的原油将逐渐变重。在低增长情景下,原油不必出口,其结果是原油结构到 2022 年一直变轻。早在前 10 年,由于增加的焦化能力和加拿大重质原油进口量,美国原油平均 API 度就开始下降,原油 API 度于 2004 年达到低点(30.2°API),但到 2017 年预计将上升到 32.5°API(高增长情景)。

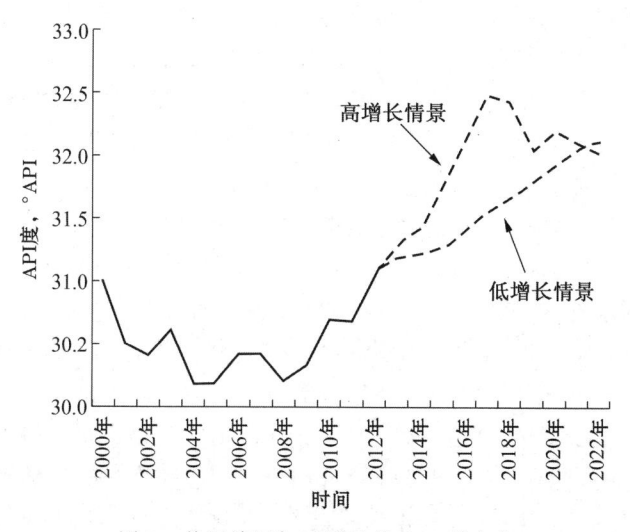

图 5 美国炼厂加工原油的 API 度变化
(来源:美国能源信息署和 TM&C)

3 炼厂问题和产品出口

在美国原油生产显然沿着给炼厂原油加工带来更多挑战的方向发展,这种转变带来的问题是可以解决的,但可能成本昂贵。近年来,炼厂的盈利能力直接与他们能否获得美国页岩原油和加拿大原油有关,价格因素将延续这一趋势,并确保炼油企业有动力不断增加国内和加拿大原油的加工量。

原油价格折扣需足够大时才能激励炼油企业投资进行基础设施改造项目。众多铁路卸料设施已经建设,码头正在升级,铁路车辆和驳船被购买和特许经营,新增处理能力正被评估,这其中的大部分项目通常包括预闪蒸塔或"拔顶塔"以脱除轻组分和生产类似于炼厂目前处理的物料。已经宣布的一些较大项目的改质成本见表 2。

表 2 改质成本

炼厂	改质成本,百万美元	原油
Valero Houston	220~280	Eagle Ford
Flint Hills Corpus Christi	250	Eagle Ford
Marathon Catlettsburg	145	Utica

由于在许多新原油中含有大量的轻组分，增加蒸馏能力是必要的。Eagle Ford 原油和 Eagle Ford 冷凝液并不非常适合大量在美国或国外炼厂进行处理，虽然一些炼厂正准备投资建设加工这些原油所需的装置设施，由第三方进行冷凝分离也可部分解决问题。Kinder Morgan 公司已经宣布计划在休斯敦建造一套 10×10^4 bbl/d 的设施，2014 年第一季度投产 5×10^4 bbl/d，2015 年第二季度投产剩下的 5×10^4 bbl/d 能力。Magellan 公司正在评估在 Corpus Christi 的一个第三方分离商，该分离商可生产一种轻质物料，以及适合大部分美国或外国炼厂的改质原油塔底油或者生产全范围的中间产品。

原油处理的问题可以通过资本投资来解决，产品收率的转变带来的问题可能会更难解决。由于轻质原油的组成，美国汽油产量预计在接下来的 10 年中将增加 20×10^4 bbl/d 以上，但新增的加氢裂化装置能力和减少乙醇调和量将抵消大部分汽油增量。不幸的是，同期汽油需求预计将下降 1.2×10^6 bbl/d。美国目前的汽油净进口量很少，我们的预测表明，假定保持当前的开工率不变，2023 年美国汽油将过剩 1.10×10^6 bbl/d。

馏分油的变化相比不是很大，美国目前馏分油的净出口略超过 1.0×10^6 bbl/d，预计到 2023 年下降到约 60×10^4 bbl/d。随着出口从目前的大约 15×10^4 bbl/d 上升到 20×10^4 bbl/d，渣油燃料的产量和需求在未来的 10 年中将下降，最困难的市场可能是 C_3 和 C_4。从天然气凝析液分馏塔得到的产品大幅增加将加剧油品分布趋势变化，增加的轻石脑油/天然汽油产量预计将被加拿大和加勒比地区增加的稀释剂需求所吸收。

2013 年，美国的液体产品净出口约 1.3×10^6 bbl/d。因为炼油产品收率和天然气凝析液产量的增加，如果保持目前的炼厂开工率，预计到 2023 年美国的液体产品将过剩近 3.9×10^6 bbl/d，这与 2005 年美国净进口液体产品近 2.5×10^6 bbl/d 的情况形成鲜明对比。为使炼油利润率和开工率保持健康水平，站在全球视角和开发国外产品市场对美国炼油商来说愈加重要。

AM－14－50

加拿大通往沿海的管道建设对美国的影响

Neil Earnest（Muse，Stancil & Co.，USA）
乔 明 曲静波 译校

摘 要 本文采用 Muse 公司开发的原油市场优化模型，分析了加拿大几条主要输油管道项目的建成投产在中长期内对北美地区原油市场的影响。假设主要的管道项目都能按期投运，加拿大西部原油管输到沿海港口后可运抵更远的亚太地区和欧洲市场，届时，加拿大西部原油的市场流向、管输原油的构成和北美地区原油价格等都会受到影响。

1 引言

通往美国的 Keystone XL 管道项目已经被搁置 5 年，而加拿大另外 3 条主要的管道项目正在推进，容量合计约为 2×10^6 bbl/d，能将加拿大西部原油输送到东西沿海，首次为加拿大原油生产商提供了通往全球市场的重要通道。本文探讨和分析了这些潜在的管道项目在中期内对北美地区❶原油市场的影响，着重介绍了对加拿大西部原油生产商和美国墨西哥湾沿岸炼油商的影响因素。另一个关注点是评估加拿大西部原油出售到大西洋更远地区的市场前景。本文以北美地区不断增长的轻质原油（来自致密/页岩区块）为背景，结合 Muse 公司对北美地区致密/页岩油产量的详细预测以及炼油方面的专业见解辅以原油市场优化模型进行分析。分析工具是一套非常详细的北美地区原油分布模型，旨在实现原油生产商的净利润最大化，同时满足管线、铁路、油轮的运力约束条件以及琼斯法案对于船运的相关规定。炼厂的各种约束条件也在模型中设定，因此，模型的分析结果可以定量地反映出不同的供应水平和运输方案对北美地区石油市场的影响。该模型已经应用于几个数十亿美元的管道项目（包括北方门户输油管道），定量计算石油业务的收益。

本文的核心是了解高运量运输管道在北美地区与大西洋船运、太平洋石油市场之间贯通后的影响。最后，还将评估加拿大通往沿海原油管道建成后对原油组成、目标市场及价格走势的影响。

2 主要的管道项目概况

加拿大有众多输油管道项目正在推进，所有管道的设计都是为了将加拿大西部原油资源更好地输送到大西洋、太平洋地区的原油市场，以下是关于这些管道项目的简介。

（1）北方门户输油管道（Northern Gateway）。

---

❶ 本文中的北美地区指加拿大和美国。

最初设计能力为 52.5×10^4 bbl/d，最终达到 85.0×10^4 bbl/d。连接埃德蒙顿地区和不列颠哥伦比亚省的基蒂马特，其港口设施将能供超大型油轮靠泊。该项目目前包括一条通往内陆的凝析油管道，初始能力为 19.3×10^4 bbl/d，计划 2018 年投入运行。2013 年 12 月，联合审查小组附条件批准了该项目的设施申请，下一步加拿大联邦政府将对该项目进行最终审批。

（2）Kinder Morgan 公司跨山管道（Trans Mountain）扩建。

拟新修建的管道基本与原管道平行，连接埃德蒙顿和不列颠哥伦比亚省的温哥华。

新修建管道将使原油管输能力提高 59×10^4 bbl/d，总管输能力达到 89×10^4 bbl/d。现有的 Westridge 港口吞吐能力将扩大到 63×10^4 bbl/d，可停靠阿芙拉型油轮，计划 2017 年投入运行。

Kinder Morgan 公司采用两阶段行政审批流程。2013 年 6 月，加拿大国家能源局（NEB）批准了该项目合同条款（商业收费结构）的申请，之后，Kinder Morgan 公司于 2013 年 12 月提交了设施申请，该申请在国家能源局监督审查的时间预计为 2 年左右。

（3）Enbridge 公司的 9 号管道（Line 9）反输项目。

改造已有的 9 号管道，将原油从安大略省萨尼亚输送到魁北克省蒙特利尔❶，最初输送能力为 30×10^4 bbl/d，主要是轻质原油。2013 年 10 月，召开了讨论该项目最终争议的听证会，加拿大国家能源局将在短期内做出决定。

（4）TransCanada 公司的能源东输管道。

2013 年 8 月，TransCanada 公司宣布已经获得足够的商业支持以开展其能源东输管道项目，该项目包括将一条天然气管道转为输油管道，并在原天然气管道两端铺设新线路。该项目的输油能力为 108×10^4 bbl/d，其中约 90×10^4 bbl/d 是长期承诺运量。该项目还包括在圣劳伦斯河航道及新不伦瑞克省圣约翰修建港口。按照目前计划，输往魁北克省的建设工程将在 2017 年晚期投运，输往圣约翰的建设工程将在 2018 年投运。

3 通往沿海的管道

未来通往沿海港口的输油管道管输能力及加拿大西部原油总供应能力增长的预测见图 1，图中加拿大西部原油供应量增长的数据来自加拿大石油生产商协会在 2013 年 6 月的预测。目前，输送到加拿大沿海市场的加拿大西部原油不足 10%，跨山管道是加拿大石油产品进入西海岸的唯一通道，到 2018 年，假设主要的管道项目都能按期投运，这一比例可提高到 60%。即使这些项目往后延期几年，到 2020 年加拿大西部原油供应量的 50% 仍可通过管道到达沿海市场，其中一部分有可能经铁路运输到加拿大各港口，尤其是在管道建设延期的情况下。重要的是，未来几年加拿大原油将比现在有更多的市场可以选择。

实际上，所有正在或将在北美地区建设的主要输油管道均获得了长期承诺运量的经济支持，每个项目有所不同，但一般情况下管道出资方需要确保 70% 以上的管输能力是被有资

---

❶ 最初的管道是将加拿大西部原油输送到蒙特利尔的一些炼厂。20 世纪 90 年代，该管道将大西洋盆地的原油反输到安大略省的炼厂。目前，从安大略省 Samia 到 Westover 最西部管道的反输计划已经获得加拿大能源局批准。

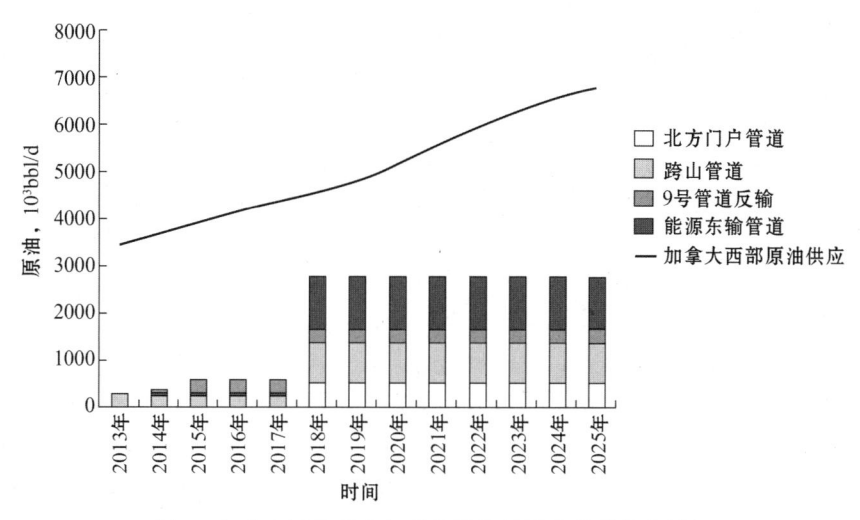

图 1 加拿大原油供应与通往沿海的拟建管道能力展望

质客户占用，并愿意签署 10~20 年的承诺运量合同，项目才可行。一旦管道投运，如果实际运量接近 0，承诺托运方现金成本将增加，因为无论其是否发生运输行为，都须支付其承诺运量的管道费用。在图 2 中，加拿大西部原油供应量的数据与图 1 一致，但管输能力的数据变换为这些项目已公布的承诺运量。可以看出，如果这些管道按期投运，总承诺运量将达到加拿大西部原油供应总量的 50%。尽管如此，原油输送到加拿大港口并不意味着将离开北美市场，这一点将在下文详细讨论。

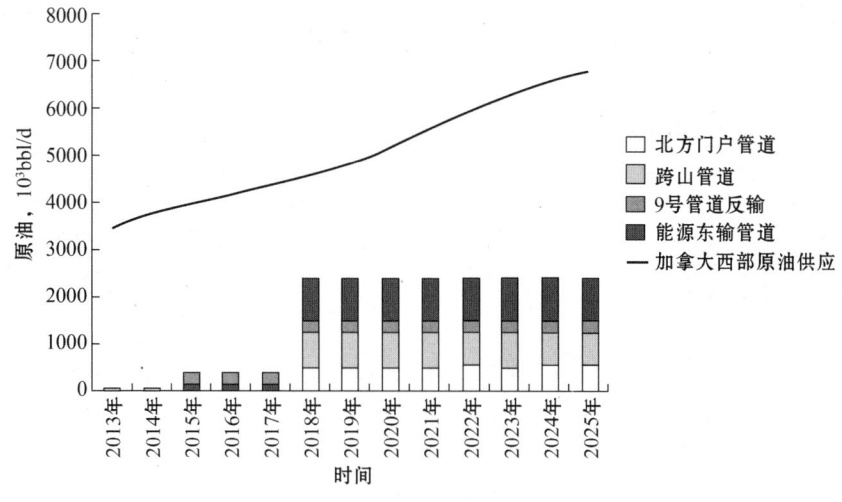

图 2 加拿大原油供应与通往沿海的拟建管道承诺运量展望

表 1 列出了分别从加拿大东西海岸两个港口到世界其他港口的往返航行距离和目前这些航线的世界油轮基准费率。可以预见，从不列颠哥伦比亚省港口到亚洲主要市场的航距比从加拿大东海岸出发要近很多。但对于拥有大量重油加工能力的印度市场，从加拿大东海

岸和西海岸出发的航行距离大致是一样的。实际上，去往印度的最佳港口受油轮大小的影响❶。如果选用苏伊士型油轮，圣约翰距离印度西海岸较近；如果选用超大型油轮，基蒂马特距离印度西海岸较近。

表 1　加拿大东西海岸港口到世界其他港口的往返距离和基准费率

装货港	卸货港	航线	2014年费率，美元/t	往返里程，mile
新不伦瑞克省圣约翰市	费城		5.59	1431
	休斯敦		11.6	4746
	鹿特丹		13.98	6141
	印度贾姆讷格尔	苏伊士运河	32.36	15581
		好望角	44.87	22747
	中国南方	巴拿马运河	46.08	22517
		苏伊士运河	47.08	23294
		好望角	55.39	28161
不列颠哥伦比亚省基蒂马特镇	印度贾姆讷格尔		38.89	19316
	中国南方		22.39	10397
	中国北方		21.26	9751
	韩国		19.35	8936
	日本		18.77	8116
	加利福尼亚①		8.05	2602
	休斯敦	巴拿马运河	26.69	11875
		好望角	59.5	29981

①洛杉矶市和旧金山市的平均值。

4　沿海地区石油市场分析

北美地区原油市场空间巨大且复杂，有众多区域市场和大运量管道，同时还有不断增长的铁路、驳船及油轮运力将原油产地与炼厂连接。因此，预测加拿大西部原油和一些美国内陆原油可能的市场流向难度较大，这就像基于以往的北海原油价格预测北美地区原油价格道理是一样的。

大约10年前，Muse公司开发了原油市场优化模型，是一种定量分析未来北美地区原油市场走向的工具。该模型是一种分布模型，预测原油的市场流向，在此基础上预测北美地区原油价格，因此，该模型适用于评估北美地区原油到达终端市场所需物流基础设施的变化对市场的影响。Muse公司的这套模型可用于多种商业场合，包括对加拿大西部原油价格的详细预测，对加拿大西部原油的潜在客户进行评估，以及开展管道利用研究。

该模型根据当前和未来预测的管道、铁路、驳船运输能力和炼油能力等约束条件，利用

---

❶ 进一步假设大西洋和太平洋航线的运费水平相对于基准费率的世界油轮运价指数相同。

线性编程对加拿大西部和美国生产的原油在加拿大、美国、欧洲、印度和东北亚炼厂之间进行配置，同时实现原油产地（加拿大西部，威利斯顿盆地等）的净回值价格最高❶。该模型将结合从原油产区到达目的地的运输成本，寻找报价最高的炼厂，同时充分考虑管道和铁路的限定运力（以及炼厂的加工能力）。实际上，模型力图反映在有效的原油市场运转下的原油配置情况。

模型输入变量有：（1）加拿大、阿拉斯加和美国的原油供应量，按照不同种类输入（重质含硫原油、低硫合成原油等）；（2）每条管道、铁路和船运路线的运输能力（必要时分段计算）；（3）管道承诺运量（如适用）；（4）管输费用/费率和其他运输成本（例如，油罐车、驳船和铁路运输成本）；（5）每座炼厂的原油加工能力以及炼厂限制条件；（6）不同原油在每座炼厂的炼制价值，用原油加工量函数表示。输入所有变量后，利用线性编程方法得到最佳结果，在此以原油净回值价格表示，同时满足该方案的所有限制条件。

优化模型已在 AM‑13‑32 论文中进行了详细介绍，本文在该篇论文基础上增加了加拿大石油生产商协会对加拿大西部原油供应量的最新预测值，并增加了欧洲和印度的终端市场。

Muse 公司假设 2019 年 1 月 1 日起加拿大 3 条主要出口管道都能投用，这个假设不代表 Muse 公司的观点，仅作为分析过程的必要假设。关于管道投运时间不同所产生的影响可分不同情景。

图 3 展示了西输到沿海（包括运往不列颠哥伦比亚省和华盛顿州的炼厂）的轻重原油构成。预计运往西部的原油主要是重质原油。

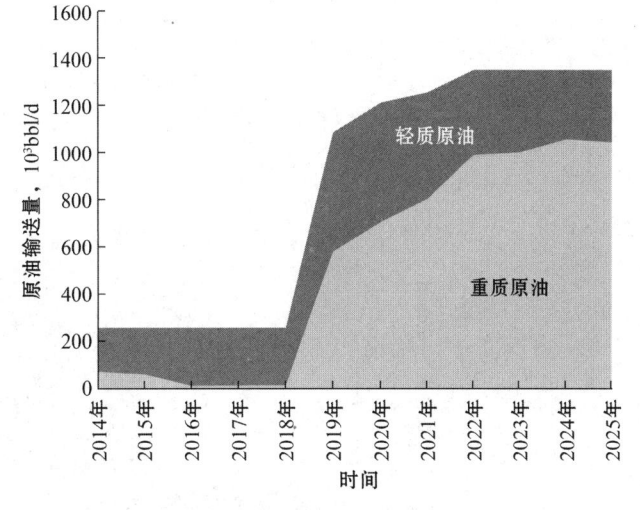

图 3 原油西输的构成预测

原油西输的终端市场预测见图 4。可以看出，在预测时段内东北亚将是加拿大原油的重要市场，除了这些市场，Muse 公司预测更远的东南亚和印度也有市场机会。

图 5 显示了加拿大原油东输到沿海的数量及构成。预计在原油东输管道建成投运的最初几年，主要输送加拿大轻质原油，随着加拿大西部原油供应总量随时间的增长，重质原油的输送量将增加。

与西输原油不同，东输原油大多在北美市场加工，其在北美地区的主要市场是加拿大大西洋沿岸省份、美国东海岸和美国墨西哥湾沿岸。欧洲也是一个重要市场，尤其是加拿大轻质原油，这是因为欧洲炼厂加工重质含硫原油的能力有限。原油东输的市场流向见图 6。

---

❶ 净回值价格指特定种类原油在其市场清算地点的价格减去从产地到清算地的运输成本之后的价格。清算市场通常地被称为利率平价市场。

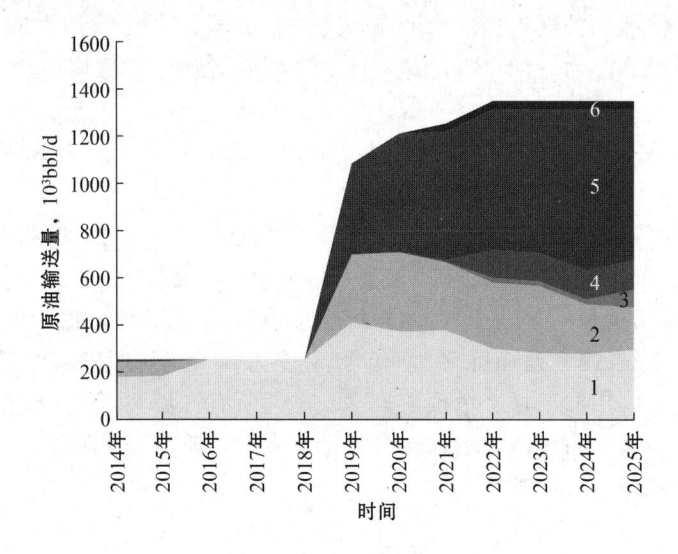

图 4 原油西输的市场流向

1—普吉特湾；2—加利福尼亚州；3—日本；4—韩国；5—中国；6—中国台湾省

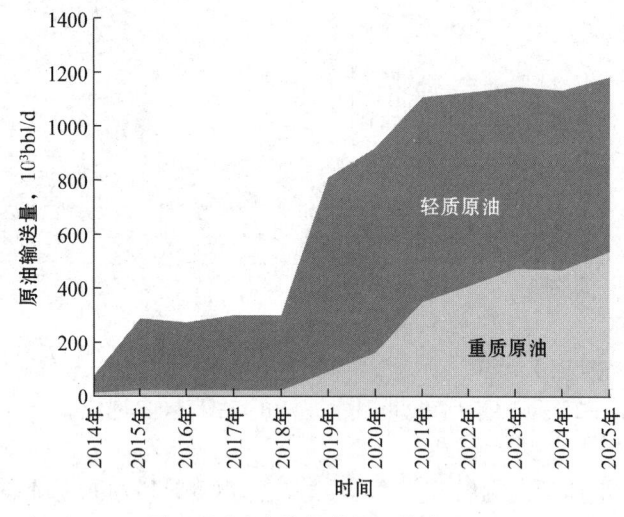

图 5 原油东输的数量和构成预测

值得注意的是，从圣约翰运出的重质原油大多直接到美国墨西哥湾沿岸市场，而不会去更远的市场。毫无疑问，美国墨西哥湾沿岸是世界最大的重质原油市场，但是，加拿大原油生产商生产的重质原油在美国墨西哥湾沿岸的市场份额会受到拉丁美洲主要重油生产国家的影响，也受美国政府对 TransCanada 公司 Keystone XL 管道项目最终决定的影响。

加拿大通往沿海的运输通道对美国炼油商的影响也很大。首先，加拿大西部原油的市场从北美地区拓展到亚洲或欧洲给北美地区原油价格带来上升压力。图 7 显示了如果出口管线建成，加拿大西部原油从墨西哥湾沿岸分流到世界其他地区的数量，对美国中西部和其他区域市场的影响较小。

图 8 为通往沿海的高运量管道建成后对加拿大西部原油价格的影响，图中比较了北方门

户、跨山管道扩建和能源东输管道已经或尚未投运时，加拿大原油的预期埃德蒙顿基准价格变化。

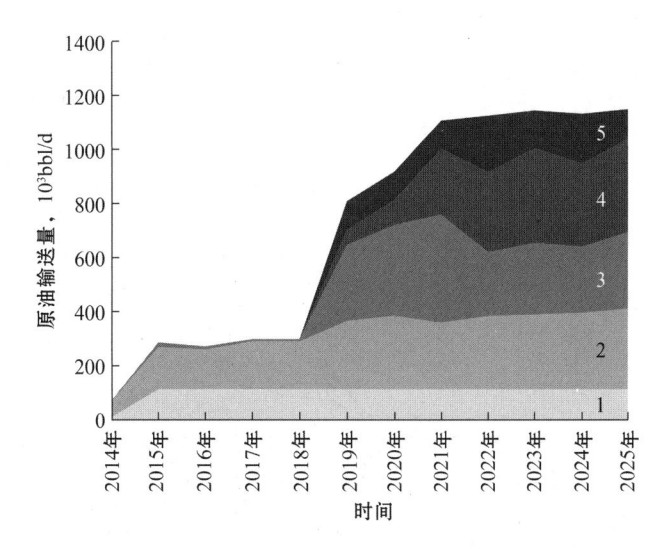

图6 原油东输的市场流向
1—蒙特利尔；2—加拿大大西洋沿岸省份；3—美国东海岸；4—美国墨西哥湾；5—欧洲

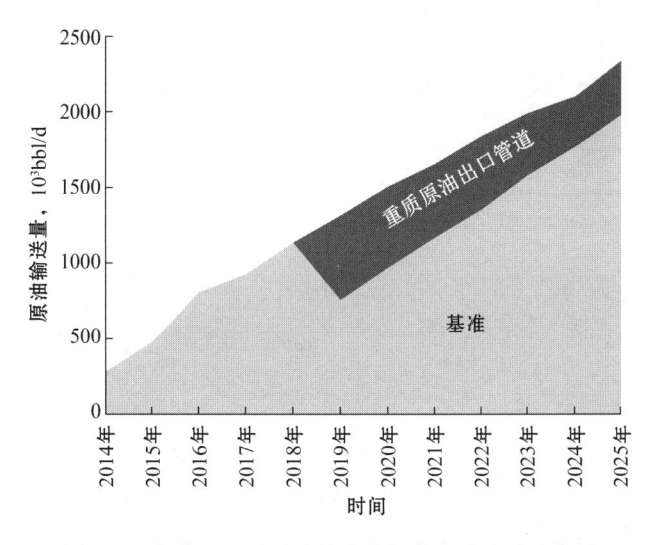

图7 运往美国墨西哥湾沿岸的加拿大重质原油数量

可以看出，从2019年初开始对价格的影响相对较小，但之后几年随着加拿大西部原油供应量的增长，价格变化迅速显现。图8中预测最后时段的价格或许有些保守，因为到那时加拿大西部原油市场和当前一样面临极大压力。

总之，将加拿大西部地区与大西洋、太平洋的沿海水运市场连接起来，会在很大程度上将加拿大西部过剩原油（这些过剩原油会定期导致加拿大原油的较大折扣）输出。分析表明，大西洋和太平洋都是有吸引力的市场。最后，如果与沿海水运市场不能有效连接，到

2025 年北美地区原油市场将面临极大压力，轻质原油和重质原油生产商都将承担巨大的价格冲击❶。

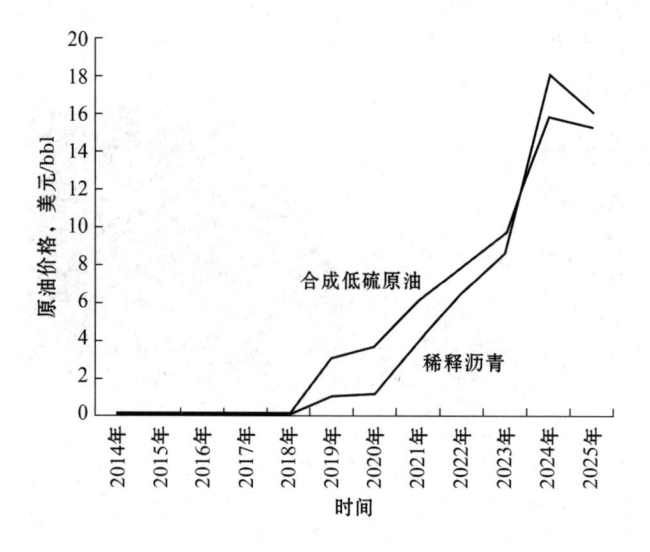

图 8　出口管道建成对原油价格的影响

---

❶　假设美国现行的原油出口限制不会取消。

AM—14—14

加工致密油时常压加热炉的操作

Patricia Marques（PETROBRAS，Brazil），
Fernando Feitosa de Oliveira（Pasadena Refining，USA）

魏寿祥　李顶杰　译校

摘　要　本文重点分析了加工致密油时加热炉操作过程中造成炉管表面温度升高的原因，评价了加热炉性能的模拟计算工具和降低结焦速率应采取的措施。采用 FRNC-5 软件开发了一个针对 Pasadena 炼厂的火焰加热炉计算模型。常压加热炉的模拟结果表明，炉管表面温度高是由炉管结焦引起的，在脱盐装置进料中注入润湿剂和反乳化剂，可减少原油脱盐后的碱性结晶固体。建议对预热器进行定期清洁和在炉管中注入高速蒸汽，减少固体沉积。另外，优化燃烧器操作也能够避免因火焰冲击而引起的有机物结焦。

1　引言

2012 年初，Pasadena 炼厂开始加工美国本土生产的致密油，通过一段时间的实践，在致密油的加工及其性质对炼油装置所产生的影响方面积累了一些经验。分析数据表明，致密油的蒸气压较高，但由可过滤物（岩屑等）、碱性盐类颗粒、蜡质、原油相容性和烃类裂化引起的问题到目前为止仍未能充分认识。

当增加致密油在原油调和中的比例后可以发现，原油蒸馏装置的常压炉表面温度会快速升高，该问题迫使炼厂降低负荷率和物料出口温度以保持炉管表面温度低于设计值上限。

本文论述了造成炉管表面温度升高的原因，评价了加热炉性能的工具和降低炉管结焦速率可采取的措施。

2　案例介绍

炉管表面温度（TST）由温度记录仪定期扫描监测，单独报告传输作为分析使用的原始数据。利用公式（1）对温度记录仪数据进行修正后，可消除进料流速（FF）、物料入口温度（T_{in}）和物料出口温度（T_{out}）对炉管表面温度产生的影响，发现炉管表面温度上升与原油类型相关（图 1），可以看出，炉管表面温度随致密油比例的增加而升高。

$$TST_n = 650 \times \{1 + 10000(TST - T_{out})/[FF(T_{out} - T_{in})]\} \tag{1}$$

在常压加热炉中加热致密油时，辐射段炉顶管的平均炉管表面温度开始以 1.5 ℉/d 的速度上升。在装置定期检修之前炉管表面温度已达到上限，需要采用非计划停车进行加热炉除焦。同时也观察到另一个现象，当炉管表面温度以比最早观察到的速度更快的速度突然上升时，则表明二级加热炉也需要进行除焦。首先利用一个加热炉仿真模型对以上现象进行分

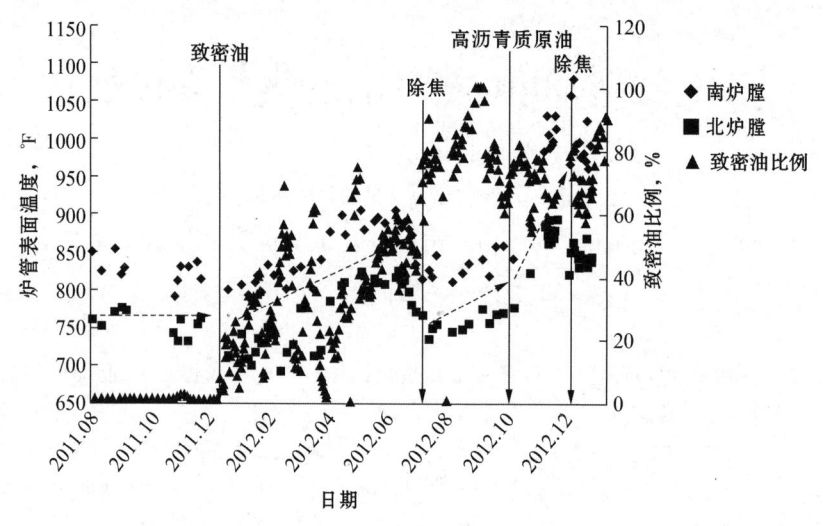

析，然后对能导致炉管表面温度升高的致密油的特性进行分析。

图 1 炉管表面温度与致密油比例的关系

3 计算炉性能

对于不发生显著裂化反应的蒸馏装置加热炉，使用商业软件如 FRNC－5、Petro－Sim，甚至炼厂自己开发的软件，都不难建模和模拟。模拟结果可以与参考参数进行比较以预测结焦倾向，并确定加热炉工艺变量或设计所必需的变化。

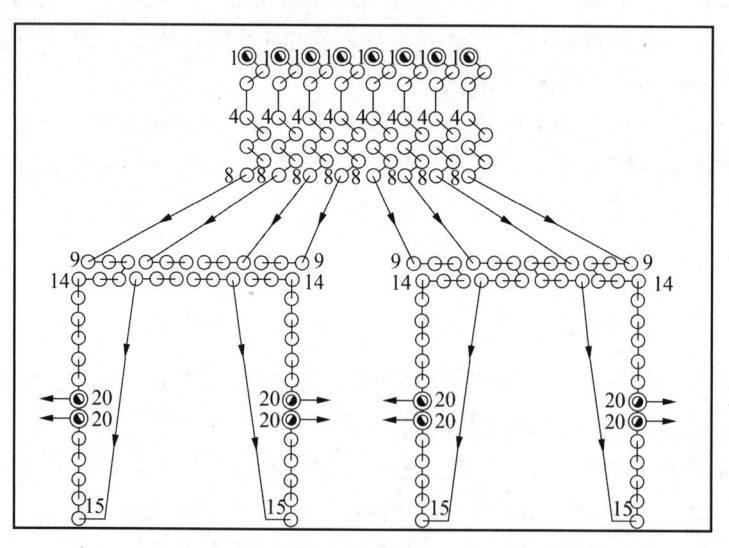

图 2 常压加热炉结构（图中数字指炉管序列号）

在 Pasadena 炼厂，基于常压加热炉的设计数据（结构、炉管规格和尺寸）、流体性质（进料和燃料气体组分）和工艺变量（流速、温度和压力），采用 FRNC－5 软件开发了一个火焰加热炉计算模型。模拟炉是双炉膛、单火焰及八通路（图 2）。此外，建立了一个只有辐射段的简化模型，在快速结焦时进行更具体的评价。辐射计算模型采用了 Lobo & Evans[1] 方法进行热流分布。

模拟后，单个炉管情况可用来分析结焦的可能性。

3.1 炉管表面温度

分别对未结焦和结焦的炉管进行模拟，并与实际数据比较。受炉管材料限制，常压加热炉辐射管允许最高表面温度为 1100°F，模拟建好时，温度记录仪记录的炉管表面平均温度为 950°F，而模拟的未结焦炉管表面温度的模拟数据几乎比实际检测到的数据低 250°F。图 3 以其中一个辐射管为例，对比了未结焦和结焦的炉管温度梯度模拟值的差异，温度差异是由于炉管内结焦后（$\Delta T_{fouling}$）增加了传热阻力［式（2）］，对于相同的热通量需要更高的炉管表面温度。

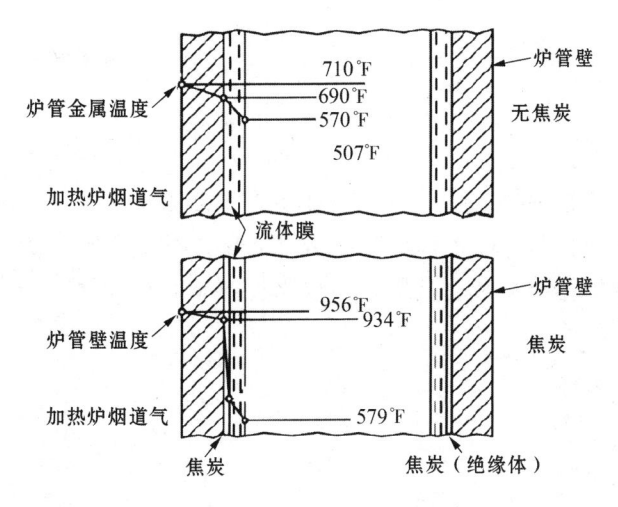

图 3 基于模拟数据的 13 号炉管焦化结焦温度差（辐射管）

$$TST = T_{bulk} + \Delta T_{film} + \Delta T_{metal} + \Delta T_{fouling} \quad (2)$$

未结焦的炉管表面温度模拟值较低，表明致密油轻馏分蒸发所需的热量并不是常压加热炉管表面温度升高的主要原因。

3.2 流体和层流底层温度差

流体和层流底层温度差通常为 30~80°F[2]，差别越大，结焦的可能性越高。本研究中获得的最大差值是炉顶管的 72°F，表示辐射段的顶部炉管是最易结焦的部位（图 4 中的 9~14 号炉管）。

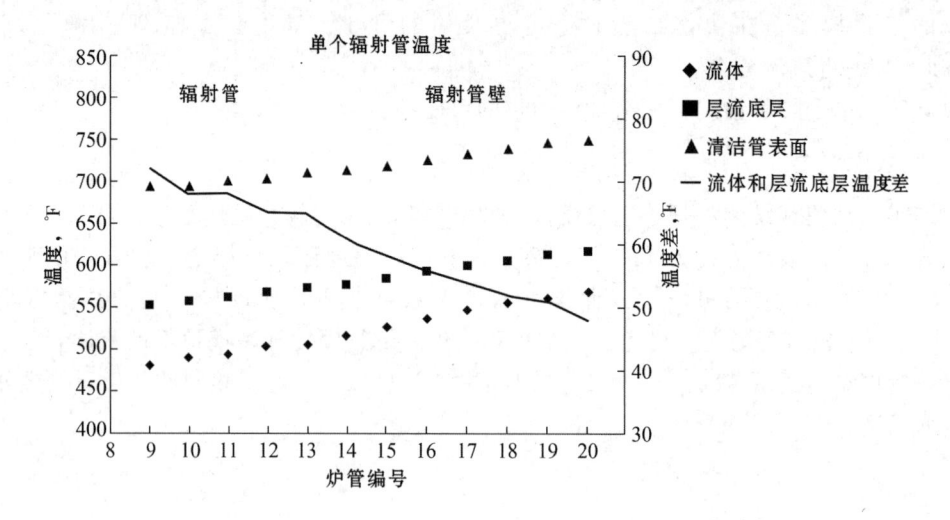

图 4　模拟的未结焦的炉管表面、层流底层及流体温度

3.3　流态

在辐射段计算的流态主要是环状流。多种形式流态的存在取决于液体和蒸汽速率的不同，活塞流是不期望的状态，由于在活塞流状态下，液体与过热管壁间歇接触（图5），容易结焦，因此不希望出现活塞流。在临界情况下，改变进料流速或蒸汽速率都可用来调整流态[3]。

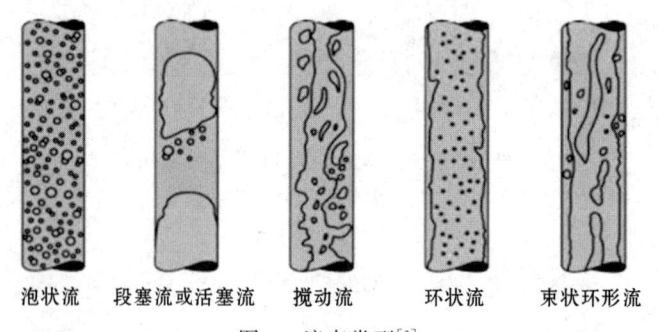

图 5　流态类型[3]

3.4　热通量

热通量太高（辐射热吸收/炉管区）可导致高层流底层温度和高结焦速率。加热炉设计的平均热通量为12000Btu/（h·ft^2），计算的平均值都低于设计值，但炉顶管峰值比平均值要高得多（图6）。

Martin[2]建议热通量峰值低于平均热通量的1.8倍，在此项研究中，辐射炉顶管有的区域热通量峰值高达平均值的4.4倍，这主要是由设计构型（双列炉顶管）导致的。通常情况下，为了保持相同进料速率，需要更改设计减少临界热通量，如增加管的直径或优化对流段热吸收。

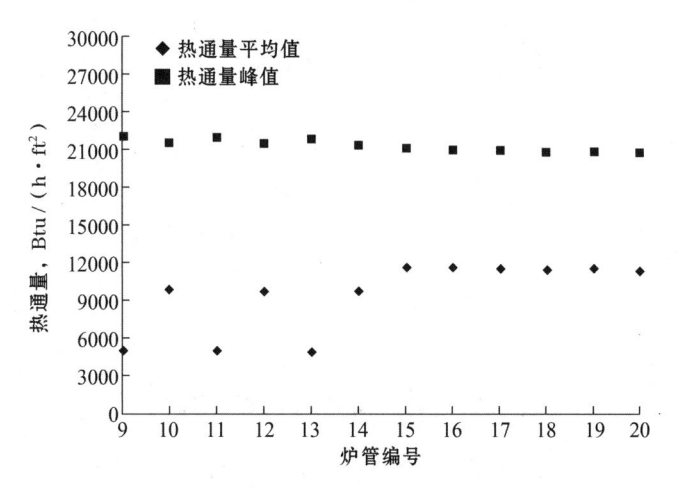

图 6 模拟的辐射管热通量平均值和峰值

模拟常压加热炉的结果表明，流体裂化与过高的流体温度无关，高炉管表面温度是由炉管结焦引起的，由于在辐射区顶部炉管中层流底层的温度较高，且热通量峰值最高，因此这里最易结焦。

以下部分讨论的是其他导致结焦的可能因素。

4 炉管中结焦的可能因素

4.1 无机污染物

最终输送到炼厂的致密油中含有大于 200×10^{-3} lb/bbl 的可滤过性固体，检测方法是 ASTM D473 或 ASTM D4807。可滤过性固体是小于 $20\mu m$ 的无机颗粒，例如，二氧化硅、沙子、黏土、碳酸钙、硫酸钙、硫酸钡、硫化亚铁、硫化铜、四氧化三铁和三氧化二铁。

由于颗粒小，这些固体大部分悬浮于脱盐油水界面，并且很难在脱盐设备中去除。这些固体大部分随着原油被带到下游装置，根据流速和温度的变化，这些固体可在预热交换器和炉管处沉积，增加传热阻力和提高加热炉管表面温度。

此外，可滤过性固体协同致密油中的重质蜡组分会产生水—油乳化现象，从而降低脱盐和预热效率，两者都会对常压加热炉和减压加热炉运行产生影响。

为了提高可滤过性固体的去除率，可考虑采用酸化方案降低脱盐洗涤水的 pH 值，有利于无机物溶解于水中，从而减少乳化。

大颗粒固体颗粒（$20\sim200\mu m$）在致密油中的含量也较高（图 7），主要成分是沙子和腐蚀产物。考虑在脱盐装置的进料中注入润湿剂和反乳化剂，降低原油中碱性固体的含量。

由于残余的无机固体和蜡是导致结焦的重要因素，因此建议对预热器进行定期清理。在有条件的情况下，在炉管中注入高速蒸汽，可减少固体沉积，可利用基于速率限制和流态进行的加热炉模拟计算合适的蒸汽注入速率。

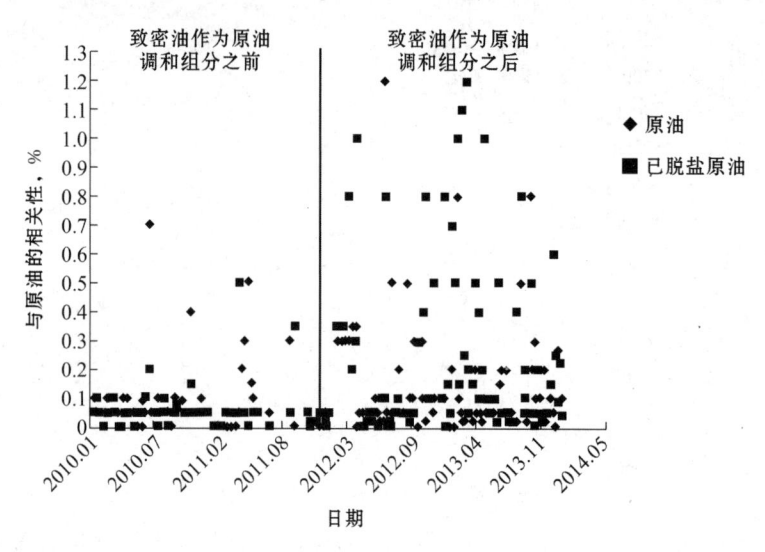

图 7　原油脱盐后的水分及沉积物

4.2　有机污染物

在原油调和时需要注意致密油的石蜡基特性与其他沥青质原油的相容性。

原油之间的相容性与链烷烃（饱和的）、芳香族化合物、胶质和沥青质的平衡直接相关。沥青质通过胶质分散，并通过芳烃溶剂化，是原油保持极性和稳定性的重要原因（图 8 至图 10）。

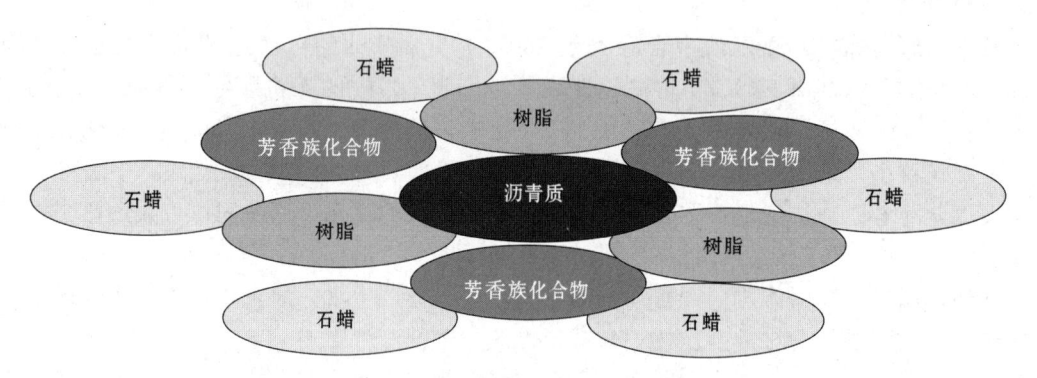

图 8　原油中沥青质的存在状态示意图[4]

加工致密油时二级加热炉需要除焦与处理致密油及高沥青质含量的混合原料有关。这种特定的原油组分在冷预热系统、热预热系统、脱盐系统以及炉管中会发生沥青质沉淀的现象，在处理这种共混物时，常压加热炉的平均炉管表面温度每天可增加 50°F。

致密油具有低沥青质含量（极性分子）、低芳香性，然而其链烷烃含量很高，足以减小原油共混物的极性，使其他原油中的沥青质结块并沉淀（图 11）。

原油之间的相容性可以通过基于原油分析计算的参数进行估计，文献中有计算原油稳定性的几个方法，大多基于沥青质/胶质值和饱和烃/芳烃值。Petrobras 公司开发了其独有的用于确定原油相容性的相关系数，该相容性指数的建立基于原油性质分析、轻馏分和芳香

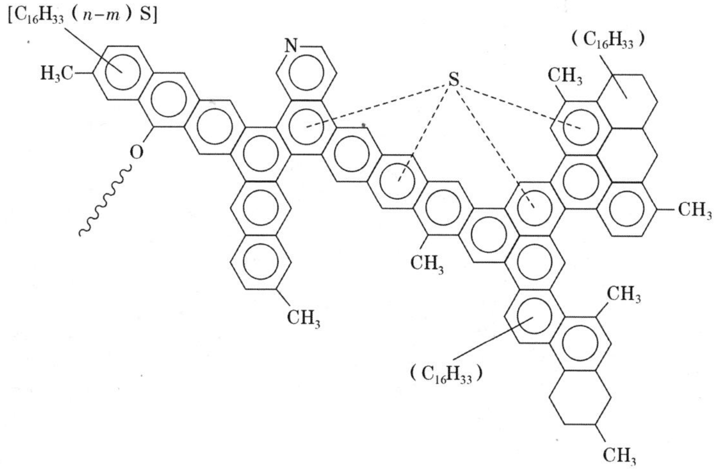

图 9 沥青质分子示例[4]

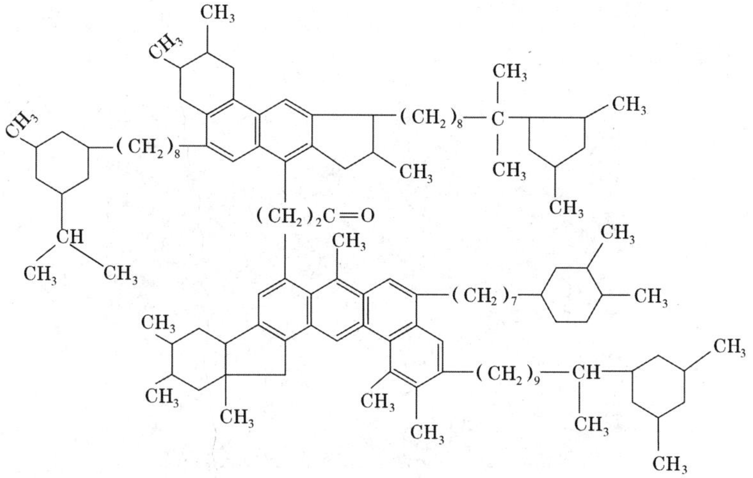

图 10 胶质分子示例[4]

分，同时考虑了原油的 API 度和黏度[5]：

$$IFST = 137 - 7 \times [API 度/(A/B)] \tag{3}$$

$$\lg[\lg(visc)] = A - B\lg(T) \tag{4}$$

式中，$IFST$ 为不稳定指数；$visc$ 为黏度；A 和 B 为黏度参数，根据 ASTM 341 及其附录——黏度—液态石油产品的温度图的标准试验方法得到。当 $IFST<22$ 时为不稳定；当 $22<IFST<30$ 时为不稳定的风险高（比较不稳定）；当 $30<IFST<38$ 为比较稳定；当 $IFST>38$ 时为稳定。

为了确认所计算的原油共混物的稳定性，可以使用市售的分光光度计或类似的设备来完成相容性的测试。Turbiscan™稳定性分析仪是此项测试的一种仪器，它可测试原油样品的

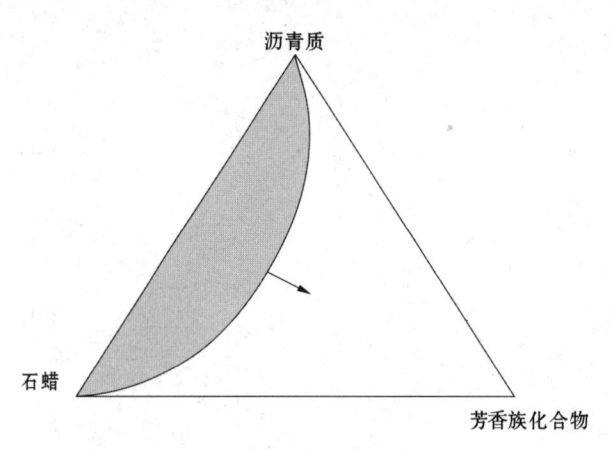

图 11　沥青质平衡[4]

反向散射光和透射光，利用软件计算动态行为变化，可评估原油的相容性和沥青质的稳定性。

最后，优化燃烧器操作也能够避免因火焰冲击而引起的有机物结焦加速。燃烧器需定期地清理和调节风门，以得到合格的火焰模式（图 12）。

图 12　确保燃烧器正常工作时风门的调节

5　除焦

在采取措施避免导致结焦后，常压加热炉炉管表面温度每天增长率低于 1℉，预计每年需要 1 次停炉使用蒸汽除焦。我们认为，在蒸汽和高温的作用下可除去部分无机固体，以往的经验表明，大量硬焦并不是在清焦过程中被除去的。

6　去除

加工致密油需要研究常压加热炉结焦的原因，目前在减少和处理装置运行中炉管结焦方面包括以下内容：

（1）炉性能仿真和结焦计算。

（2）利用估算参数和实验室测试数据的原油相容性管理。

（3）脱盐优化方案，包括新的化学反应。

（4）预热交换器定期清洗。

（5）改变燃烧器操作。

（6）炉管表面温度跟踪。

为了改善未来常压加热炉的设计，需要考虑以下因素：研究计算流体力学以评估改变管结构或直径以减少热通量峰值的好处；安装固定温度记录相机以连续监测炉管表面温度上升；提高管束材质以延长检修周期；通入高速蒸汽尽量减少由于固体沉积导致的结焦。

蒸馏装置常压加热炉是原油加工的重要组成部分，任何导致降低加热炉负荷的问题，如高炉管表面温度和焦化率，应加以处理，否则，非计划停工和低产品收率将对炼厂盈利能力产生不利影响。

参 考 文 献

[1] Martin, G. R. Heat Flux imbalances in fired heaters cause operating problems. Hydrocarbon Processing. May 1998.

[2] Lobo, W. E. and Evans, J. E., Heat transfer in the radiant section of petroleum heaters, Trans. Am. Inst. Chem. Engrs., vol35, pp743-778, 1939.

[3] Picture from: www.thembrsite.com/features/mempulse-mbr-system-vs-traditional-mbr-systems-june-2011/

[4] Petrobras University Training in Heaters, Distillation, Coking and Desalter.

[5] Farah, M. A., Petróleo e seusDerivados, LTC, Cap. 3, 2012. (Portuguese)

Patricia Marques 是巴西国家石油公司在国际区，RJ/巴西的工艺工程师，也是美国得克萨斯州 Pasadena 炼厂的技术人员。Pasadena 炼厂是一个由巴西国家石油公司拥有100%权益的独立炼厂。Marques 女士持有 UNICAMP（坎皮纳斯州立大学）化学工程学士学位，并有10年炼油行业（包括原油/真空蒸馏、延迟焦化、催化裂化装置和催化裂化催化剂领域的工艺过程、操作和资本项目）的经验。

AM—14—40

美国致密油增长是否会衰退

Skip York（Wood Mackenzie，USA）

丁文娟　朱庆云　译校

摘　要　美国致密油的开发取得巨大成功，需求量在不断增加，这也引发了致密油需求增长趋势将会持续多久的问题。导致北美地区致密油需求快速增长趋势衰退的原因有很多，如全球石油价格下降（由于新兴市场持续低迷，布伦特原油下跌，供应量增加）或国际油价与美国内陆石油价差拉大。

Wood Mackenzie咨询公司认为，没有太多的美国生产商可以影响全球的石油价格，全球石油市场内的供需基本面和非市场动态因素（如紧张的政治局势和货币政策）可以使全球油价保持在致密油盈亏平衡价格之上。

因此，可持续的盈亏平衡油价更多取决于不同地区致密油的定价机制及其自身特点（如库欣、圣詹姆斯），这些基本差异使原油质量存在差异，运输成本也有所不同。一项原油价差可能影响多项精炼价值和运输成本组成，随着运输成本的提高，生产商通过出售原油到炼油中心以获得更高的利润。

过去3年，北美地区原油价差波动很大，波动主要受运输方式限制，以及各油田产量增长趋势和价格影响。是否有充足的原油运输能力满足美国和加拿大日益增长的原油需求至关重要，若没有足够的运输能力，会加大原油价差，并使增加的开采量变得不经济，因此需延缓石油产量的增加。

不断增长的原油价格、不同运输方式带来的成本变化以及多变的轻质致密油质量，使原油市场变得越来越复杂。随着轻质致密油需求的增长，炼厂装置结构如何配置才能加工更多的轻质原油，成为炼厂面临的一个挑战，相关的致密油价格折扣可能会逐渐增加。

若美国原油基础差异阻碍了预期的钻井项目，则致密油需求的迅速增长将衰退。大部分轻质致密油探明储量，即便在当前低价位状况下也是可以获利的，即使全球石油价格下跌到75美元/bbl，美国70%以上的致密油储量仍能保持经济稳定。

1　北美地区原油产量上升

美国和加拿大的石油产量正在快速增长，如图1所示，到2025年原油产量增长将超过6×10^6 bbl/d，大部分增长将在2020年前完成。美国的Bakken、墨西哥湾的Eagle Ford及Permian盆地占据了美国2/3的轻质致密油产量，是北美地区原油产量增加的主要原因。

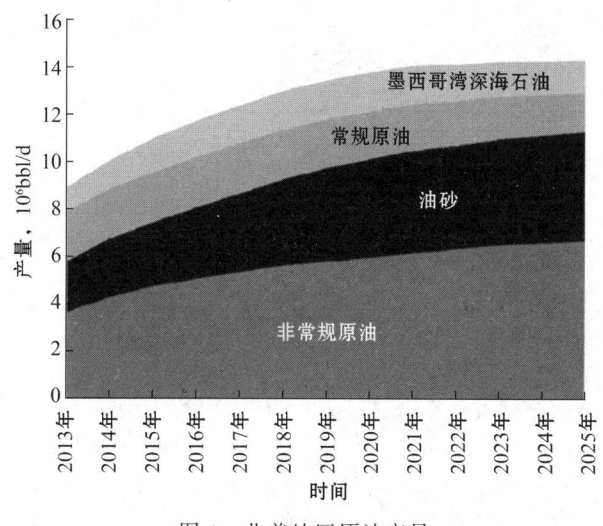

图 1 北美地区原油产量

2 原油基础设施项目现状

过去 3 年，北美地区原油价差波动很大，波动主要受运输方式限制，以及各油田产量增长趋势和价格影响。是否有充足的原油运输能力满足美国和加拿大日益增长的原油需求至关重要，若没有足够的运输能力，会加大原油价差，并使增加的开采量变得不经济，因此需延缓石油产量的增加。

从基础设施看，有助于区分美国库欣南部和北部的原油需求增长，以确定是否有足够的运输能力将原油送至各需求中心。南北地区原油的需求基本均等，如加拿大西部和美国 Bakken 增速与美国 Permian 盆地、墨西哥湾 Eagle Ford 及墨西哥湾相同。在过去 18 个月内，原油通过管道和铁路两种方式运输。

Keystone XL 输油管道项目备受瞩目，新输油管道建设的争论一直未停，然而，拖延时间并非唯一的解决办法，因该项目的反对者参与到更多的管理过程中，所以自 2007 年以来监管机构未批准该输油管道项目。反对者认为，拖延时间是停止该项目的一种手段。

赞同该项目的人士认为，政府不应延缓批准该项目，铁路运输不能替代管道运输，大部分时间应用在铁路运输的装卸工程和建设上，而不是用在项目获得批准上，因为这些项目适合项目所在地。

因此，Keystone XL 输油管道项目的美国国务院环境影响研究表明，由于原油将通过铁路运输从东部或西部能源路线中找到其通向炼油中心的新路线，该项目不会成为油砂开发的难点。

各地原油运输能力峰值如图 2 所示，由于主要生产地（图中①）分散使基础建设成为难点，因此内陆炼油中心（图中②）需要配备接收功能以增加产量占有市场。在 3 个海岸增加铁路基础设施使内陆大量的原油运输有了更多选择。

从原油开采至炼油中心的运输成本的定价是分配北美内陆原油的重要影响因素，如图 3 所示，原油进口价可随输送到各炼油中心的方式不同而变化（如管道运输、铁路运输），美

图 2　相应原油产量增加的基础设施能力增加情况预期
（气泡的大小代表其对美国致密油的影响量）

国 Bakken 精炼的原油价格也是如此（如太平洋西北部）。

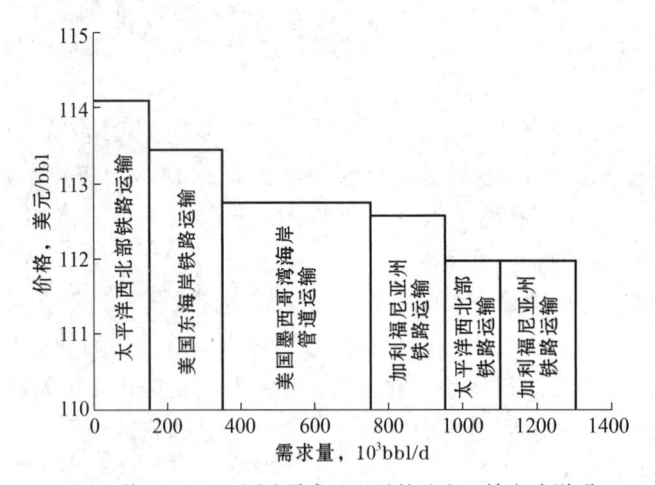

图 3　美国 Bakken 原油需求（以目的地和运输方式说明）

3　影响原油价格差异的因素

不断上涨的原油价格、各种运输成本以及不同的原油质量使原油市场变得更加复杂。轻质致密油需求的不断增长，对美国炼厂，尤其是墨西哥湾（USGC）等地区的炼厂装置结构的配置提出更高的要求，为在已有各厂的原油组成中调入更多的轻质原油，原油质量有所降低，Wood Mackenzie 咨询公司规定了美国内陆低硫原油和国际炼油（如布伦特原油）不同的价格。

USGC 原油质量降低的多少因地而异。例如，尽管撤销了休斯敦到霍马的输油管道，休斯敦得克萨斯炼油中心到圣詹姆斯的管道运输税成本仍然不够，路易斯安那撤销了所有来自北部库欣、西部 Permian 盆地以及南部 Eagle Ford 供应休斯敦的轻质原油。图 4 为低硫原油在 USGC 的预估价。休斯敦/亚瑟港地区轻质致密油产量过剩，使轻质原油和圣詹姆斯的轻质低硫原油价格相对于布伦特原油价格大打折扣。

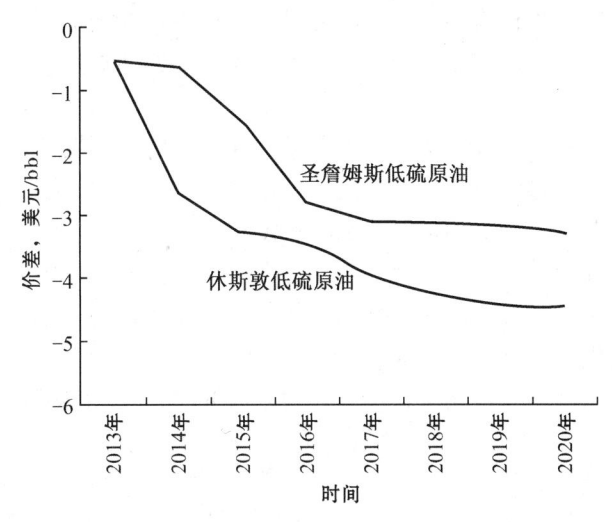

图 4　USGC 轻质致密油与布伦特原油价格的差异

放宽原油出口政策限制，不一定会消除这些基础差异和美国原油价格的质量折扣。美国原油与国际原油之间的差异有可能会缩小，也有可能变大，但政策变化后将平衡美国原油和国际原油之间的套利水平。每桶原油将以这个地理平衡点的价格来交易。

致密油需求增长衰退的原因是美国原油的价格折扣可能会使预期的钻井项目中断。如图 5 所示，2013 年发布的平均布伦特原油价格为 108 美元/bbl 左右，在此价格范围内大部分致密油探明储量能够获利，即使全球石油价格下跌到 75 美元/bbl，70% 以上的美国致密油储量仍能保持稳定。

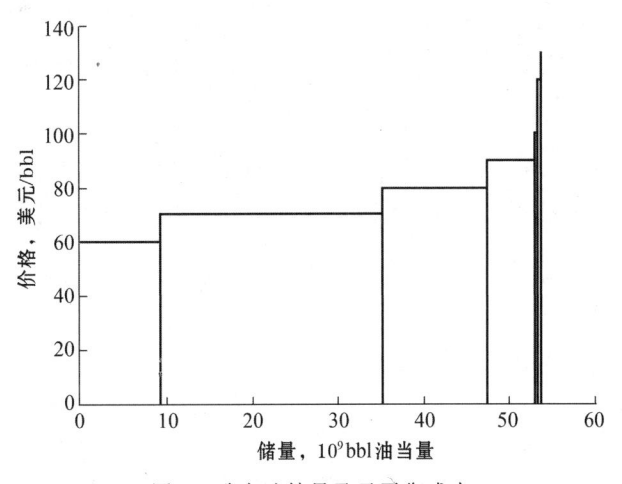

图 5　致密油储量盈亏平衡成本

4 结论

不断增长的原油价格、不同的运输成本以及多样的轻质致密油质量使原油市场变得越来越复杂。随着轻质致密油需求的增长，炼厂面临处理大量轻质原油的挑战，需要增加轻质原油处理能力。相关致密油价格折扣可能会随着时间的推移逐渐增加。炼油市场中炼油中心和运输成本的估价是配置北美内陆原油的重要影响因素，如原油进口价可以随运输到各炼油中心的方式不同而变化。

致密油需求增长的衰退取决于美国原油基础差异能否中断预期的钻井项目。大部分轻质致密油探明储量在如今的致密油价格范围内都可获利，即使全球石油价格下跌到 75 美元/bbl，美国 70% 以上的致密油储量仍能保持稳定。

除美国内陆致密油价差加大外，此趋势仍存在其他风险和不确定因素。尤其是：

（1）原油价格的普遍下降（如由于新兴市场供应商方面低迷，布伦特原油价格衰退）。

（2）推动钻井技术核心领域扩充失败。

（3）地面条件的限制（如禁止水力压裂、开采废弃物处理、铁路安全标准、燃料补给基础设施的建设速度）。

清洁燃料生产

AM-14-74

北美地区石蜡基原料脱蜡面临的挑战

Renata Szynkarczuk (Criterion Catalysts & Technologies, Canada)
Michelle Robinson, Laurent G. Huve (Shell Global Solutions, USA)
胡长禄　张　鹏　译校

摘　要　由于进入市场的原料更难加工、石蜡含量更高，以及柴油质量规格日益严格，于是人们对寻找替代方法用以提升柴油质量的需求不断增长。采用专有的催化剂和工艺可为超低硫柴油装置改善柴油低温流动性提供经济有效的途径，为炼厂扩大市场份额并提高整体盈利能力提供机会。本文讨论了一系列成功开发和商业化验证的催化脱蜡解决方案，其中部分在最近10年内已应用于北美地区装置上以提升柴油产品的低温流动性。

1　引言

近10年，选择性提高石蜡基原料的低温流动性已成为一个热门话题，炼油商寻求更有效和更具成本效益的方式来提升低温流动性。不断增长的趋势是使用催化脱蜡方法，这样可以限制使用低温流动添加剂、可降低煤油调和量、可对更高浊点或更高倾点的较重原料进行改质，因此，原料混合调和组分中的重质油品含量比例可以更高。

鉴于产品规格日益严格、不同来源或加工路线的新原油种类的增加，同时为了满足低温流动性的产品销售需求，因此需要加工更具挑战性的原料，要么更重，要么虽轻但组成不同，要么石蜡含量特别高。

本文概述了可行的催化脱蜡解决方案，可为不同用户解决低温流动性改善的难题。由Shell Global Solutions公司开发的先进催化剂和工艺技术，不仅可更好理解在限定和约束条件下可达到什么，而且可在共同创造模式中与客户实现解决方案的创新发展。

本文的重点包括：在认知和加工石蜡基原料领域开展的研发实例，以及Shell Global Solutions公司的催化脱蜡技术在应对挑战性原料方面的商业例证。

2　通过催化脱蜡改进低温流动性

在低温下含蜡组分产品开始结晶并影响最终产品的流动特性，为避免此类问题并确保产品满足低温流动性，添加剂、煤油调和、先进催化脱蜡等不同技术已工业化应用。

有3个低温流动特性用以表征柴油燃料，分别是浊点、倾点和冷滤点，其中浊点最为严格。对所有这些特性，均有工业分析标准方法。

低温流动改进剂，通过降低固相晶粒尺寸、晶格形态来改变蜡结晶过程，以降低冷滤点和倾点。然而，浊点特性与单个组分属性有关，受原料馏程范围内最重分子影响，受热力学影响最大。因此，通过添加剂或廉价煤油稀释有效实现浊点降低最为困难，特别是原料中石蜡含量较高时，由于存在着较长、较高浊点的直链烷烃，困难将更大。

与浊点特性相反，低温流动改进剂能显著降低冷滤点和倾点。

使用添加剂改善浊点一般在几度范围内，最大为3~4℃（5~7℉）；用加氢处理煤油调和，浊点每降低1℃（1.8℉），一般需调和10%的煤油。如果浊点的改进需超过6~8℃（11~14℉），与任何其他可选方法（添加剂、煤油调和和原料馏程调整）相比，催化脱蜡通常为长期经济的解决方案。

任何原料低温流动性的改进主要是改变或脱除线性烷烃（通常称为直链烷烃），通过物理分离（抽提）和不同的选择性化学反应（催化脱蜡）均可实现，本文重点讨论催化脱蜡。

在催化脱蜡过程中，直链烷烃、少支链烷烃的转化通过选择性裂化和异构化的组合反应进行（图1），目标是改善低温流动性（此处表示为凝点降低）。要么通过选择性裂化生成低温流动性更好、较小分子的烷烃和异构烷烃，要么通过烷烃异构化生成相对分子质量相同、低温流动性更好的异构烷烃。

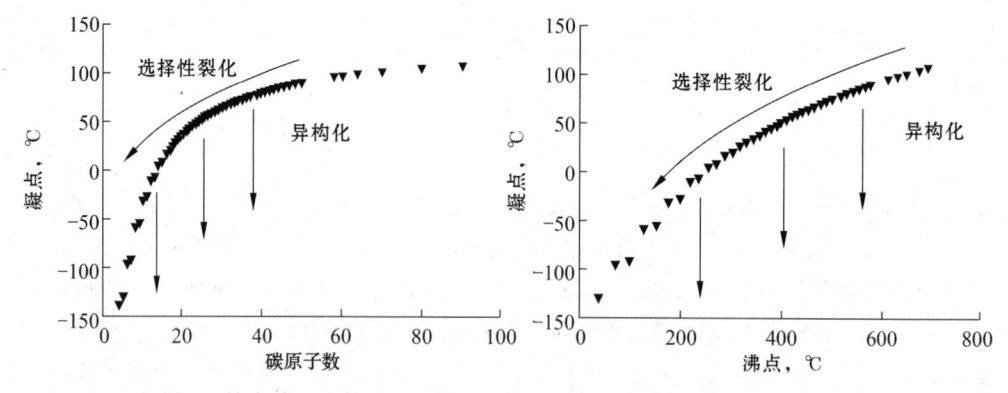

图1 给定碳原子数（给定沸点）直链烷烃降低凝点的可能反应路径

注意两种路径的差别：选择性裂化可同时降低凝点和沸点（碳原子数）；而异构化主要影响凝点，沸点影响较小，碳原子数未发生改变[1]。

3 分子结构对低温流动性的影响

在过去的5~15年，使用现代和新近开发的分析工具，通过大量研究，建立了一个大型数据库，旨在研究和获得分子结构对低温流动性的影响。

研究的重点是，了解直链烷烃的何种异构化和选择性裂化类型对低温流动性改善效果最好？关键参数是什么？如何利用这些知识设计催化剂和高性能催化体系？这样可解决大量关键问题，如柴油或润滑油基础油深度脱蜡（几十度）实现最低液收损失和最低气体产率，同时其他性质满足或优于指标要求。

带有单甲基支链的链烷烃对低温流动性有显著影响（以凝点表示，可在文献[2]中查到或测量纯物质得到）。

例如，正十九烷为具有19个碳原子的直链烷烃，分子式为$CH_3(CH_2)_{17}CH_3$，沸点为329.7℃（625.5℉），在柴油馏程范围内，凝点为32.1℃（89.8℉），它的任何单甲基支链异构体都具有显著降低的凝点,其中 2-甲基十八烷凝点最高,为 13℃(55.4℉),甲基位于碳链中间的 9-甲基十八烷凝点最低,为 -16.5℃(2.3℉)(表 1)。

表 1 正十九烷单甲基支链异构体的凝点

不同甲基位置	凝点,℃(℉)	不同甲基位置	凝点,℃(℉)
2-甲基十八烷	13.0(55.4)	6-甲基十八烷	-4.0(24.8)
3-甲基十八烷	0.5(32.9)	7-甲基十八烷	-16.0(3.2)
4-甲基十八烷	-1.0(30.2)	8-甲基十八烷	-10.0(14.0)
5-甲基十八烷	-13.5(7.7)	9-甲基十八烷	-16.5(2.3)

虽然甲基在碳链中间可最大幅度降低凝点,但随碳链长度的增加,单甲基支链降低凝点的效果并不显著,如对比 9-甲基十八烷、10-甲基二十烷和 13-甲基二十六烷的凝点可予以说明(表 2)。因此,如正三十烷和 2,6,10,15,19,23-六甲基二十四烷的凝点进一步降低需要更多支链(表 3)。

表 2 单甲基支链不同碳原子数烷烃的凝点对比

主链长度(碳原子数)/甲基位置	凝点,℃(℉)
18/9-甲基十八烷	-16.5(2.3)
20/10-甲基二十烷	-3.8(25.2)
26/13-甲基二十六烷	28.9(84.0)

表 3 多甲基支链对三十烷凝点和黏度指数的影响

名称	凝点,℃(℉)	黏度指数
正三十烷	66(151)	190
2,6,10,15,19,23-六甲基二十四烷	-38(-36)	116

当然,分子异构化程度越高,沸点变化越大,可应用高分辨率全二维气相色谱(2xGC)观察证明(图 2)。

正二十二烷(n-$C_{22}H_{46}$)的异构体位于 n-C_{21} 和 n-C_{22} 之间。

一些其他关键性质也可能会受到某种程度的影响,如深度脱蜡异构化会导致柴油燃料十六烷指数稍有下降,或者润滑油基础油的黏度指数下降(表 3)。

Shell Global Solutions 公司对此特别感兴趣,因为那时 Shell Global Solutions 公司对天然气制合成油(GtL)项目投入巨资,需对特别重的石蜡原料进行脱蜡。之后,Pearl Qatar 公司包括轻以及中—重高石蜡含量基础油催化脱蜡的两系列装置顺利开工,显示出高选择性异构脱蜡的优秀性能,采用 Shell Global Solutions 公司的脱蜡催化剂 SLD-821,浊点/倾点提升高达 60~80℃(108~144℉),生产出超高品质的基础油(表 4、图 3)。

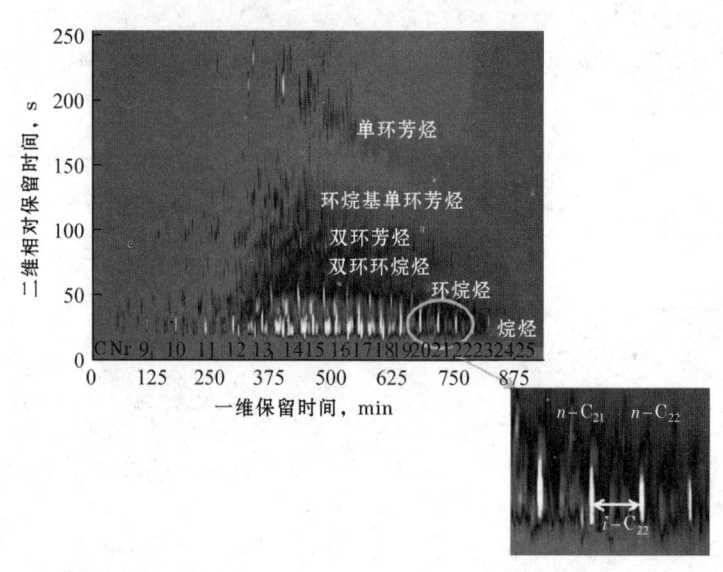

图2 柴油馏程范围内的正构烷烃和异构烷烃2xGC碳原子数分布

表4 Shell GtL基础油质量和主要特性[3]

Shell GtL基础油黏度，$10^{-6} m^2/s$	4	5	8
100℃黏度，$10^{-6} m^2/s$	3.8～4.2	4.8～5.4	7.5～8.5
40℃黏度，$10^{-6} m^2/s$	—	—	—
黏度指数	135	145	150
动力黏度（-30℃），mPa·s	1000	1860	5300
倾点，℃	<-30	<-24	<-15
挥发度，%（质量分数）	12	9	2
闪点（D-93），℃	215	232	240

图3 重石蜡混合原料脱蜡生产Shell公司润滑油所需的高品质基础油

4 正构烷烃馏程分布对低温流动性和脱蜡的影响

分子结构顶部和分子重排（如异构化）对改善低温流动性起决定性作用，直链烷烃分布和相对含量也显著影响脱蜡的过程和结果。图4比较了整体性质非常相似，但直链烷烃分布和相对含量稍有不同的两种原料,通过 2xGC 定量测得两种原料分别含有 19.4%（质量分数）和 20%（质量分数）的正构烷烃,但第一种原料（灰色）含有近 15% 的 C_{17+} 正构烷烃和较少 C_{16-} 正构烷烃,第二种原料（白色）只含有 12.5% 的 C_{17+} 正构烷烃和较多 C_{16-} 正构烷烃。当催化脱蜡反应达到一定深度时,这种差异将影响到脱蜡过程的结果。

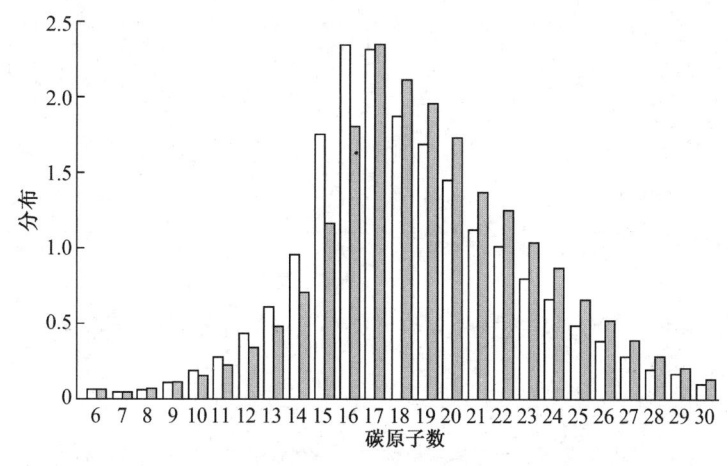

图 4　两种整体性能非常相似但正构烷烃分布不同的原料对比

采用 Shell Global Solutions 公司的高选择性脱蜡组合催化剂,我们获得了在选择性裂化脱蜡过程中所发生的详细变化数据（图 5）。

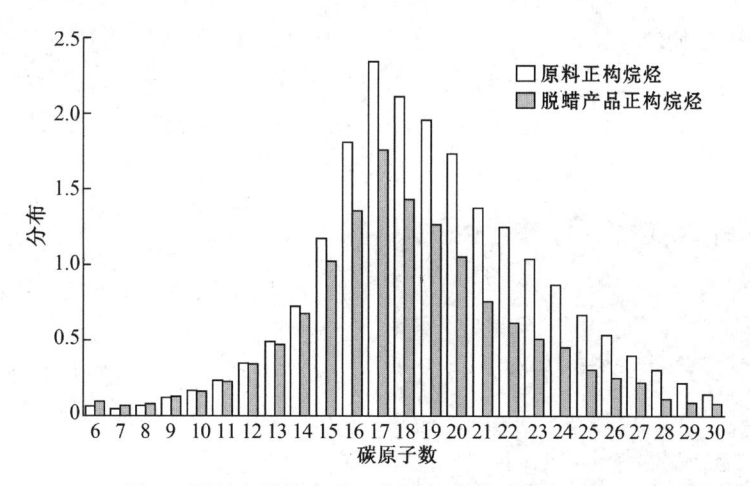

图 5　原料和脱蜡产品正构烷烃含量及分布对比

为有效改善低温流动性,催化脱蜡必须针对最重的直链烷烃,这可以通过原料和脱蜡产品的正构烷烃组成变化（图 6）的详细表征判定。C_{16+} 直链烷烃量越多,需转化程度越高,液收损失越大（生成了石脑油）。如果用户在产品调和组分中有 1 种或多种石蜡基原油需要脱蜡,为开发优化的技术解决方案,这些观察结果就是关键因素。

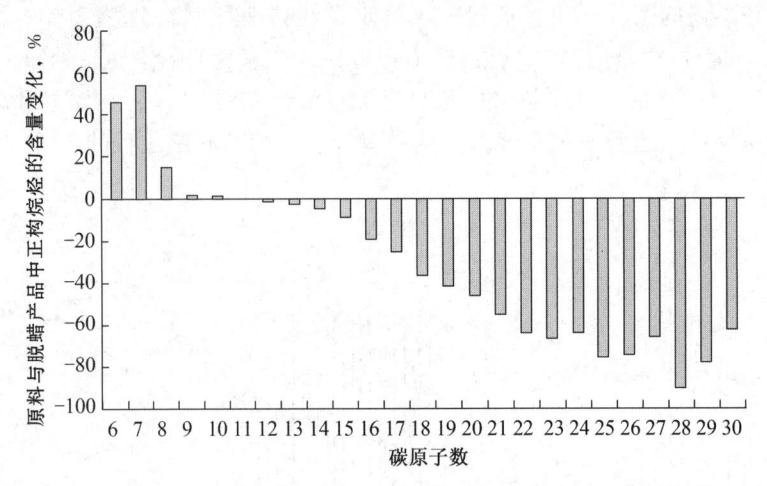

图 6　在一定操作时间后原料和脱蜡产品的正构烷烃组成的变化

5　脱蜡催化剂的选择性

Shell Global Solutions 公司在研发中采纳了前面提到的许多研究结果，开发出了先进的、用于馏分油的选择性裂化催化剂 SDD-800 和异构脱蜡催化剂 SDD-821，这两种催化剂在世界不同装置中广泛进行了商业应用。基础油配套脱蜡催化剂 SLD-821，研发思路相同，目前已应用于不同的高石蜡基原料装置上。

通常，选择性脱蜡催化剂只转化直链烷烃（石蜡），这些直链烷烃最多占标准原料分子的 10%～15%。直链烷烃、少支链烷烃可在催化剂孔道内发生转化，其他烷烃不会在催化剂上发生转化，如图 7 所示。相反，直链烷烃的含量越多，转化的深度就越大，异构化使分子重排和沸点发生变化，部分选择性裂化为较小的分子。

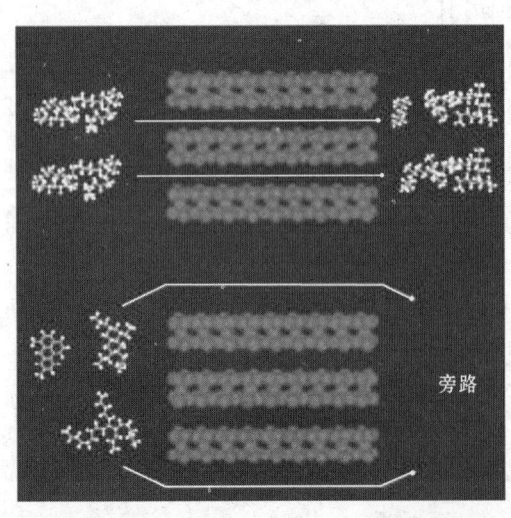

图 7　含沸石脱蜡催化剂中的择形性反应

对平衡优化的脱蜡解决方案，专用脱蜡催化剂通常装填于工艺过程的尾部，此处的目标产品其他性质均已满足要求。为避免液收损失，以中孔分子筛作为催化剂酸性组分，与黏合剂结合，对原料中的直链烷烃和少支链烷烃选择性裂化或异构化，从而改善了低温流动性。

对于催化脱蜡，直链烷烃分子择形转化理论上表述了所需的催化剂选择性。直链烷烃的反应物择形在酸性分子筛上发生，而转化反应（异构化或裂化）在催化剂酸性中心上进行。在工业应用中，可通过在活性位吸附毒物抑制催化剂选择性，毒物吸附阻断了催化剂活性位，通过适当控制，毒物吸附一般是可逆过程。

抑制剂或催化剂毒物的类型和能力，都对脱蜡解决方案和相关催化剂选择产生影响。如果在分子筛的孔内和通道的外表面没有酸性功能，会发生高选择性脱蜡。原料分子反应性与其形状有关，直链和少支链的分子可在分子筛孔内反应，而其他多支链的分子无法进入孔内反应。因此，脱蜡催化剂需要很好地控制外表面构成，通过选择性裂化和异构化进行脱蜡。

为使催化剂外表面无活性，必须对催化剂表面进行化学钝化处理，在公开文献中有很多外表面钝化方法，例如，浸渍惰性有机氧化物、升华，以及无机试剂或有机试剂与分子筛外表面的酸性中心键合等。所有方法以及 Shell Global Solutions 公司专有表面钝化处理方法都考虑到了对反应物的择形特性，还考虑到了钝化剂尺寸使之仅限作用在外表面，而不能轻易扩散进入较小孔道（图8）。

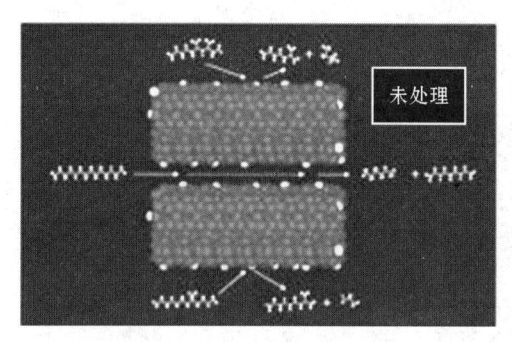

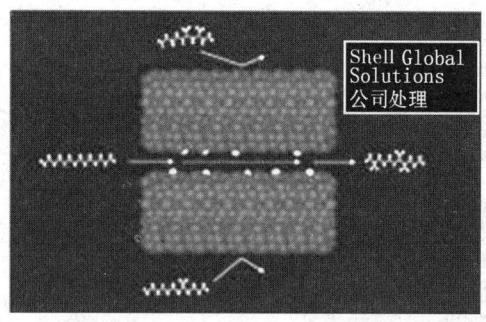

图 8　未处理与 Shell Global Solutions 公司专有钝化处理的脱蜡催化剂外表面反应（裂化）比较

在分子筛嵌入载体之前的合成过程中，要精心选择分子筛类型、控制酸性，同时专有钝化处理技术消除了嵌入分子筛晶体外表面的催化活性。与柴油或基础油脱蜡使用的常规脱蜡催化剂相比，具有高液收和很强的抗积炭失活性能（图9）。

用收率与倾点（或浊点）函数，SDD-800 催化剂与传统脱蜡催化剂相比，可获得很高的柴油收率。外表面钝化明显改善了柴油收率，这是 Shell Global Solutions 公司应对高石蜡基挑战、成功应用脱蜡催化剂技术解决方案的关键部分，与任何传统技术相比，改进明显。此外，Shell Global Solutions 公司脱蜡催化剂表面处理对抑制焦炭沉积发挥了重要作用，催化剂使用寿命延长，据报道一套工业装置运行 7 年催化剂未再生[1]。

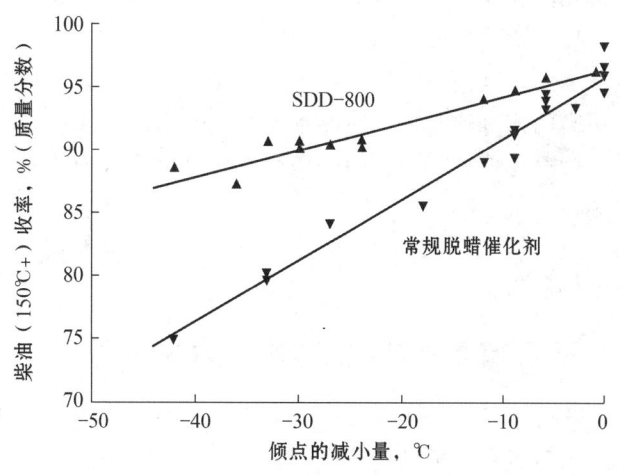

图 9　Shell Global Solutions 公司 SDD-800 与常规脱蜡催化剂性能对比

专有催化剂表面处理技术也有助于提高催化剂抗中毒能力，对 Shell Global Solutions 公司的脱蜡催化剂而言，大部分中毒作用是完全可逆的。氮接触到脱蜡催化剂可引起活性暂时降低，但氮含量降低到一定允许水平时，催化剂活性可完全恢复。某些商业装置通过调变脱蜡催化剂活性，根据需求，在冬季运行脱蜡，在夏季生产超低硫柴油。在夏季模式下，当不需要脱蜡时，反应器内脱蜡催化剂处于休眠状态，脱蜡活性微乎其微，可实现液收损失最低；在冬季模式下，通过脱附脱蜡催化剂在夏季模式时吸附的氮而重新恢复活性。冬季模式下，通过调整脱蜡催化剂床层的温度改变脱蜡催化剂活性，实现所需的低温流动性提升。

6 单段与两段脱蜡流程

依据装置加工能力、生产目标和所选的脱蜡催化剂，Shell Global Solutions 公司脱蜡技术可应用于单段或两段脱蜡流程（图10）。

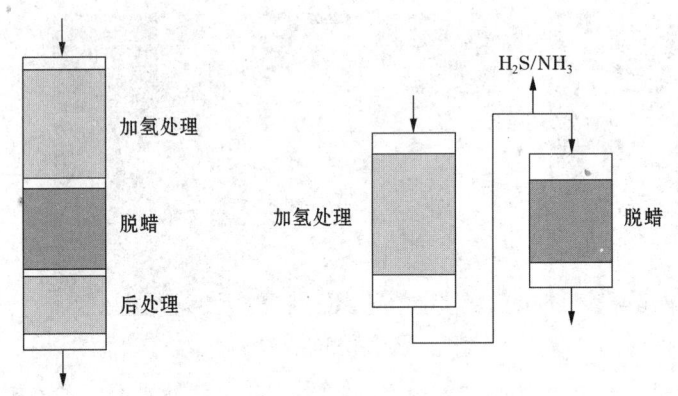

图 10 单段和两段脱蜡催化剂流程

在单段流程中，脱蜡床层是所谓系列加氢处理的一部分，通常称为"混入"方案，结果镍基脱蜡催化剂与有机氮和氨等毒物接触，毒物吸附在脱蜡催化剂酸性位，抑制了催化剂性能。有机硫及硫化氢对单段脱蜡催化剂活性或选择性没有影响。

单段脱蜡可为现有的加氢处理装置提供合理的低成本"混入"解决方案。在两段流程中，至少需要两台反应器，且之间设置汽提塔。原料在第一段反应器内加氢处理后，经汽提塔脱除液相的硫化氢和氨，从而保证第二段脱蜡反应器足够洁净，第二段反应器使用高选择性的贵金属异构脱蜡催化剂。

于是，两段脱蜡实施成本要高于单段方案，然而与单段相比，两段贵金属异构脱蜡可提供更高的馏分油收率和产品性质。

为避免形成硫醇，脱蜡催化剂床层之后设有少量后处理催化剂床层，确保产品颜色满足指标。

下文将介绍 Shell Global Solutions 公司脱蜡解决方案的开发、逐步改进和由中试到商业化的发展历程。

7 高石蜡基原料深度脱蜡解决方案的开发

与其他技术解决方案应用一样，根据需求、市场驱动、现有设备或可利旧设备情况、可调整项目投资规模的经济可行性，对高石蜡基原料深度脱蜡的方案开发可分为几个步骤（图11）：（1）挖掘潜能，采用催化剂解决方案，对现有装置改动和影响最小；（2）对一些关键部位实施装置改造，是一个更好的解决方案；（3）具有突破性的全新解决方案，但需要巨大的投资。催化解决方案的3个步骤已成功开发，并成功进行了大量商业应用，或应用于针对高石蜡基原料深度脱蜡的最后阶段。下面将用关键实例和持续性的开发说明这3个主要步骤。

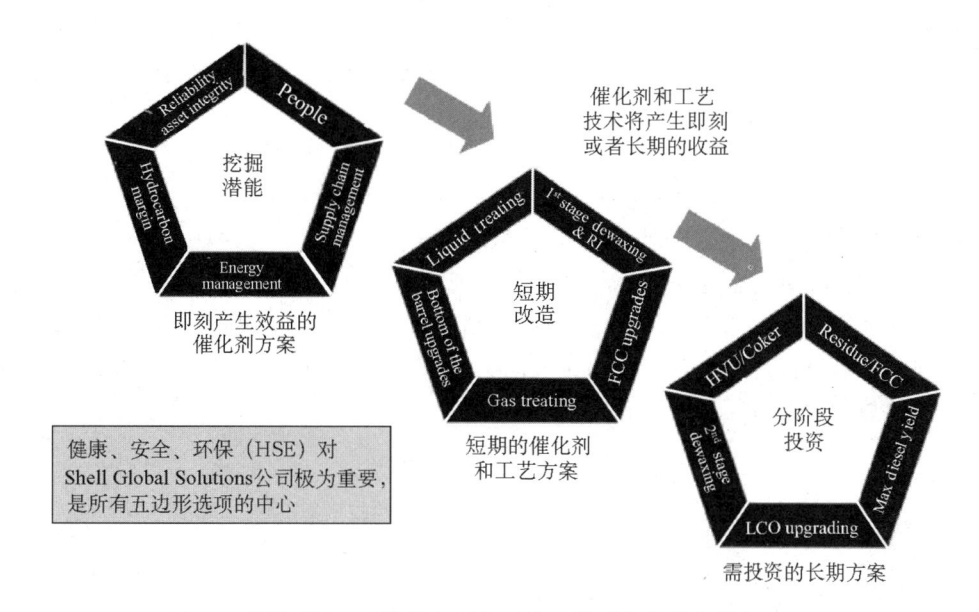

图 11　挖掘潜能、短期催化剂和工艺方案到投资的长期方案

【研究实例 1】　某一客户正调研对现有装置实施深度脱蜡的解决方案，与此同时，投资需最低，脱硫深度保持不变。对于重石蜡组分含量 20%～30% 的原料，为实现倾点和浊点改善 10～45℃（18～81℉）的目标，只有单段脱蜡的解决方案可行。通过灵活调整脱蜡催化剂床层的位置，采用 SDD-800 催化剂和恰当的加氢脱硫/加氢脱氮加氢处理组合催化剂，实现达到现有装置处理能力和 5 年运行周期、不需再生或更换脱蜡催化剂的解决方案，这是完全可能的。

随着新催化系统的到位，正确催化剂级配与工艺参数的应用，通过 SDD-800 催化剂的选择性裂化和异构化反应，可实现 20～45℃（36～81℉）提升的超深度脱蜡，且相对原料脱蜡柴油收率为 86%～90%（图 12）。

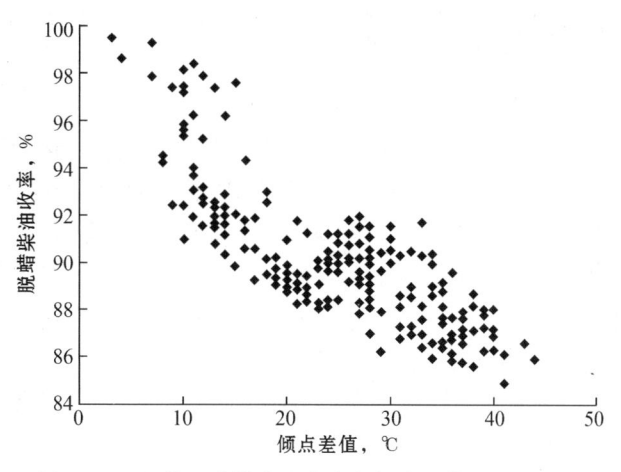

图 12　工业装置脱蜡柴油收率与倾点差值的函数关系

研究实例 2 和研究实例 3 加工更高石蜡含量原料将面临更大的挑战。首先要研究的是单段脱蜡方案是否可行,如果不可行,那么如何调整使其成为可行,至少暂时可行,从而在可接受的液收损失下实现深度脱蜡。

Shell Global Solutions 公司针对不同来源的高石蜡基原料对比合适的单段脱蜡解决方案和微量毒物(硫)环境下的两段脱蜡方案进行了广泛的研究。

【研究实例 2】 第一种方案是合适的单段脱蜡解决方案,该方案带有床层温度控制以确保整个周期稳定运行,避免在运行期内发生失控的深度脱蜡和造成较大的液收损失。

因此,在特殊可控操作条件下,以牺牲液收为代价,可以实现超深度脱蜡(图13)。试验已证明,在装置限制范围内,可以实现高达60℃(108℉)的深度脱蜡,同时保持装置稳定操作以及优质深度脱蜡柴油与石脑油足够高的收率。

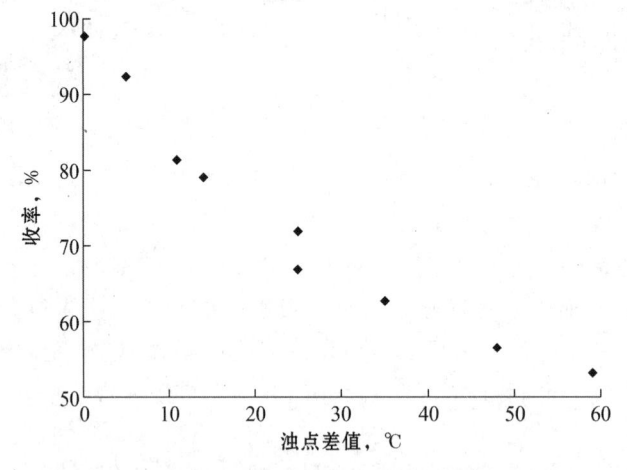

图 13 高石蜡含量原料超深度脱蜡(选择性裂化)

【研究实例 3】 对于具有挑战性的高石蜡基[石蜡组分含量高达90%~95%(质量分数)]原料,合适的解决方案是对现有装置改造为两段脱蜡流程。Shell Global Solutions 公司进行了广泛研究,使倾点高达40~45℃(104~113℉)的石蜡基原料实现了浊点和倾点改善高达70~75℃(126~135℉)。两段操作挑战的关键之一是产生的毒物主要为硫和氮,它们可阻碍异构化脱蜡贵金属催化剂的活性和选择性。

通过不同石蜡基原料毒物含量(硫含量从检测低限至19μg/g)和不同空速的操作条件,在大规模中试装置上开展超过15000h(约21个月)的长周期试验进行详细研究。

为使其具有可比性,产品倾点锁定为-30℃(-22℉),原料倾点为40~45℃(104~113℉)。虽然原料毒物含量越低越有利于加工,但是在限定硫含量范围内仍可获得相同品质的产品,不过操作温度会略高(图14)。从收率的角度看,已证明即使达到最深的脱蜡水平,相对原料的脱蜡收率也可高达80%~87%。

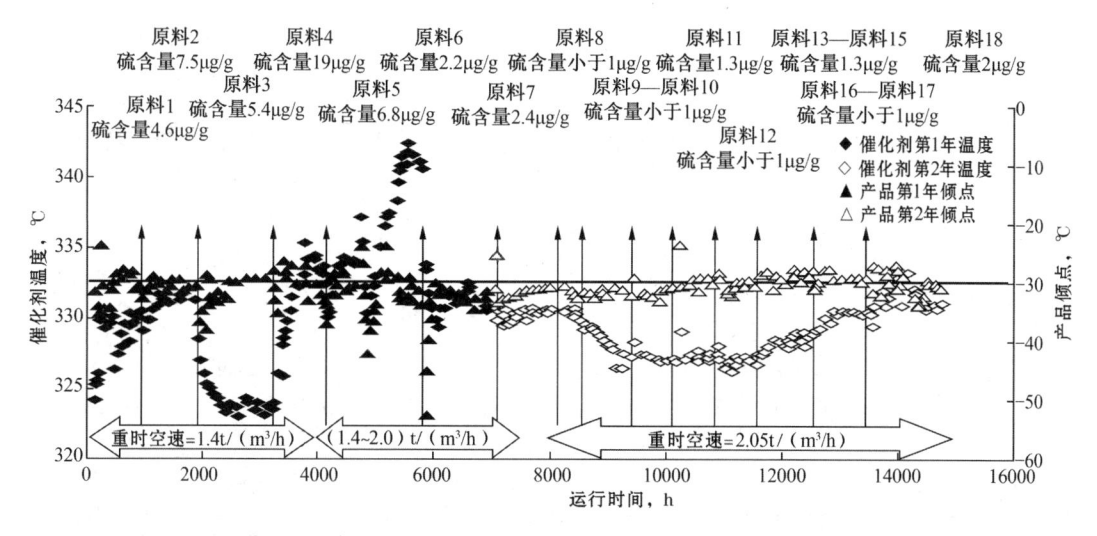

图 14　不同硫含量高石蜡基原料不同工艺条件（温度、重时空速）中试装置试验

8　结论

催化脱蜡为改善柴油和润滑油低温流动性提供了一种替代方法，低温流动性不能由一般的常规方法得到显著提升。最新一代脱蜡催化剂是专门针对市场应用和原料种类研究开发的，采用了择形分子筛以确保中间馏分油最大收率。通过专有外表面钝化处理方法，保证了 Shell Global Solutions 公司的脱蜡催化剂具有卓越的选择性。随着当前市场上重石蜡基原料的增加，炼油厂商必须改造他们的加工装置来满足这些新的挑战。

由于北美地区轻光亮油的发展，以及原苏联地区、中国和北美地区存在着高石蜡基原油，催化脱蜡解决方案在炼厂的应用将前景光明。

Shell Global Solutions 公司的 GtL 技术发展历史悠久，在工艺和催化剂方面具备创造或共同创造、开发和集成应用解决方案的能力，将与合作伙伴一起为炼油工业的未来开启新的途径。

参 考 文 献

[1] L. Domokos, L. G. Huve & L. S. Kraus, "Shell Dewaxing Technologies for Distillate Applications", Prep. Pap. – Am. Chem. Soc., Div. Pet. Chem. 2011, 56 (2), 87.

[2] Handbook of Chemistry and Physics, 65th Edition 1984 – 1985, R. C. Weast, Editor CRC Press, Inc. Boca Raton, Florida.

[3] L. G. Huve, "State of the Art 2nd Stage Catalytic Dewaxing for Distillates & Lubes", presentation at the 12th Russia & CIS Refining Technology Conference (RRTC), Hotel Lotte, Moscow, September 20 & 21, 2012.

AM-14-19

用于油品加氢及提高产量的新一代催化剂

Per Zeuthen (Haldor Topsoe, Denmark)

刘坤红　侯远东　译校

摘　要　介绍了 Topsoe 公司新一代 HyBRIM™ 技术，用来在适当的工艺条件下提高加氢裂化预处理和柴油超深度脱硫装置的产品产量，也可以用来以多种途径提高盈利能力和经济性。另外，还在活性和稳定性方面，将新一代催化剂 TK-609 HyBRIM™ 与上一代催化剂 TK-607 BRIM® 进行比较。实例同时还给出了高活性所带来的其他优点，如降低初期运行温度及更高的硫氮转化率。结果表明，HyBRIM™ 技术表现出和以往 BRIM® 催化剂一样优异的稳定性，同时具有比 TK-607 BRIM® 更优异的加氢活性。

1　引言

HyBRIM™ 概念是对现有的 BRIM® 技术的创新性发展，在延续现有 BRIM® 技术活性的基础上，开辟出了全新的催化剂特点。催化剂 TK-609 HyBRIM™ 是利用 HyBRIM™ 技术开发的第 1 个应用于柴油超深度脱硫和加氢裂化预处理的高活性镍钼催化剂。

在世界一些地区，天然气价格大幅下降，使得氢气价格比较低廉，尤其是在美国，因而将低成本的氢转变为中间馏分油，以增加液相体积，提高柴油产量，变得有利可图。为了实施这一战略和平衡成本，炼厂需要考虑成本效益，以及更高加氢活性的氧化铝基催化剂以便达到期望的氢耗量。同时在以产品体积增加为目标时，氧化铝基催化剂有助于降低投资成本。

在这方面看来，TK-609 HyBRIM™ 就是一种常规的催化剂：镍和钼负载于氧化铝载体上。但是，通过 HyBRIM™ 技术，催化剂活性比上一代的镍钼催化剂 TK-607 BRIM® 提高了 40%，这相当于初期反应温度降低了 7～8℃（13～15℉）。

催化剂活性的提高大大增加了炼厂的操作灵活性，可以体现在多个方面：延长运转周期；提高产品产量；处理更差的原料；提高装置处理能力，所有这些情况都会显著提高炼厂的盈利能力。

8 年前，Topsoe 公司采用 BRIM® 技术开发出多个 BRIM® 催化剂，应用于超低硫柴油、催化裂化和加氢裂化预处理，这些催化剂被认为具有高活性和高稳定性。随着新一代 HyBRIM™ 技术的开发，利用自主知识产权的 HyBRIM™ 制备方法，Topsoe 公司大大提高了产品的技术水平。

本文介绍了 Topsoe 公司新一代 HyBRIM™ 技术，论证了催化剂 TK-609 HyBRIM™ 的催化性能，并在活性和稳定性方面，与上一代催化剂 TK-607 BRIM® 进行比较。实例同时还会给出高活性所带来的其他优点，如降低初期运行温度、更高的硫氮转化率以及提高产品产量。

2 催化剂开发（基础科学和应用科学）

在过去 30 年，Topsoe 公司一直处于加氢技术开发的最前沿，并且是当今超低硫柴油生产、催化裂化预处理和压降控制催化剂的市场领导者。20 世纪 70 年代末，Topsoe 公司的研究人员发现，加氢脱硫活性与 COMOS 活性中心相关。80 年代，我们第 1 个确定了可以通过减弱金属与氧化铝载体的相互作用来制备硫化态钴钼/镍钼金属簇，从而使硫化金属簇活性提高了 1 倍。Henrik Topsoe 将上面两种活性中心命名为 TypeⅠ和 TypeⅡ型活性中心，相当于今天的低活性和高活性催化剂。2000 年前后，由 Henrik Topsoe 领导的研究小组，发现了硫化的钴钼/镍钼金属簇上存在的另一个活性中心。采用最先进的扫描隧道电子显微镜，我们能够得到这些新型活性中心的图像，研究人员将其命名为边缘位。

事实证明，位于金属簇顶部中边角位的硫原子外层轨道的 π 电子与硫原子没有紧密结合，这些松散结合的 π 电子形成 π 电子云，如图 1 中基面上黄色发光的圆圈，并命名为边缘位。难脱除的硫和氮化合物被 π 电子捕获，并且发现在脱除柴油和汽油馏分中最难脱除的硫化合物的加氢路线中，边缘中心位负责加氢路线的第 1 步。TypeⅡ型脱硫活性中心位于硫化态钴钼/镍钼金属簇的边缘，这些活性中心负责加氢路线的第 2 步，即脱除硫原子。

Topsoe 公司最新催化剂生产技术命名为 HyBRIM™，是钴钼、镍钼加氢处理催化剂的改进制备技术。它将 BRIM® 技术和改进的催化剂制备步骤相结合，形成了一种金属片层结构的活性单元，并且与催化剂载体之间形成最佳的相互作用。

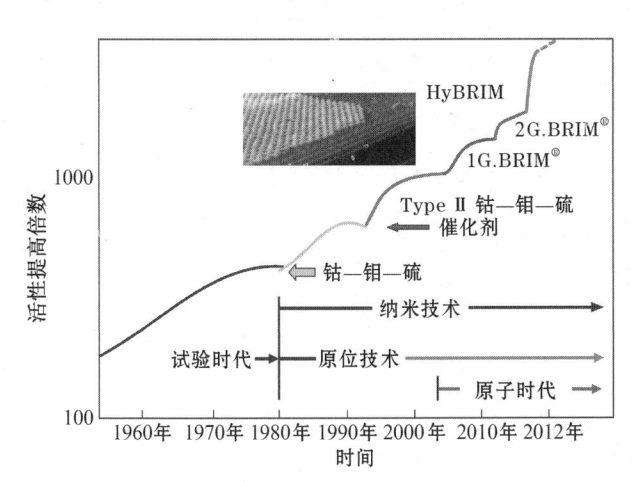

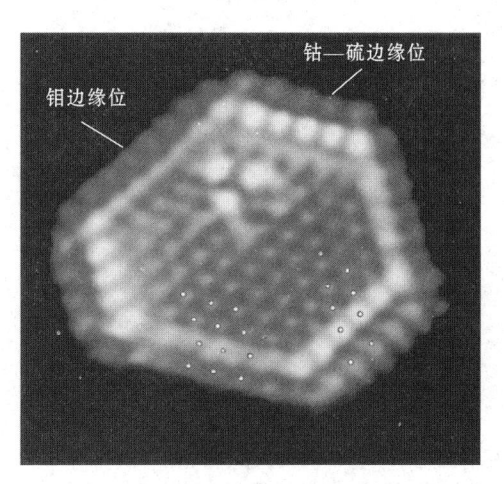

图 1 硫化态钴钼金属簇活性中心位

如上所述，TypeⅡ型活性位的活性在很大程度上受到了金属与载体之间相互作用的影响，这种 HyBRIM™ 技术恰好改进了这种影响，大幅度提高了直接脱硫活性和加氢活性，并且这种催化剂表现出了与现在全球已经广泛应用的前两代 BRIM® 催化剂同样高的稳定性。

图 2 显示了 Topsoe 公司在过去 30 年中加氢处理技术的发展历程。

图 2 Topsoe 公司在过去 30 年中加氢处理技术的发展历程

3 活性提高（同样的稳定性）

TK-609 HyBRIM™催化剂无论是应用到超低硫柴油生产还是加氢裂化预处理服务中，这种提高的活性可以在多个方面得到体现。一个更重要的发现是当转化率水平保持一致时，TK-609 HyBRIM™催化剂表现出与 TK-607 BRIM®催化剂一样低的失活速率。在稳定性方面，两者之间没有区别。

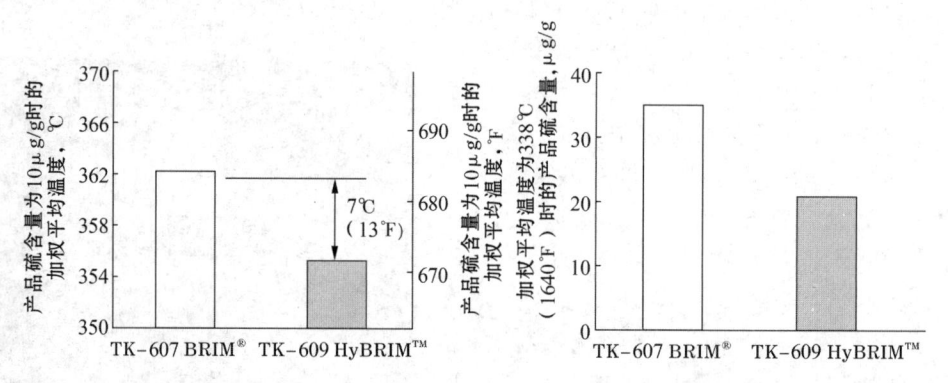

图 3 为在超低脱硫柴油中试实验中，TK-609 HyBRIM™催化剂可以比 TK-607 BRIM®催化剂在低 7℃的反应条件下达到产品 10μg/g 硫含量的目标。如果将 TK-609 HyBRIM™和 TK-607 BRIM®在相同的反应条件下运行，TK-609 HyBRIM™显示出比 TK-607 BRIM®高 40%的活性，产品硫含量低 15μg/g。

图 3 超低脱硫柴油中试实验中 TK-609 HyBRIM™催化剂与 TK-607 BRIM®催化剂的活性对比

图 4 为同样类型的实验应用到减压瓦斯油加氢裂化预处理的反应中。尽管两种催化剂都可以达到产物中氮含量 15μg/g 的目标，但 TK-609 HyBRIM™催化剂可以在比 TK-607 BRIM®催化剂低 8℃的反应条件下完成。

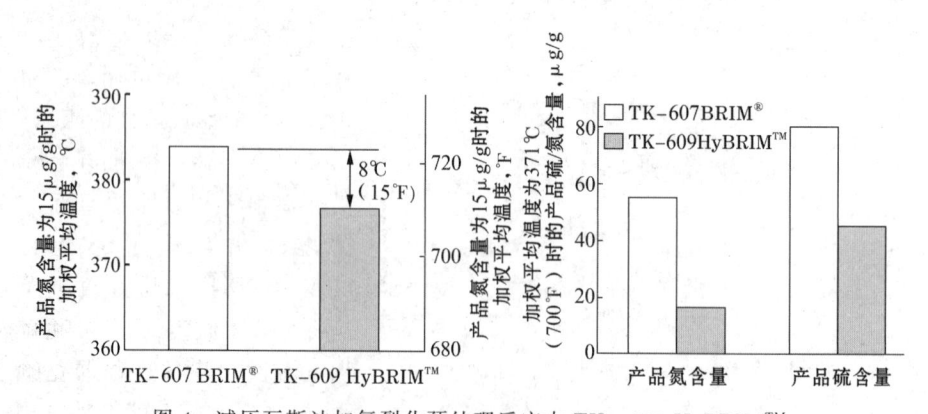

图 4 减压瓦斯油加氢裂化预处理反应中 TK-609 HyBRIM™
催化剂与 TK-607 BRIM®催化剂的活性对比

一个高的初始活性无疑是重要的，但是活性只有和高稳定性并存才有意义，才能保证更好的性能。市场上一些配方催化剂的确表现出令人印象深刻的初始活性，但是催化剂的特质本身也决定了其高的初始失活速率，因为原料中含氮物种毒化了大多数的活性位。当使用这些类型的催化剂时，通常它们在运转4~6周后就失去活性优势。

在开发BRIM®系列及HyBRIM™系列技术过程中，我们已经可以成功地调变氧化铝的结构和表面性质。在扫描电镜/透射电镜技术的帮助下，我们已经观察到催化剂的制备步骤如何影响最终催化剂的性质，这些都有助于我们获得最优化的氧化铝孔结构和载体—金属之间的相互作用，进而得到活性和稳定性都非常高的钴钼硫/镍钼硫催化剂。

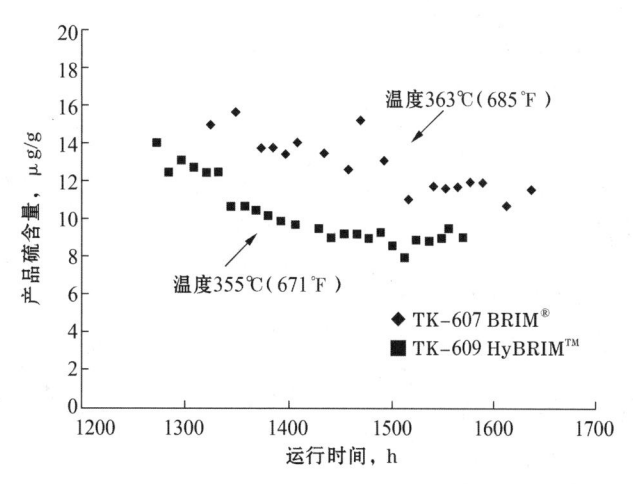

图5 TK-609 HyBRIM™催化剂和TK-607 BRIM®催化剂在柴油超深度脱硫过程中的稳定性

图5显示了在中试试验中新的TK-609 HyBRIM™催化剂和TK-607 BRIM®催化剂在柴油超深度脱硫过程中稳定性的比较。我们发现，尽管TK-609 HyBRIM™催化剂在高的硫脱除率条件下运行，产品硫含量低3~4μg/g，在应用过程中反应器温度却比TK-607 BRIM®催化剂低8℃，并且两种催化剂表现出完全一样的稳定性，两者之间的活性相差40%。

4 大幅度增加产品体积

如早些提到，尽可能多地对柴油馏分加氢无疑是非常盈利的。这里的体积增加指的是产品液相体积的增加，与此同时产品的密度和馏程在加氢过程中也不同程度地降低，这其中的贡献一小部分来自于脱硫氮及烯烃和芳烃加氢饱和所带来的贡献。

在密度改善和加氢程度之间存在着非常好的相关性，芳烃饱和度取决于催化剂的加氢活性、含氮化合物的竞争抑制及热力学平衡的限制，但是，加氢脱芳烃反应中所消耗的氢量主要依赖于原料中的芳烃含量（图6）。

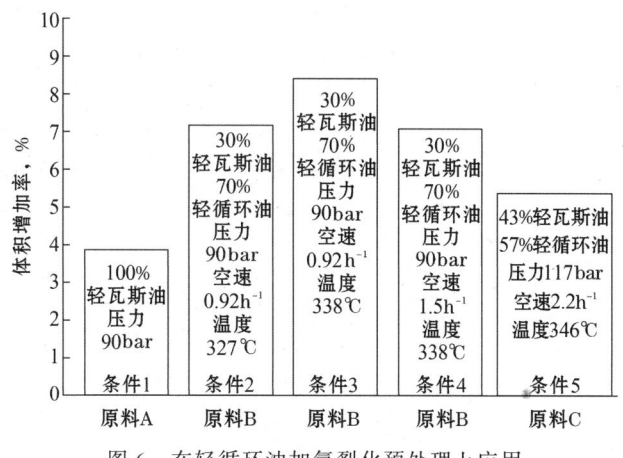

图6 在轻循环油加氢裂化预处理上应用TK-609 HyBRIM™催化剂所得到的体积增加率

由表1可以看出加氢处理前后典型的含硫化合物和芳烃的沸点变化，其中芳烃饱和所带来的沸点变化非常显著，其直接效果就是降低了产品的密度。

简单的量化体积增加的方法就是比较产品和原料的密度，因为数据易得，但是却没有考虑液收损失，因此，正确的方法是比较 C_{5+} 体积收率的变化，这种方法非常准确，但是无论是工业装置还是中试装置，这些数据都不容易获取，因为涉及分馏和全程质量恒算。

　　Topsoe 公司的研究人员早些时候发现氮化合物的存在，特别是碱性氮化合物对于加氢脱芳烃反应有很强的抑制作用。因此将氮含量降至非常低的水平（2～3μg/g），无疑对提高加氢脱芳烃程度以及体积增加是有利的。以下的中试试验显示了操作条件及产物组成对体积增加的影响。

表 1　加氢处理前后典型的含硫化合物和芳烃的沸点变化

物质	加氢处理前			加氢处理后		
	化合物	沸点 ℃	密度 g/mL	化合物	沸点 ℃	密度 g/mL
含硫化合物	二苯并噻吩	333	1.25	联苯	254	1.04
	4,6-二甲基二苯并噻吩	365	1.18	—	—	—
芳烃	(结构式)	324	1.07	(结构式)	274	0.91
	(结构式)	218	1.14	(结构式)	206	0.97
	(结构式)	340～342	1.25	(结构式)	313	1.21

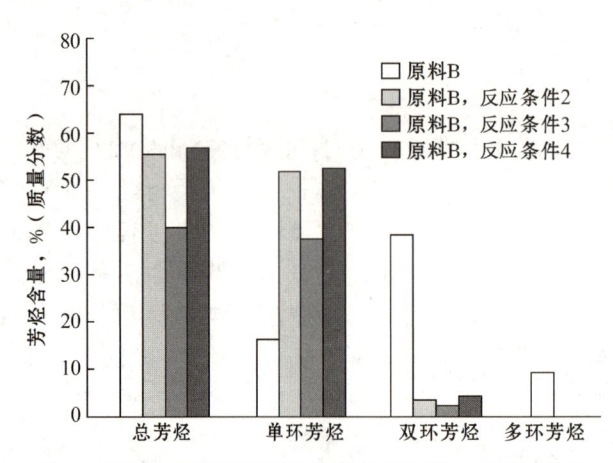

图 7　原料 B 及其在不同反应条件下产物中的芳烃分布

　　该中试试验使用 TK-609 HyBRIM™ 催化剂作为主催化剂，用来模拟轻循环油加氢裂化预处理装置。实验中得到了 5 组不同的反应条件数据（压力、空速、温度及原料中轻循环油的含量可变）。TK-609 HyBRIM™ 催化剂将产品氮含量降至非常低的水平（0.2μg/g 以下），达到了仪器检测下限。结论是芳烃饱和，特别是单环芳烃的加氢饱和发生在反应器后半部分。

　　图 6 显示了当使用 TK-609 HyBRIM™ 催化剂时得到的体积增加率，其反应条件如图所示，试验过程中控制比较低的反应温度以避免热裂化。如所期望的那样，原料 B 由于含有较多的催化裂化轻循环油而芳烃含量高，在该试验过程中得到最高的体积增加率。图 7 显示了原料 B 及其在不同反应条件下产物中的芳烃分布。可以看到，在反应条件 3 的情况下得到了最高的体积增加率，同时这也是芳烃最大限度饱和的时候。这是因为反应条件 3 具有高的反应器温度和低的空速，特别是单环芳烃得到了最大限度的饱和。实际上，我们可以观察到产物中单环芳烃含量和体积增加率之间有着很好的关联。对炼厂中一套处理量 $4×10^4$ bbl/d 的装置来说，使用原料 B 所得到的最高体积增加率相当于净增加至少 3300bbl/d 的产量。这对于不使用裂化催化剂的常规

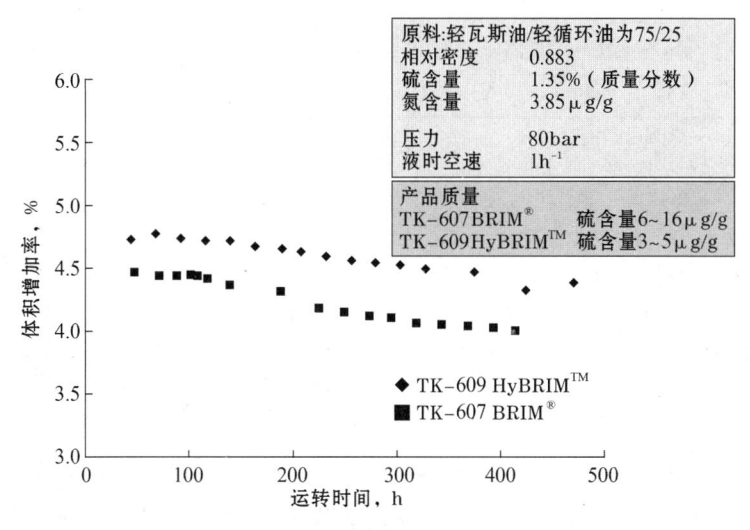

图 8 相同反应条件下 TK-609 HyBRIM™ 和 TK-607 BRIM® 在超低硫柴油生产中的体积增加率

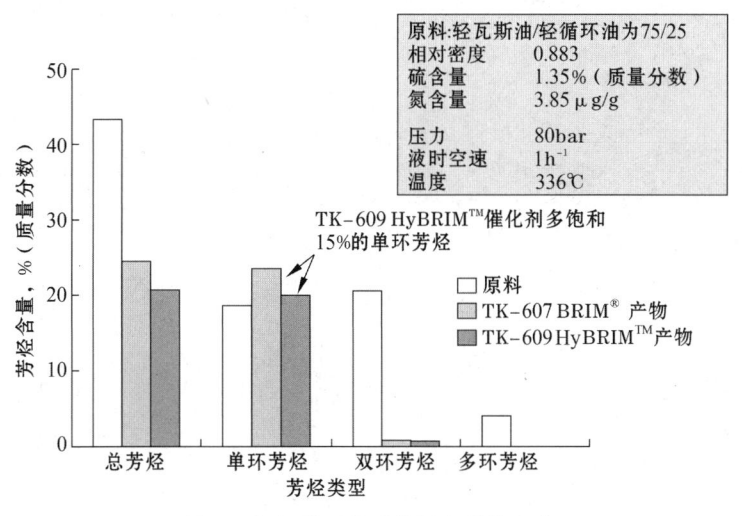

图 9 加氢处理前后芳烃含量的变化

加氢处理工艺来说是相当高的,这主要得益于深度芳烃饱和反应。

另外一个试验是用来比较在超低硫柴油生产中 TK-609 HyBRIM™ 和上一代催化剂 TK-607 BRIM® 两者在产品体积增加率方面的能力(图 8)。试验完全模拟超低硫柴油生产条件,产品硫含量低于 $10\mu g/g$,氮含量也非常低,在此反应条件下,也有利于加氢饱和和体积增加。实验结果表明,TK-609 HyBRIM™ 催化剂具有稳定的高体积增加率和加氢能力。假设 TK-609 HyBRIM™ 和 TK-607 BRIM® 催化剂之间的体积增加率相差 0.4% 的话,对于处理量 4×10^4 bbl/d 装置,TK-609 HyBRIM™ 催化剂的优势可以折算为多生产 160bbl/d 产品。这就是应用 HyBRIM™ 技术带来的效益,同时还能够保证装置的长周期运行。

图9中芳烃含量的变化可以清楚地得出 TK-609 HyBRIM™ 催化剂的较大体积增加率确实来源于其更大限度的单环芳烃饱和。尽管 TK-607 BRIM® 自身已经是一个非常好的加氢催化剂，但是新一代的 TK-609 HyBRIM™ 催化剂加氢能力更强，比 TK-607 BRIM® 催化剂多饱和了15％的单环芳烃。

5　结论

HyBRIM™技术开启了崭新的催化剂制备时代，基于对活性金属更好地利用，它拥有比常规催化剂高40％的活性。对于加氢裂化预处理或是柴油超深度脱硫生产40％的活性增加意味着反应温度降低7~8℃。催化剂活性的增加也可以延长装置运转周期，提高产品质量，增加原料处理量，甚至可以加工重质原料。同时 HyBRIM™ 技术具有和以往工业应用 BRIM® 催化剂一样优异的稳定性。综上所述，TK-609 HyBRIM™ 催化剂具有比 TK-607 BRIM® 催化剂更优异的加氢活性，在相同反应条件下，高的加氢活性催化剂生产的产品有高的体积增加值。TK-609 HyBRIM™ 的技术优势增加了加氢裂化预处理和柴油超深度脱硫装置的盈利能力和经济性。现在，TK-609 HyBRIM™从开发成功到应用不足12个月的时间内已经在24套加氢裂化预处理和柴油超深度脱硫装置中得到应用。

AM—14—20

从炼油企业的角度看催化剂的选择

George Hoekstra (Hoekstra Trading LLC, USA)
金 辰 兰 玲 译校

摘 要 本文介绍了 Hoekstra Trading 公司的标准化多客户催化剂评价项目如何帮助工艺工程师选择催化剂。此项目采用标准化原料和标准化的小试测试方法，在同一平台上对不同催化剂进行评价，根据评价结果对催化剂性能进行分级，并为客户出具独立测试报告，可以为炼厂简化催化剂选择的过程，并在催化剂采购过程中节省大量资金。

此外，还叙述了 STARS Type II 催化剂发展的历史背景和过程，强调了催化剂性能的突破可为炼化行业带来几十亿美元的利润。催化剂供应商是炼厂的合作伙伴，是炼化技术最积极的创新者。

催化剂供应商作为炼油工业的同伴是非常幸运的，他们是炼油领域新技术开发的领导者，他们的一些创新价值数十亿美元。下面让我们来看一个有关价值 10 亿美元创新的故事。

故事始于 1998 年，这是一段石油工业裁员、合并和重组的时期，炼油事业急切渴望获得利润。这是 Akzo Nobel 公司提出 STARS 加氢处理催化剂时的所处的社会背景。

1 STARS 催化剂

Akzo Nobel 公司在 1999 年 NPRA 上发表的论文[1]中表明商用催化剂 STARS KF757 的性能优于 KF756（图 1）。

图 1 显示了商业柴油加氢处理过程中反应器温度随时间的变化，可见 STARS KF757 相比于之前的催化剂有了显著改进。在商业数据中看到如此明显的差别是很少见的，目前加氢装置正在朝 2 倍于先前的循环寿命迈进。

Akzo Nobel 公司于 1998 年首次展示 STARS 催化剂时，他们开展了一系列小型试验，发布商业数据，清晰展示了这一突破性进展。2002 年 STARS 催化剂在 60 家工业装置中开展应用。

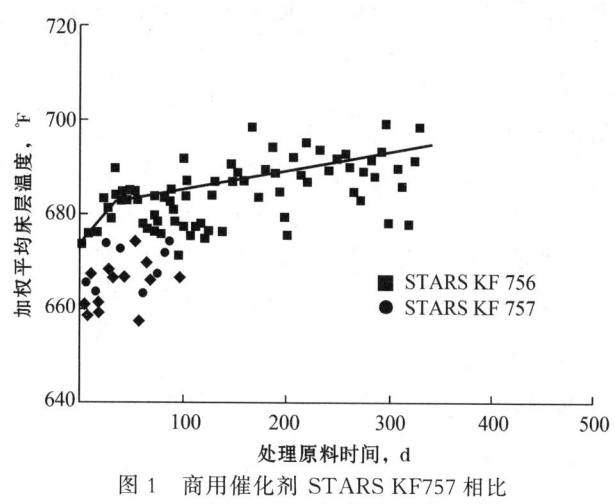

图 1 商用催化剂 STARS KF757 相比 STARS KF756 的性能优势

随后于2004年，当美国开始实行超低硫柴油标准时，STARS催化剂和相类似的竞争产品蜂拥般地占领了这个行业，这就是10亿美元的创新。

2 Type Ⅱ催化剂

STARS这个名字是Super Type Ⅱ Active Reaction Sites的首字母缩写，代表了超级Ⅱ型活性反应位点。STARS背后的科学原理包括形成一个被称为Ⅱ型反应位点的稳定的钴钼二硫化物纳米结构。正是Type Ⅱ技术使得STARS催化剂有了突破性进展。为了更好地理解这个10亿美元创新的故事，我们需要追溯到20世纪80年代Haldor Topsoe公司的研究工作。

图2引自Haldor Topsoe公司于1984年7月16日在葡萄牙首都里斯本举行的全美催化论坛上发表的论文[2]。

图下的文字，它是这样叙述的："可以观察到，所有的数据组沿两条线分布，说明存在两种类型的钴—钼—硫，在下面定义为Type Ⅰ和Type Ⅱ。非常有趣的是，高温相Type Ⅱ比Type Ⅰ的每个钴原子有更高的比活性。"

我相信这是第1次Type Ⅱ这个术语正式出现于印刷物中，提出了Type Ⅱ型活性位点的高活性。"Type Ⅱ"线的陡峭斜率显示了"Type Ⅱ"的纳米结构与其高活性之间的关联。1984年Haldor Topsoe公司的这个发现为10亿美元创新打下了基础。

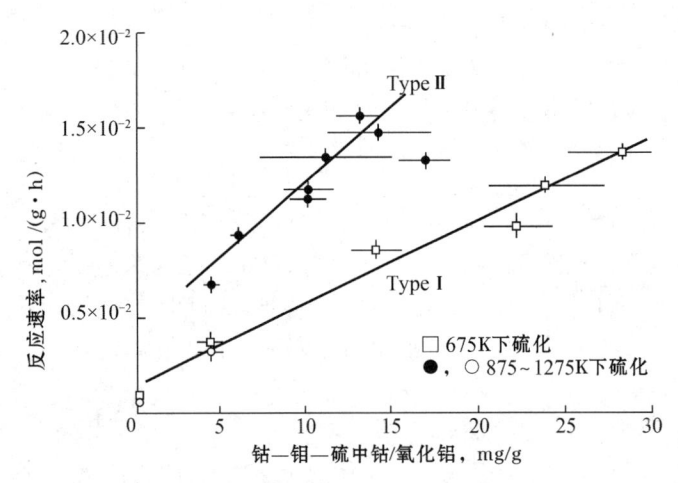

图2 Type Ⅱ活性位点具有相对于Type Ⅰ较高的活性

所以实际上2004年对市场的占领应该称作Type Ⅱ型催化剂的抢占，这是一项最终涉及所有催化剂供应商和炼厂并席卷了整个市场的10亿美元的创新。

直到今天，我们的炼油工业仍旧受益于Haldor Topsoe公司于1984年发现的Type Ⅱ型的活性，受益于Akzo Nobel公司和Albermarle公司于1998年STARS催化剂的伟大商业创新，以及所有催化剂供应商为炼油工业持续地开发和推广先进催化技术。

稍后我将继续Type Ⅱ催化剂的故事。不过首先让我们来到2014年，从炼厂的角度看看今天的催化剂市场。

3 21世纪催化剂——炼厂视角

今天有许许多多的催化剂品牌，图3显示了部分加氢处理催化剂的知名品牌。

对于大部分品牌，都会设计不同类型的产品类型，比如，钴钼的或者镍钼的，高密度的或者低密度的，高金属的或者低金属的，三叶草的或者四叶草的以及多床层的。

当你用所有的品牌数量乘以类型数量时，你有 200 种选择。

如果你是一个繁忙的工艺工程师，需要选择催化剂，你会如何处理面前这带有各种不一致适用条件的 200 种选择呢？从你的角度来说，这看起来非常令人困惑，你必须将事情简化。

你可以坚持现有的，这会简单、安全、确定，这种方式有最小的阻力。

Brim	Stars	Centinel Gold	Encore	Guardian	Ace
Hytreat	Ascent	Phoenix	Stax	Smart	Centinel
Opticat	React	Hybrim	Nebula	Protect	Sulficat
Ascent Plus	Totsucat	Refresh	Centera	Xpress	Impulse

图 3　一些加氢处理催化剂的知名品牌

你可以尝试一些新事物，但当你拥有这么多种选择并且没有判断依据的时候，这看起来像掷骰子一样。

或者你可以做一些独立测试，现在这种方式正在增多，并且比以前都更易于实施。

4　独立测试

这些小型试验用于独立的催化剂测试，试验在位于希腊塞萨洛尼基州的 C Solution 公司进行（图 4）。它们是针对相互竞争的加氢处理催化剂平行测试而特别设计的，这是它们 24h 不间断运行的唯一目的。

图 4　在希腊塞萨洛尼基州的 C Solution 公司进行的加氢处理小型试验

5　特定场地的专有项目

C Solution 公司为炼厂进行了许多特定场地的专有项目。通常针对于特定的减压渣油或者需要做调整试验的加氢裂化装置，每个特定场地的专有项目都由 1 位单独的客户资助。

对于这种特定场地的专有项目，你需运送 2bbl 装置原料和 4 种候选催化剂到 C Solution 公司，你们的一名工作人员将和 C Solution 公司计划并监控测试，C Solution 公司会以你的原料进行测试项目,你会得出你的结论。

小试试验本身持续30d,前期你需要大约6个月计划这个项目、运送原料和催化剂,并且用4种催化剂完成一个为期30d的小试试验。大量炼厂现在正在成功进行这项工作。

6 标准化的多客户测试

标准化的多客户测试是一种新方法,它可用于超低硫柴油装置。对于柴油装置,你不需要进行特定场地的专有项目,我们有标准原料和标准化的小试测试方法。

5年前,Hoekstra Trading公司与多家独立炼厂合作,资助了超低硫催化剂的第1个标准化多客户催化剂测试项目。从那时起,我们用相同的标准化方法每年测试8个催化剂,所以过去4年我们在这个项目中已经测试了32个催化剂。

这是一个公开的市场项目,意味着任何人都可以获得我们全部的试验结果。因为试验是标准化的,并且所有花费由多位客户共同承担,所以每位客户每年的30d测试费用是客户自己进行专有项目所需费用的1/5。

我们标准化的小试试验是一个为期15d的测试,图5显示了一些产品前6d内硫的数据。

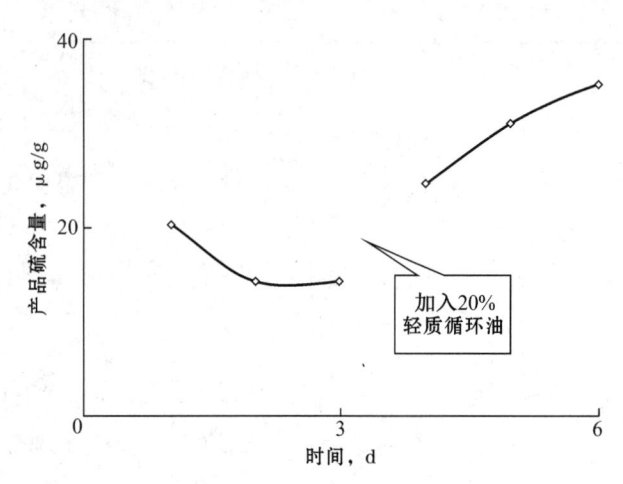

图5 Hoekstra Trading公司15d标准化超低硫柴油小试试验中第1~6天的产品硫含量与时间的关系

这些测试在恒定的温度和压力下,初始3d通入直馏原料,随后的3d加入20%的轻质循环油原料。在直馏原料上,催化剂在第3天产出了硫含量15μg/g的产品,当加入了20%的轻质循环油原料后由于原料处理难度增加,产品的硫含量在第6天提高到了35μg/g。这些数据用我们原先的基准催化剂获得。

图6用实线显示了竞争催化剂的数据,6d中所有产品的硫含量都较高,较高的硫含量意味着实线代表的催化剂活性低于虚线代表的催化剂。

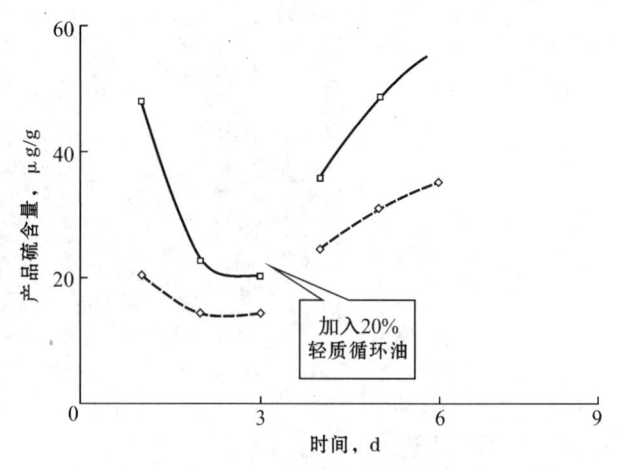

图6 Hoekstra Trading公司标准化试验中两种竞争性催化剂第1~6天的产品硫含量与时间的关系

图7显示了2010年我们项目第1年中所有新催化剂的测试数据。

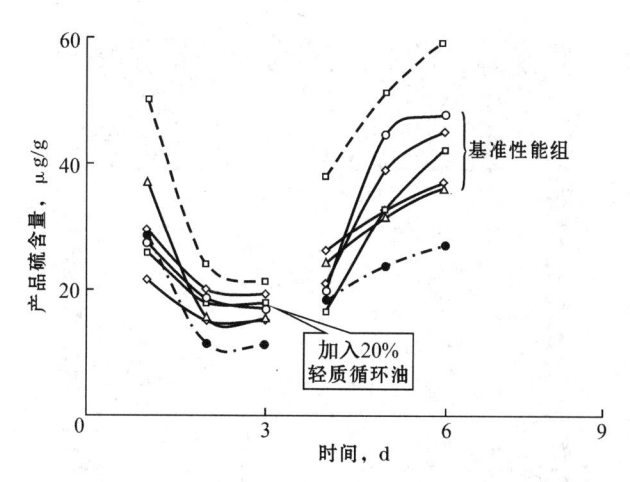

图 7　Hoekstra Trading 公司标准化试验中竞争性催化剂第 1~6 天的产品硫含量与时间的关系

6.1　催化剂性能分级

我们将这些催化剂排位为 3 种级别。实线表示的一组催化剂代表了市场基准；虚线代表的催化剂有较高的产品硫含量，因此排列的级别要低于基准催化剂；点划线的催化剂有最低的产品硫含量，在我们 2010 年的项目中获得了 2010 年最高活性催化剂金牌，它是 ATR 公司的 420DX 催化剂、第 2 代的 TypeⅡ钴钼催化剂。

这个 3 种级别的相对分级，由 15d 的测试支持。实线催化剂的性能并未出现持续性的差异，所以它们不再进行细分，将它们整体划为一级。

我们为催化剂分级时不在小的地方做琐碎无谓的分析，我们着眼的是一组与一组催化剂间能够清晰定义分界点的差距，这种差距要在不同的原料和条件下都可以存在。

6.2　催化剂评级的力量

在这个项目中，我们可以在多种竞争性的 TypeⅡ催化剂测试中看到巨大的差异，一些结果非常令人惊讶。20 世纪 80 年代的研究表明，在 TypeⅡ纳米结构的合适位点上放 1 个钴原子可以将每个钴原子的单位活性提高 50 倍，一些最新的研究又将这个因子近一步提高 4 倍。所以，仍有许多可以利用的手段，在最佳位点上获得更高比例的促进和推动作用，这正是随着催化剂制备技术的提高，催化剂性能变得更好的原因。

从炼厂的角度来看，对这些相互竞争的产品进行分级排位对选择催化剂的过程具有强有力的帮助。现在你通过平行试验，通过对不同的竞争性产品进行可靠的独立测试，通过一对一的比较，拥有了一些可靠的硬数据。

简而言之，你处在一个可以做出更好决定的位置，就像你在选择一辆价格不菲的新汽车时，或用一大笔预算购置房屋时使用了客户报告一样。

6.3　催化剂独立测试报告

我们的标准化多客户项目会发送一份称作催化剂独立测试报告的年度报告（图 8）。年度报告中包含了这一年中有价值的新数据和每年新增的 8 种催化剂样品的评级。4 份

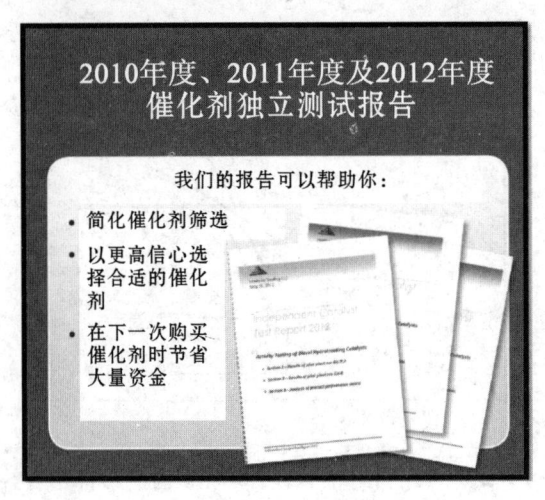

图8　催化剂独立测试报告

这样的年度报告代表了我们第1个4年的工作，现在可以立即发送给客户，第五份将于2014年发布。

标准化多客户项目的一个很大优点在于并没有多余的工作要做，你仅仅需要注册，花费接受报告的时间，并让新的数据库开始为你服务。

6.4　独立测试的益处

催化剂性能提升一级的价值对一个典型的超低硫柴油加氢装置是每年100万～500万美元，而对加氢裂化每年要超过1000万美元。将你的商业采购向更多的供应商和更新的催化剂放开后，你可以使催化剂成本降低20%。这些益处可以在没有资金投入和实际风险的情况下立即实现，这已经多次得到证明。

7　催化剂世界的迷你危机

我们称为催化剂世界的迷你危机，比如，2004年的催化剂供应紧缩，2005—2007年钼价格的飙升和崩溃以及2010—2012年贵金属价格的飙升和崩溃。

我们称为迷你危机，因为它们打乱了计划，它们将你的选择过程推入了危机模式，并且有时引起恐慌性购买，催化剂花费超过预算。举一个例子，Petroplus公司作为一家铁定的催化剂买家，在2011年催化剂的花费超预算2000万美元，这糟糕的令人惊讶的事情在他们2012年1月的财务报告中引述为一个决定他们走向灭绝的关键因素。毫无疑问，一种更为灵活的催化剂策略可以帮助他们。

你的计划会被新的原油、新的组分、紧缩的成本以及原料和氢气价格的改变所影响。这些改变带来了催化剂新的品牌和种类更快发展。不管今天出现的新种类是不是一个突破，它都被增加到了可考虑选择的清单上。

我们的报告同时包含催化剂市场的研究，这在其他任何地方是找不到的，它可以帮助你在催化剂商业的波涛汹涌的水面上航行。

8 充满挑战的采购

从炼厂的角度来看,催化剂采购是充满挑战性的。40年前,大部分炼厂开发自己的催化剂,并且拥有一组内部的催化剂专家,现在则都是第三方采购。一些工程师在没有任何客观数据和没有任何催化剂情报帮助下,花费数月对成堆的催化剂资料手册和说明进行整理分类,大部分工程师工作非常努力以便为装置做出正确决定,但常常还是以混乱和沮丧而告终。

绝不应该是这样的。我们已经帮助了许多工程师来选择催化剂,我们知道当他们看到了良好的独立测试数据时,他们会被吸引。不仅仅是工程师们会被吸引,采购经理也是如此——因为一些炼厂在催化剂上每年支出超过1亿美元,这是一笔很大的第三方支出,为处理好这笔支出你有很多可以做的工作。

当一个小组在一起来引导公司以更好的方式做这项重要工作时,对每位参与进来的人来说都是值得的。

说到挑战,我想简要谈谈我们所遇到的两个阻止接受我们标准化多客户项目的障碍。

8.1 保密传统

第1个障碍是深深植根于催化剂测试正统观念中的保密传统(图9)。

催化剂测试一直蒙着面纱。我们的开放市场多客户项目可以向每位人员提供独立测试数据,从而揭开催化剂测试的面纱。

5年前,我们开始要求催化剂供应商提供测试样品并预先约定测试结果可被任何人获得。这项透明约定在催化剂的秘密世界里就像文化冲击一样,我们要求的数据开放使得我们很难为标准化多客户项目的测试工作获取样品。

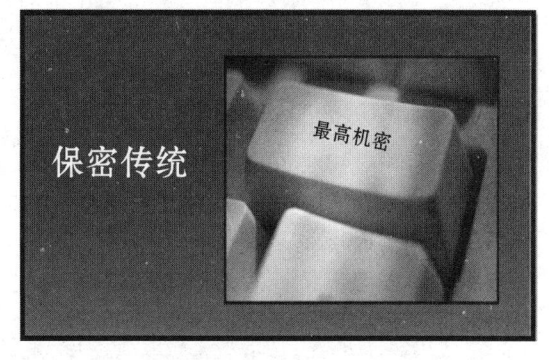

图9 接受公开的市场独立测试的障碍

不过一些供应商很快察觉了我们的开放市场方法的价值,并在不要求数据保密的条件下开始提供测试样品。这些供应商第1次面对令人不安的事实,他们的催化剂也许并不是他们的客户所能见到的最好的。这些供应商开始向我们的挑战迈进,他们将他们的产品与竞争产品在一个公开、公平、独立的平台上一同测试,测试结果所有人都可以看到。这些供应商现在开始习惯开放市场方法并积极使用我们的项目作为帮助改进产品的基准工具,其他催化剂供应商从此也接受了开放市场方法。

8.2 拒绝转变

我们遇到的第2个障碍来自于炼厂对转变的抗拒(图10),也是说,许多炼厂选择催化剂的过程被各种各样的官僚主义所拖累。

抗拒转变导致钟爱现有的事物。许多炼厂多少年来喜欢现行的事物,从没有认真考虑过改变,即使对于购买我们的报告这样简单的事情(这是个非常简单的很小的决定),也会被各种各样的内部阻碍和晦涩的禁令所阻挠。一些公司甚至不允许员工在未得到现有技术提供商同意的情况下查看竞争测试的数据。如此僵化地抗拒转变在今天高度竞争并提供多种良好选择的催化剂市场，成本是高昂的。

我们鼓励我们的客户采纳开放、诚实、直接的催化剂选择方法，在选择过程中关注性能、价格、服务和利润率。

图10　接受公开的市场独立测试的障碍

9　Type Ⅱ 催化剂的故事

我们现在回到 Type Ⅱ 催化剂的故事。我追踪到整个故事有3个特别事件，下面是一个综述（图11）。

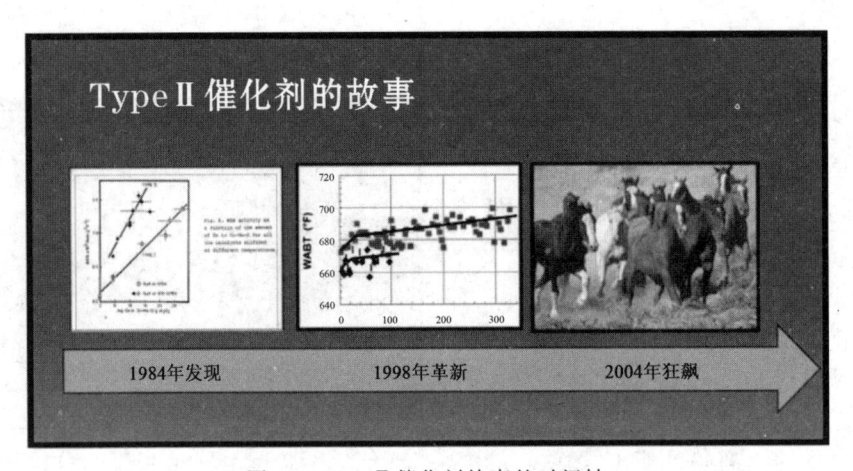

图11　Type Ⅱ 催化剂故事的时间轴

（1）首先，Haldor Topsoe 公司于1984年发表了一张图，那是首次发现 Type Ⅱ 位点，引发了 Type Ⅱ 催化剂的早期开发。

（2）Akzo Nobel 公司于1998年首次展示了 STARS 催化剂，那是一个伟大的商业革新，吸引了炼厂的注意并提供了引人注目的数据，激励炼厂开始逐步涉足。

（3）2004年的狂飙，它是由正在逼近的清洁能源最后实施期限所诱发。

查看这个时间轴，引发一个问题：为什么要花费20年的时间？难道一些渴求利润的炼厂不能早些应用这个价值10亿美元的创新吗？为什么需要用20年行业才最终应用这10亿美元机遇，其间经历大量的市场营销以及政府强制。

这是个非常好的问题，可以在茶歇时间讨论。我的理论概括来说：催化剂技术的突破和炼厂的发展需求都为价值10亿美元的创新打下基础，直到危机出现，成为催化剂革新的直接诱因，引起市场变革。

10　更快地应用创新催化剂

最后我要再次对催化剂供应商持续不断地为炼厂开发高性能产品表示感谢,来结束我的演讲。不仅仅是 Akzo Nobel 公司、Albemarle 公司、Haldor Topsoe 公司和 ART 公司,所有的催化剂供应商都是重要的合作伙伴,炼化技术最积极的创新者。

通过以下几点,我们的独立测试项目正在帮助炼厂更好更快地应用创新催化剂:
(1) 可靠的独立测试数据。
(2) 催化剂评级。
(3) 市场研究。
(4) 催化剂选择的推荐。

所有这些都可以帮助你:
(1) 简化催化剂选择。
(2) 以更高的信心挑选催化剂。
(3) 在催化剂采购过程中节省大量资金。

经过多次证实,这些都是可以实现的,可以负担得起,并且确实有效。我们邀请大家都来参与。

参 考 文 献

[1] P desai, L Gerritsen, Y Inoue, NPRA paper AM-99-40, "Low Cost Production of Clean Fuels with STARS Catalyst Technology", 1999, Washington D. C.
[2] R. Candia, B. S. Clausen, H. Topsoe, Proc. 9th, lberoamerican Symposium on Catalyst, 1984, Lisbon, Portugal.

AM-14-59

天然气用作交通运输燃料对美国及其他国家石油需求的影响

Alan Gelder（Wood Mackenzie，UK）

黄格省　曲静波　译校

摘　要　随着交通运输行业对石油燃料的需求量日益增加，目前已有一些可行的石油替代燃料出现。在石化行业之外，各种中间燃料的竞争降低了石油燃料在固定终端用户中的用量。天然气作为交通运输燃料，对石油燃料的需求造成了长期威胁，这主要是由于：

（1）在同一能量当量基准下，天然气燃料明显要比石油燃料便宜（尤其在美国）。

（2）使用天然气燃料的二氧化碳排放量少，环境效益好。

（3）使用天然气可减少对石油资源的依赖，保障能源安全。

天然气作为交通运输燃料的一个主要应用领域是商用汽车燃料。天然气作为商用汽车燃料目前还面临诸多挑战，包括：能量密度低；燃料加注设施少；天然气汽车价格高。尽管如此，天然气燃料的低成本有助于其在商用汽车领域推广。在美国，液化天然气（LNG）卡车在年行驶里程为 10×10^4 mile 情况下，其投资回收期在 5 年以内，相比柴油车的投资回收期而言要短；而在中国同样的年行驶里程，投资回收期只有 1 年。这就是中国成为全球最大、发展最快的天然气汽车市场的根本原因。预计到 2030 年前后，美国将成为全球第二大天然气汽车市场。

天然气燃料的另一个主要应用领域是用作船用燃料，以满足欧洲和北美地区对近海排放控制区域实施的日益严格的硫排放规定。这也促使船用替代燃料的使用从最初的柴油/瓦斯油转向具有成本优势的 LNG（尤其在美国）。

2012 年用作交通运输燃料的天然气大约为 70×10^4 bbl/d 油当量，预计到 2020 年将达到 150×10^4 bbl/d 油当量，2030 年将达到 300×10^4 bbl/d 油当量。新增天然气用量中，中国约有 27% 用作公路运输燃料，全球约有 20% 用作船用燃料。尽管天然气交通运输燃料用量的增加会抑制石油需求的增长，但不会使石油消费量大幅下降。

1　背景

交通运输是近年来推动全球石油消费增长的主要行业，石油这一传统的优越地位目前正在受到天然气燃料的严峻挑战。

（1）即使按税前基准价格计算，天然气燃料也明显比石油基燃料便宜，由此推动了天然气燃料的商业化应用，详见图 1。

（2）在传统发动机中，使用天然气燃料比使用传统石油基燃料的排放量要少。天然气汽车的二氧化碳排放量比柴油车或汽油车减少 20%～30%，氮氧化物排放量要比柴油车或汽油车减少 75%～95%。

(3) 天然气燃料可满足燃料法规变化要求，推动无硫燃料的使用，例如作为船用燃料。

(4) 作为石油替代能源之一，可减少对石油资源的依赖。

上述观点已经提出多年，并且对燃料市场产生了深刻影响，这是基于以下两方面的变化：

(1) 美国页岩气革命开辟了低成本天然气供应结构调整的新时代，从而助推了不同燃料间价差的增长。

(2) 中国在全球石油能源需求增长中扮演着重要角色，正在通过各种途径增加能源种类，从而降低对任何一种单一能源的依赖。

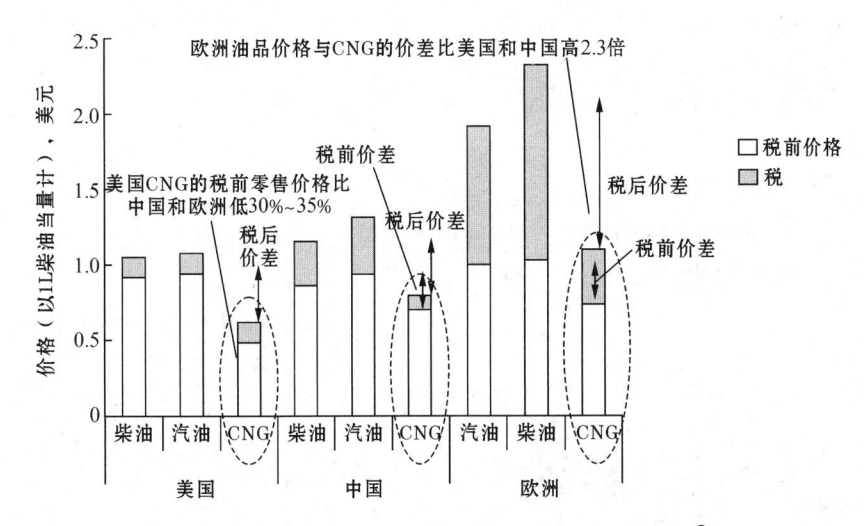

图 1　2012 年美国、中国和欧洲市场燃料价格比较❶

(来源：亚太财经与发展中心、欧洲天然气汽车工业协会)

在图 1 中，对具有代表性的美国、中国和欧洲的交通运输市场 CNG 与柴油、汽油的 2012 年零售价进行了对比，包括税前价格和税后价格，燃料油价格已经调整到按照同期等当量柴油的价格来计算。从图 1 可以看出，这 3 个区域的天然气燃料价格比任何一种燃料油的价格都要低。

除了美国外，欧洲和中国市场燃料油的税费都很高，而天然气燃料由于环境效益好，因此税费均较低，由此导致中国和美国的天然气与汽、柴油税后价差（以 1L 当量柴油计）很接近，均为 44 美分，而欧洲的天然气与汽、柴油税后价差是美国的 2.3 倍，高达 1.3 美元。

天然气燃料进入的主要领域：一是商用车，二是船用燃料。

2　商用车

天然气替代油品作为交通运输燃料的经济性受多重因素的影响，包括与环保有关的政策激励、燃料加注设施的建设情况、相对于可替代燃料的投资成本优势以及包括燃料成本在内

---

❶ 价格为 2012 年各国家/地区的代表价格，实际价格因各省（中国）、国家（欧洲）、州（美国）而异；因为成本较高，所有地区的 LNG 都比压缩天然气（CNG）价格高。

的运行成本优势。

相对于石油基燃料，天然气的能量密度较低，这就意味着相同能当量的燃料，天然气比石油基燃料要占据更多的空间。通常情况下，天然气汽车成本较高。另外，公用天然气燃料加注站的缺乏也是制约天然气汽车发展的因素之一。

交通运输用天然气燃料有不同的储存方式：一是LNG，其体积只有原来的1/600左右；另一种是CNG，其体积是原来的1/100左右。天然气液化的成本要比压缩成本高得多，因此LNG是比CNG更贵的燃料。然而，尽管LNG生产成本高，但巨大的燃料消费需求使得LNG比CNG更适合作为车用燃料，例如，卡车和轮船由于其运输距离远，因此使用LNG更加理想。对于那些本地用车需求多且容易在加气站加气的车辆，例如，城市出租车、公交车、城市垃圾清运车等，就可以首选CNG作燃料。

燃料成本低对于行驶里程长的大型天然气车辆来说特别有利，例如，1辆重型卡车每年的行驶里程很容易达到$1.5×10^5$ km，需要消耗$5×10^4$ L的柴油，但1辆私家车的年耗油量还不到卡车的2%。

图2显示了重型卡车随着年行驶里程的增加，其投资回收周期的变化趋势以及美国、欧洲和中国投资回收周期的变化[1]。

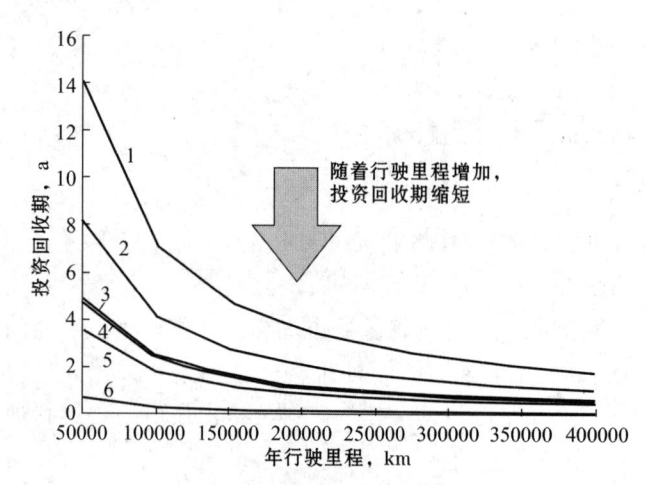

图 2 重型卡车的经济性

1—美国LNG投资回收期；2—欧洲LNG投资回收期；
3—美国CNG投资回收期；4—欧洲CNG投资回收期；
5—中国LNG投资回收期；6—中国CNG投资回收期
（来源：亚太财经与发展中心、欧洲天然气汽车工业协会、
美国能源部、Wood Mackenzie）

欧洲和美国的车辆成本可能已经更新。中国由于CNG转化成本较低，所以投资回收周期相对较短。

图2表明，美国行驶里程为$1.5×10^5$ km/a的LNG卡车，其投资回收期将近5年，行驶里程$3.0×10^5$ km/a的LNG卡车的投资回收期将近2年，与此相当的LNG卡车投资回收期在中国仅为1年，这主要是因为中国LNG卡车的成本较低，可见长途运输选择LNG汽车很有吸引力。LNG重型卡车比传统同等载重量的柴油车高出的成本因不同地区而异，美国为7.5万美元，欧洲为5万美元，而中国仅有2.5万美元。未来，随着经济效益的提高，美国和欧洲LNG卡车与传统同等载重量的柴油车的成本差异势必随着LNG车辆产量的增加和规模效益的扩大而降低。

图2同时表明，CNG卡车的经济性也很有吸引力。但由于行驶里程、储气空间、附加

---

[1] 它们不能直接进行比较，例如，美国的重型卡车通常比中国的卡车要大；中国卡车的核载重量可能比美国卡车的核载重量多；并且由于成本的原因，车辆的安全规程和要求也是不同的，所有这些都将会影响相关的燃料消耗和车辆成本，不过该图反映了我们对不同区域天然气汽车经济性的看法。

载荷以及燃料加注时间等问题的存在，部分用户认为 CNG 车辆不够实用。

燃料加注设施的缺乏是天然气汽车被广泛接受的最大障碍。在欧洲和中国，加油站与加气站数量之比为 50∶1，而在美国加气站则更为稀少，这个比例仅为 80∶1。但是，由于天然气供应、基础设施以及货运需求的不断增加，这种情况也正在发生改变，详见表 1。

重型卡车领域将是天然气汽车燃料需求的最大推动者，其经济性最好，LNG 主要用于长途货运车辆，而 CNG 用于本地货车。中国的天然气汽车销售增长最快，销售量已经超过传统柴油车的 2 倍。预计 2020 年中国天然气重型卡车的市场占有率将超过美国和欧洲，接近 3%，但中国天然气汽车的商业化发展速度仍将是缓慢的，同样，由于天然气价格改革导致的其他领域的高气价，预计将会降低 LNG 供应的吸引力。但是中国汽车市场上新型车辆的旺盛销售量将有助于天然气汽车的快速发展。预计 2020 年后，货运需求量的适度增长，将使 LNG 卡车销量在长时间内呈现缓慢增长的态势。

表 1　CNG 及 LNG 加气站等基础设施建设进展

项目	已建	在建	未来趋势
美国	(1) 仅有 1300 座 CNG 加气站（只有约 50% 向公众开放）、70 座 LNG 加气站（而柴油加油站为 5000 座）。 (2) 加气站主要分布在加利福尼亚州和得克萨斯州。 (3) 每年有 30×10⁴t 来源于 LNG 交通运输燃料生产装置，有 70×10⁴t 来源于调峰	(1) 清洁能源公司、壳牌公司以及 Blu LNG 公司建设了 300 多座 LNG 加注站。 (2) 总产能 150×10⁴t/a LNG 装置正在建设，随需求增长会新增 250×10⁴t/a 产能。 (3) 橇装式 LCNG 装置已应用。 (4) CNG 加注站主要供应私家车、商用车和公务轮船	(1) 在人口稠密地区附近建设 8 个货运通道。 (2) 基础设施增加，城市发展更加清洁化。 (3) 墨西哥沿岸地区建设新的 LNG 出口设施也可以为国内市场增加 LNG 供应
中国	(1) 不同于美国和欧洲，中国的天然气供应设施能力有限。 (2) 需要总产能为 30×10⁶t/a 小型 LNG 装置发展闲置资源，其中一部分用作交通运输燃料。 (3) LNG 加气站在内陆省份分布较为普遍。 (4) 已投运 2000 多座 CNG 加气站，主要分布于沿海城市和一些气源丰富的省份	(1) 现有 7.5×10⁶t/a 的小型 LNG 装置将用作交通运输燃料。 (2) 中国石油、中国海油和中国石化均已计划在全国建设新的加气站。 (3) 小型私营能源公司如广汇、Jovo 能源公司正致力于天然气汽车领域一体化价值链的开发	(1) 一些内陆省区如新疆、陕西、内蒙古等，具有丰富的天然气资源，为今后的发展创造了条件。 (2) 山东、江苏等沿海省份的政府部门鼓励使用天然气作为交通燃料，大力推动天然气燃料在交通运输领域的推广应用
欧洲	(1) 拥有 3000 多座 CNG 加气站，主要向公众开放 (NGVA)。 (2) 意大利和德国 CNG 加气站最多，共有 900 多座。 (3) LNG 加气站数量较少，主要分布在西欧，气源来自比利时、荷兰、西班牙等国家现有的进口终端以及英国等国的调峰装置	(1) 欧洲强制性规定：每 150km 建设 1 座 CNG 加气站，每 400km 建设 1 座 LNG 加气站。 (2) 一些天然气供应商，例如 Gazprom 正在投资建设加气站以推动消费需求。 (3) 英国、法国诸多 LNG 进口终端寻求提供 LNG 卡车卸载设施	(1) LNG 加气站将集中建设在主要的货运通道上。 (2) 横跨欧洲的 8 个 LNG "绿色通道" 的设计已经完成，且都分布在 LNG 进口终端附近

中国的公交车领域是推动天然气汽车发展的最大市场，到2020年LNG汽车将占公交车的15%，而美国仅为4%，欧洲不到2%。北京公交公司拥有6000辆LNG公交车，是目前全球最大的LNG公交车运营商。出于环保方面的考虑，中国政府支持城市发展天然气汽车，加之一些瓶颈问题的逐渐解决，我们认为中国LNG公交车的数量会不断增长。除中国外，其他国家的LNG汽车和CNG汽车数量将会趋于平衡。

天然气汽车在客运和轻型卡车领域的市场份额取决于运营商，总体来看，这部分的市场份额会比较小，特别是在美国。

图3显示了美国、中国、欧洲天然气汽车的市场占有情况及天然气燃料需求情况，图4显示了2030年前相关国家的天然气燃料需求情况。

图3、图4表明，中国已经是全球最大的天然气汽车市场，并正以最快的速度增长，预计到2020年后增速将放缓，但未来全球主要的增长市场仍将在中国。中国的国家石油公司将面临这样的一些选择：要么支持天然气汽车获得更大发展，同时降低炼厂投资以应对柴油供应过剩的局面；要么继续投资炼厂，从而削弱天然气汽车市场的扩张。

目前，美国和欧洲市场对天然气交通燃料的需求比较缓慢，预计未来需求量仍会有所增长，特别是在美国，由于加气"通道"的建成以及早期创新和经营者的市场开拓，其对天然气交通燃料的需求将持续增长。

预计从目前到2030年前后，美国会一直占据全球第二大天然气汽车市场的位置，欧洲的市场增速将不及美国。

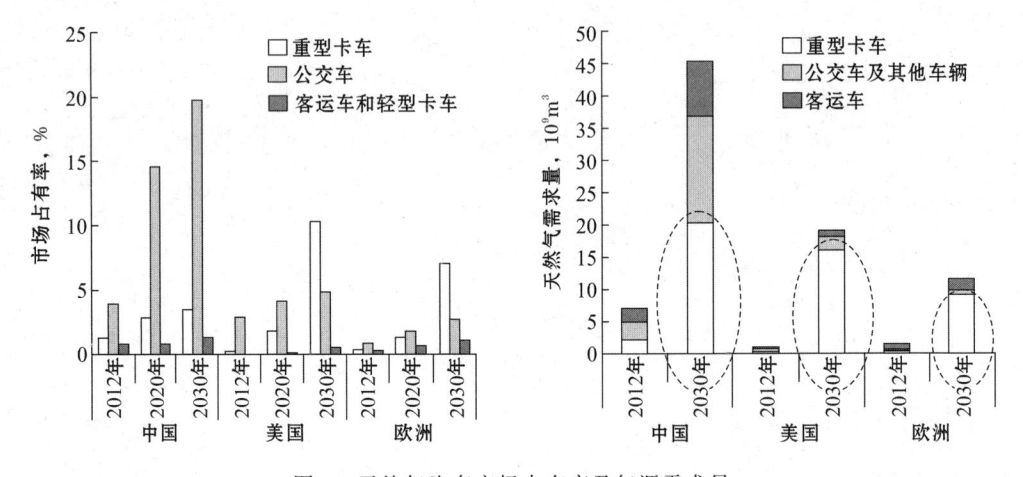

图3 天然气汽车市场占有率及气源需求量
（来源：欧洲国家统计和行业机构、美国能源部、Wood Mackenzie）

3 船用燃料

在排放控制地区，例如波罗的海、北海以及美国和加拿大的沿海地区，船用燃料的硫含量被严格限定，今后其他地区也将申请为排放控制地区。船运贸易模式将在硫排放规格对每个轮船的影响程度中起重要决定作用。

Wood Mackenzie公司分析认为，为满足2015年可能实施的船用燃料0.1%硫含量这一严格标准，瓦斯油是近期最主要的解决方案，而LNG将是一个长远的考虑。对于行驶范围

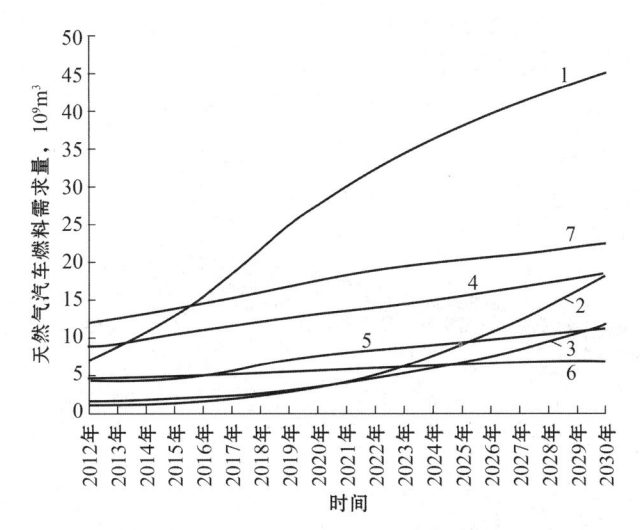

图 4 2012—2030 年相关国家天然气汽车燃料需求量

1—中国；2—美国；3—欧洲；4—伊朗；5—印度；6—巴西和阿根廷；7—其他

超出排放控制地区的轮船，很难确定哪一种燃料方案是最优方案，或许可选择双燃料方案。全球船用燃料 0.5% 的硫含量指标可能在 2020 年或 2025 年实施，这有助于进一步推动 LNG 燃料使用。

图 5 是对 LNG 进入船用燃料市场后燃料替代情况的预测结果。从图 5 可以看出，北美地区 LNG 替代瓦斯油最多，但由于中国市场用 LNG 替代瓦斯油后价格折扣很低，因此用 LNG 替代瓦斯油最少。

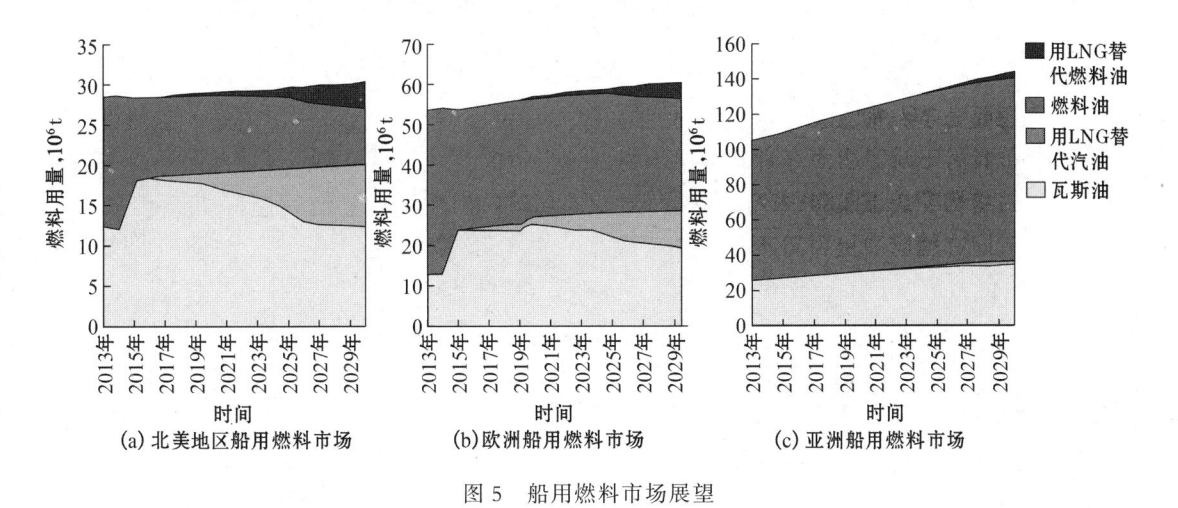

(a) 北美地区船用燃料市场　(b) 欧洲船用燃料市场　(c) 亚洲船用燃料市场

图 5 船用燃料市场展望

4 结论

2012 年全球交通运输领域天然气用量约为 70×10^4 bbl/d 油当量，预计 2020 年将增加到 1.5×10^6 bbl/d 油当量，2030 年增加到 3.0×10^6 bbl/d 油当量，其中，中国道路交通燃料用气量占 27%，全球船用燃料用气量占 20%。

目前交通运输用天然气已经对汽油市场造成很大影响,但今后这种状况会有所变化。以重型卡车和公交车为主的公路车辆使用的柴油以及船用瓦斯油,都将受到需求不断增长的天然气燃料的巨大冲击,预计2030年这几个领域的天然气用量将超过1.5×10^6 bbl/d油当量,但在2030年之前,交通运输用天然气燃料的发展不会使石油需求大幅降低,详见图6。

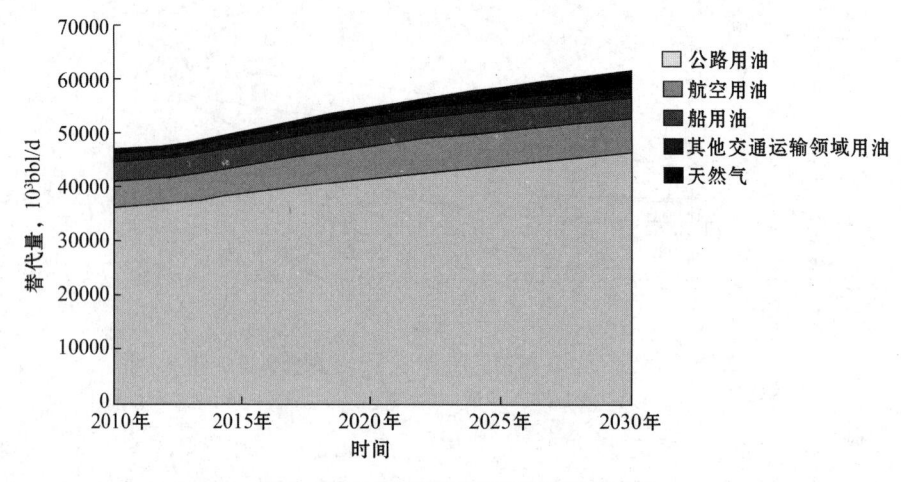

图6 天然气对交通运输燃料的替代量

从发展趋势看,未来天然气对交通运输燃料的替代还存在许多风险和不确定性,主要包括:(1)加气站的发展速度;(2)前期发展积累的经验;(3)规模化发展的经济性与运营成本;(4)未来油气价差的变化;(5)国家政策与公众的支持;(6)来自柴汽比或替代技术改进方面的竞争不断加剧;(7)天然气在铁路等其他交通运输领域的发展潜力。

AM-14-02

可再生燃料标准Ⅱ（RFS2）实施现状及发展趋势

Thomas Hogan（Turner，Mason & Company，USA）
雪 晶 何 皓 译校

摘 要 本文围绕美国能源署颁布的可再生燃料标准Ⅱ（RFS2）项目，回顾了该项目在2013年实施过程中遇到的问题，并对比分析了美国能源署在规章制定通知联邦公报中针对该项目的修订方案。分析了项目修订前后关于可再生燃料配额义务量的变化，探讨了可再生燃料认证码（RIN）的价格、RIN所有权体系及RIN库存对项目可持续性的影响，分析了项目的不确定性，并对下一步该项目的发展及变化趋势提出了自己的见解。

1年的时间足以发生很多变化。去年美国可再生燃料标准（简称RFS2）项目看起来变得不可持续了，这是因为美国环保署重新审视了一些现象。随后提出了减轻2014年义务的方案。

如果这个方案能够得到实施并且不断完善，RFS2项目将会从濒临取消的边缘被重新拉回至可持续发展的轨道。从目前管理条例的角度来看，我们需要快速总结一下一年前这个项目的状况。

1 回顾

2013年，RFS2项目看起来变得不可持续了。2013年人们对于汽油的需求量仅为$8.8×10^6$bbl/d，且由于燃油经济性标准（CAFE标准）的出现，未来几年汽油的需求量预计会继续下降。人们对于石油/乙醇掺混比超过10%（即E10）的需求量很小，而且关键在于对于E15的需求量为0，对于E85的需求量只有不到$1×10^8$gal。尽管2012年以强劲势头提出了"上年度可再生燃料认证码（RIN）库存"概念，但这些库存在2014年之前将会消耗掉。最后，可再生燃料配额义务量（ROVs）将会带动年约$20×10^8$gal的消费，成为最主要的增长因素。如果没有对于ROVs的修正，那么短期内唯一合法的解决方案就是在RIN允许的范围之内限制汽油及柴油的供应。类似这种人为的市场限制方案会造成供应短缺，而且会导致加油站出现排长队的情形。

美国环保署已经认识到了这些问题，综合分析之后在2013年11月的《美国规章制度联邦公报》（简称《公报》）中提出了改进方案。

2 新提议

美国环保署提出了一项针对2014年可再生燃料消费的建议，与2013年相比，在很大程度上降低了使用的ROVs，2年的ROVs对比见表1。

图1显示了美国能源信息局与美国环保署近年来关于可再生燃料强制性使用ROVs规定的对比。

3 对于项目所提出的改变

根据表1和图1所示，2014年提出的先进生物燃料和可再生燃料规定的ROVs比之前明显减少，理解关于规定用量减少这一逻辑非常重要。2007年《美国能源独立与安全法案》对可再生能源进行立法，其中包括一项通用的弃权条款，即当其国内无法提供可满足可再生能源需求的供应时，上述ROVs可以修正。在2014年的《公报》上，美国环保署也对其进行解释，表示如果消费者无法得到可再生燃料，那就说明"供应"不足。对此美国环保署有如下考虑：(1) E15的需求量接近于0，至少部分原因是义务问题；(2) 由于受设施分布局限的影响，2014年E85的需求量仍将很有限；(3) 几乎所有提供给消费者的乙醇都源自E10。以上3个因素造成了"掺混壁垒"。

表1 RFS2项目2013年及2014年的ROVs对比　　　　单位：10^8 gal

可再生燃料类型	2013年	2014年 原方案	2014年 新方案 概算	2014年 新方案 范围
纤维素乙醇	0.06	17.5	0.17	0.08～0.30
生物柴油	19.2②	15.0①,②	19.2②	19.2②
先进生物燃料	27.5	37.5	22.0	20.0～25.1
可再生燃料	165.5	181.5	152.1	150.0～155.2
（隐含的）玉米乙醇	138	144	126③	—
预期的先进燃料乙醇	5	5	4	—

①最小需求量，每年由美国环保署设定（在可用量超过$10×10^8$ gal时设定此目标值）。
②乙醇当量RINs（生物柴油物理掺混量的1.5倍，$12.8×10^8$ gal）。
③2014年改变了计算炼厂汽油调和组分玉米乙醇的方法，美国环保署假设全部的乙醇消耗需求（约$130×10^8$ gal）将全部由先进的生物燃料乙醇（大约$4×10^8$ gal巴西甘蔗乙醇）和玉米乙醇组成。

美国环保署提出了2014年以及未来几年的规划：(1) 计算人们对于汽油调和组分中乙醇的需求量（E10、E15和E85）；(2) 计算其他可再生燃料的可供应量，包括生物柴油以及其他先进的燃料；(3) 估算纤维素生物燃料的可供应量。美国环保署意识到超过90%的先进生物燃料来自于巴西的甘蔗乙醇。于是2014年关于ROVs的强制性规定随即变为：(1) 纤维素生物燃料——按照美国环保署的预计产量；(2) 生物柴油——按照美国环保署的预计产量；(3) 先进生物燃料——按照美国环保署预计的巴西甘蔗产量加上$1×10^8$ gal非乙醇先进生物燃料；(4) 可再生燃料——生物柴油、非乙醇先进燃料以及可用于E10、E15和E85的乙醇。

为避免乙醇计量的重复，对可再生燃料使用义务的计算不包括先进生物燃料中独立添加的乙醇量。

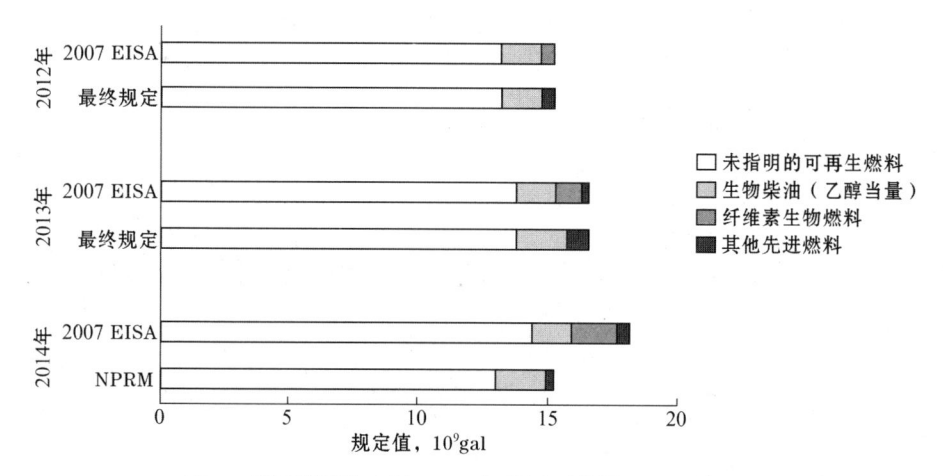

图 1 美国能源信息局 RFS2 与美国环保署 ROVs 的对比

(EISA 的全称是 The Energy Independence and Security Act of 2007，2007 年由美国国会通过，一般英文简写为"2007EISA"，译为美国《能源独立与安全法》。NPRM 的全称是 Notice of Proposed Rulemaking，译为规章制定提案通知。来源：美国能源信息管理局、美国环保署)

这一计算方法明显偏离了原始管理条例的规定，但是如果这个方法可以最终被批准并在未来几年得以施行，那么它将能够使这个项目持续更久。

4 RIN 价格

2013 年初，RIN 价格曾急剧上升，这成为原项目不可持续的征兆之一，RIN 的历史价格如图 2 所示。

自从 2010 年中开始施行 RFS2 项目以来，生物柴油认证码（D4 RIN）的成本一直较高。然而乙醇认证码（D6 RIN）是目前规模最大的，而且其价格从最初的每加仑几美分迅速上涨，到 2013 年增长至每加仑超过 1 美元，从而导致 RIN 总的年度成本从 20 亿~30 亿美元预计将增至 170 亿美元以上。如果到 2022 年 RIN 继续保持高成本甚至更加严重，同时规定的 ROVs 未得到修正，那么 RIN 的总成本将会超过 360 亿~400 亿美元。

2013 年的价格上涨至少有一部分原因要归结于，如果这个项目义务不

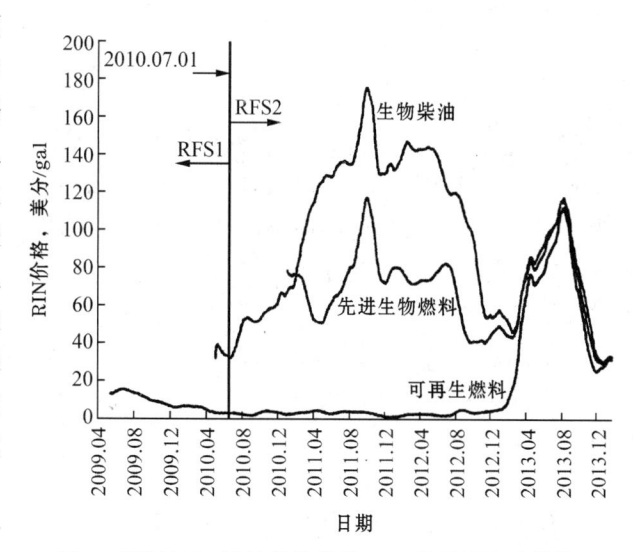

图 2 近年 RIN 平均价格趋势（30 日平均滚动价格）

进行改变，那么 RIN 的供应量在最近几年将会短缺的假设。在 2013 年 8 月 15 日 ROVs 最终设定时，美国环保署认识到了这个问题。图 3 显示了 2013 年 10 月 RIN 价格的持续回落，直到 11 月提出 2014 年的"ROVs"，这是由于美国环保署的保证消除了 RIN 价格的压力。

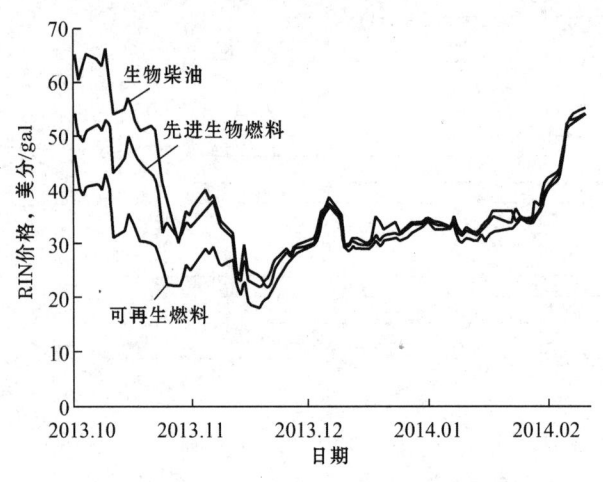

目前，2014 年，RIN 价格稳定发展了几个月之后在 2014 年初开始上涨。

图 3　2013 年 10 月至 2014 年 2 月 RIN 价格的走势

5　RIN 所有权体系

可再生能源项目是唯一一个信用度所有权（被称为 RINs）可以属于愿意注册此项目的任何人的联邦燃料项目。苯信用度和硫信用度必须由精炼厂掌握，并且其转让只能发生在几个炼厂之间，中间人可以促成这笔交易，但是他们无法成为这些信用度的拥有者。RSF2 体系应该营造一个更加透明的市场环境，但是如果在开放的市场中实际用来交易的 RIN 数量较小，那么它也有可能导致市场扭曲。另外一个可能的扭曲因素是，如果非义务方在他们之间进行交易，那么短期走势将不会在这些义务方之间的价格中反映。

另外，义务方的 RIN 价格可能差异显著，这取决于如何得到这些 RIN，比如是通过长期合约，还是依赖于炼厂的替代燃料（BOB）供应，或是由配混商供应等。

例如，对于既是可再生燃料生产者又是义务方的，可以分解 RIN 直至满足其再生燃料的 ROVs。如果义务方也具有将可再生燃料与传统燃料调和的能力，那么拥有 RIN 将不会产生任何费用，因此 RIN 的成本将接近于 0。如果该义务方不具备将可再生燃料输入其运输基地掺混的能力，那么理论上他则必须以一定的折扣将这些可再生燃料卖给其他具有调和能力的配混商。在这种情况下，RIN 的高价格将会对该义务方产生较大影响。

商业炼厂是受高价 RIN 影响最大的义务方，他们必须将未经氧化的掺混原料卖给批发商，批发商最终将这些汽油进行氧化处理。这种情况下，配混商就会保留 RIN 并可以卖给出价最高的竞拍者，这样一来，商业炼厂必须买下所有独立的 RIN，理论上，他们将以市场价购买 RIN。

在这两种极端情形中间关于 RIN 的获得还存在很多排列可能，这很可能是因为几乎没有多少义务方仅仅属于某一种类别。

6　RIN 库存

RFS2 项目一个很重要的特征是 RIN 从当年到下一年的移后扣减结转，项目中包括了对于不可预知的农作物欠收所造成的影响进行帮助缓解,当年的 RIN 和前几年的 RIN 可以用来满足义务方的 ROVs。然而,利用前几年的 RIN 来满足今年 ROVs 的上限应不超过今年 ROVs 的 20%。举例来说,2013 年的总 ROVs 是 165.5×10^8 gal,因此 2012 年中只有 33.1×10^8 gal 的 RIN 可以用来满足 2013 年的 ROVs。由于 2012 年的 RIN 在 2013 年后将变得毫无价值,经济学理论指出,只要存在 2014 年需要使用 2013 年 RIN 的期望,义务方在 2013 年就应该尽可能多地使用 2012 年的 RIN。

RIN 与可再生燃料是否分离是 RIN 库存的一个重要特征。在某些特定事件中,5d 内需要完成这种分离。由像精炼厂这样的义务方拥有 RIN 所有权以及由燃料调和之后的义务方拥有所有权是两个主要的事件。美国环保署跟踪了解 RIN 的状态,表 2 为 2013 年 RIN 状态的总结。

表 2　2013 年 RIN 状态报告[①]　　　　　　　　　　　　　　　单位:10^8 gal

参数		生物柴油(D4)	先进生物燃料(D5)	可再生燃料(D6)
产生量		27	6	133
出口量[②]		3	0	6
收回量		0.5	0	2
分配量		3	0	8
可用的 RIN	出口配额收回	23	5[③]	123
	出口配额未收回	20	5[③]	117

[①] 2013 美国环保署全年 12 个月的统计数据(认为纤维素乙醇量对此无影响)。
[②] 基于美国能源信息管理局出口信息。
[③] 四舍五入后取值。

2013 年 RIN 有效性及 ROVs 的对比见表 3。

表 3　2013 年 RIN 有效性与 ROVs 对比　　　　　　　　　　　　单位:10^8 gal

参数		生物柴油(D4)	先进生物燃料(D5)	可再生燃料(D6)	RIN 合计
可用的 RIN	出口配额收回	23	5	123	
	出口配额未收回	2	5	117	
	ROVs(2013 年)	19.2[①]	8.3[②]	138[③]	165.5
	2012 年可用的 RIN	3	2	2	25
RIN 库存	出口配额收回	4	(3)	(15)	(14)
	出口配额未收回	1	(3)	(21)	(22)
2013 年 RIN 净库存	出口配额收回	7	(1)	5	11
	出口配额未收回	4	(1)	(1)	2

注:数字加括号表示该数值本身其实是负的,在表中用了绝对值显示,所以数字加了括号。
[①] RIN 相当于 12.8×10^8 gal 生物柴油。
[②] 纯先进生物燃料,由 27.5×10^8 gal ROVs 减 19.2×10^8 gal 生物柴油得到。
[③] 纯可再生燃料,由 165.5×10^8 gal 减 27.5×10^8 gal 先进生物燃料得到。

RIN 库存的影响也可以根据美国能源信息管理局的数据分析，这些数据包括了可再生能源的消费量（表4）。

表 4 RIN 预计余额 单位：10^8 gal

时间	2013 年	2014 年
年初库存（2012 年）	25.6	10.8
RIN 总义务量	165.5	152.1
生物柴油掺混量	13.3	15
生物柴油 RIN（掺混量的 1.5 倍）	20	22.5
TM&C 预期汽油需求量	87.63	87.69
乙醇调和比例	97.3	98
乙醇 RIN（玉米乙醇＋先进燃料）	130.7	131.7
产生的总 RIN	150.7	154.2
RIN 结余	(14.8)	2.1
年底 RIN 库存	10.8	12.9

注：数字加括号表示该数值本身其实是负的，在表中用了绝对值显示，所以数字加了括号。

RIN 历史库存见表5。

表 5 RIN 历史库存 单位：10^8 gal

可再生燃料类型	2010[①]年底库存（过期的）	2011[①]年底库存（过期的）	2013[①]年启用的 2012 年库存
纤维素乙醇	0	0	0
生物柴油	0.03	0.19	3
先进生物燃料	约为 0	0.02	2
可再生燃料	4	2.5	20
合计	4	3	25

①来自 2010—2013 年的 EMTS（美国可再生燃料标准—调试交易系统）信息数据。

2010 年和 2011 年过期的 RIN 意味着这两年的 D6 RIN 有剩余，并没有用完。另外，值得注意的是，在 2014 年 6 月 30 日完成 2013 年的 RIN 义务量之后，2012 年剩余的 RIN 非常少，理论上几乎为 0。然而，由于 RIN 的分配并不完美，因此很可能会允许 2012 年的一些 RIN 过期。任何过期的 RIN 都会降低 2013 年能够结转至下期的 RIN。

美国环保署将其提出的 2014 年 ROVs 设计成中性库存，这不一定是未来几年的发展方向。美国环保署在注释中写道，他们曾期望在 2013 年减少 RIN，并且一旦库存再次看起来很充足，在设定未来 ROVs 时将有可能减少库存。

RIN 库存是表征 RIN 是否缺乏的一项合理的指标，而且可以对 RIN 价格产生一定的影响。然而，美国环保署关于 2013 年剩余库存的使用以及接下来 2014 年 ROVs 的削减使得利用库存作为价格强有力的指标变得困难。

7 项目的不确定性

项目的不确定性是导致过去几年 RIN 价格波动的原因。这个项目如此脆弱，以至于一些人相信这个项目可能会进行甚至比《公报》提出的意见更加严格地修改、抑制或完全取消。另外，这个项目具有一些特点使其更具灵活性，但同时也难以获取足够的信息来预测该项目能否在任意给定的一年顺利进行。下面列举了该项目的部分特征：

（1）这个项目要求在特定情况下 RIN 分离。在一些诸如主导权应属于义务方还是生物燃料调和商等触发事件中，这种分离应在 5d 内进行。美国环保署允许各方对于 RIN 的分离时间可以 2.5 的系数浮动。对于不想加入此项目的可再生燃料生产商，这项规定允许 RIN 在其间的转让。最终结果是在任意一个季度末都无法确定究竟掺混了多少可再生燃料。

（2）今年 RIN 不再出口已不是公共的信息。根据年终信息，用来抵消这些出口的 RIN 可能过期，也可能还没有过期，直到报告提供了证明材料信息才完整。2013 年的信息大概会在 2014 年 8—9 月得知，这对于规划 2014 年的 ROVs 而言为时已晚。

（3）延迟设定 ROVs。

8 未来趋势

这个项目在很大程度上还会具有许多的不确定性。多次出现的典型例子就是关于最终 RVO 发布的延迟，总是在上年 11 月截止日期之后才发布。除此之外，这个项目设置了一些强制性的暂停点。美国环保署针对法律规定的回应方式将具有启发性，例如，如果可再生燃料在连续 2 年内持续减少 20%，那么法律规定相关机构需要修改规定的 ROVs。

以下是法律条款说明：

适用量修正——对于第（2）小节的任意表格，如果管理者放弃①任何表中提出需要连续 2 年至少 20% 的适用量，或② 1 年至少 50% 的适用量，那么管理者应颁布一项规定（在此次放弃行为之后 1 年以内），对该表中提到的其后若干年的适用量进行修改，使其与放弃声明一致，除非在 2016 年之前任何一年都没有关于适用量的类似修正。

基于这个标准，最起码在 2016 年及以后关于纤维素适用量的规定需要修改。在 2014 年的 ROVs 和 2015 年的生物柴油 ROVs 基础上，2014 年和 2015 年先进生物燃料 ROVs 很有可能减少 20% 以上，因此，2016 年及以后关于先进生物燃料的规定需要修改。同样，基于 2014 年提出的 ROVs 算法，2015 年和 2016 年的可再生燃料 ROVs 很有可能比最初要求的值低 20%，截至 2017 年，可再生燃料 ROVs 也需要修改。

根据 2014 年的《公报》，上一年的 RIN 库存将有可能保持不变，然而，如果库存趋于临界值，美国环保署愿意使其暂停。而且，根据美国环保署的意见，如果库存太少，会坚持通过减少下一年的 ROVs 来进行弥补。

美国对可再生燃料使用量较低的要求很可能导致可再生燃料出口的增加，乙醇和柴油已经出口。

如果美国环保署希望通过提高常规汽油的辛烷值适应低排放发动机（这种发动机需要使用高辛烷值汽油以达到 CAFE 标准），那么为了提高乙醇用量可能还会有一些经济上的刺激。

能够使用 E85 的双燃料汽车数量不断增长，然而 2017 年汽车生产商能从 CAFE 项目中得到的贷款将会大幅减少。如果没有 CAFE 贷款，除非公众要求有更多的双燃料汽车，否则汽车生产商将会减少生产双燃料汽车。迄今为止，双燃料汽车的增长源于国内汽车生产商试图达到 CAFE 标准，而并非源于消费者的需求。如果可以使用 E85 的机动车数量没有显著增加，就不会有足够多的车辆来使用 E85，更不会达到美国能源信息局最初设定的截至 2022 年可再生燃料消费量增至 360×10^8 gal 的标准。最后，即使所有的汽油调和组分都变成 E15，也难以实现最初要求的在汽油中添加 20％乙醇的目标。

关于生物柴油混合的贷款也已经到期，现在的问题是它是否会续贷，而且如果续贷，这种续贷是可逆的吗？坦白讲，我们不知道，然而，基于最近几年的发展史，这种情况极有可能出现。如果没有可再生燃料混合贷款，实际可获得的生物柴油可能少于其产能，并且不会超过 ROVs。

在我们看来，目前最大的不确定因素是美国环保署能否允许 RIN 价格上升至一定高度，以刺激运输燃料中生物燃料量产生重大变化。在市场中能够促使这种变化发生所需要的 RIN 价格应明显高于 2013 年的价格高点，作为推动乙醇及生物柴油进入运输燃料市场主要动力的 RIN 价格在目前这份《公报》中没有提及。

催化裂化

AM-14-23

通过催化裂化催化剂技术的优化实现致密油加工价值最大化

Shaun Pan, Alicia Garcia, Alexis Shackleford, et al
(BASF Corporation, USA)
陈 红 李 琰 译校

摘 要 美国廉价的致密油为炼厂提供了新的发展机遇，并改变了大部分炼厂的生产格局。致密油虽然具备一些优异的性能，但不同来源的致密油原料品质存在着较大差异。BASF公司作为致密油催化剂的领先供应商，开发了多种系列催化剂，同时在致密油生产装置上拥有非常丰富的经验，能够为切换加工致密油的炼厂提供量身定制的催化剂产品，并根据原料和装置的特点提出工艺调整建议以及增值技术服务，协助炼厂挖潜增效，提升生产装置的经济效益。本文重点介绍了3套不同装置在加工致密油时遇到的不同问题，以及BASF公司针对性解决这些问题的措施。

致密油的生产已经改变了美国大部分地区的炼厂格局。市场预测显示，致密油生产率的持续提高给国际炼油业带来了巨大变革，根据哈特能源公司的预测，到2020年致密油的产量将会占到美国国内原油产量的46%[1]。虽然致密油具有较高的品质，但许多美国炼厂先前已经配置了相应的工艺操作来适应加工不断劣质化的重质原油，因此要加工致密油，炼厂的流化催化裂化（FCC）装置需要大幅调整操作工艺，而催化剂的筛选和整个催化剂的管理策略是实现最优化工艺的关键因素。BASF公司在为加工致密油的炼厂提供FCC催化剂方面是市场的领导者。致密油FCC原料通常质轻，富含烷烃，杂质种类多，并且减压瓦斯油（VGO）和渣油含量低。根据不同FCC装置的操作情况，加工致密油所面临的挑战也会有所不同。一些装置需要应对高产液化石油气（LPG）、热平衡的稳定控制、原料中碱金属含量较高、催化剂上铁负载量增加以及进料速率降低等问题；其他装置则会因为致密油中VGO的含量较少而造成FCC装置原料短缺，为了保证FCC装置的效能，炼厂需要购买VGO原料或者在FCC装置中引入渣油原料。本文将举例说明BASF公司如何通过操作调整、催化剂革新、强大的技术服务承诺来帮助我们的客户实现致密油加工的价值最大化，BASF公司提供多样的催化剂组合以灵活应对不同需要，如催化剂的高活性、适度的焦炭变化量以及高抗铁污染能力等。

不同油田的致密油性质存在着差别，即使是相同油田的致密油，其性质也有明显差异。采用卡车和铁路分批运输会促进致密油性质的改变，即使存在这种可变性，致密油原油仍然呈现出许多常规性质。致密油具有形成时间短、轻质、低沸点、康氏残炭值低、石脑油和中间馏分油含量高、VGO馏分较少、几乎不含减压渣油的特点。致密油中，杂质硫、氮、镍和钒含量低，但杂质钠、钙、钾和铁含量较高。高含量的石脑油和中间馏分油可能会阻塞原油塔，从而限制原油进料速率。低硫会减少通过炼厂的硫进料量，因此减轻了硫黄加工厂的负荷。由于高含量的石脑油中具有更多的烷烃，因此要维持辛烷值平衡会变得困难，这就需要将烷基化和重整工艺的生产调整到最大化，同时要更加关注 FCC 汽油的辛烷值。由于原油中的渣油含量低，炼厂可能要考虑关闭渣油加工装置，并且将渣油直接送入 FCC 装置。当轻质/低硫致密油与重质/高硫原油混合无法形成均相混合物而导致产生沥青质沉淀时，原料油的相容性问题需要特别关注。

在 FCC 装置中加工致密油在给炼厂带来实惠的同时也带来了挑战。致密油中的 VGO 馏分通常是轻质、低焦炭，硫、氮、镍和钒等杂质含量低，表 1 给出了两种致密油与 WTI 原油以及 Maya 原油[2]中 VGO 馏分的对比情况。致密油中的渣油馏分和 VGO 馏分在性能上显示出相同的趋势，包括轻质和焦炭产物低。轻质、低沸点的原料容易转化为较轻的产物，原料中的杂质硫和氮含量较低，因此能够降低产物汽油中的硫含量以及烟气中的氮氧化物和硫氧化物，使得产品更容易满足质量标准。由于所含的镍和钒杂质较少，所以产生的氢气和焦炭也会更少。然而，高转化率和 LPG 的高收率可能会限制气分装置的产量，从而影响到 FCC 装置的产率。低焦炭产率会影响装置的热平衡和催化剂的循环。

表 1 不同原油中 VGO 馏分的性能

VGO 馏分的性能	得克萨斯页岩油	Bakken 页岩油	WTI 原油	Maya 调和油
API 度，°API	31.9	24.5	26.3	21.0
硫含量，%（质量分数）	0.18	0.27	0.46	2.05
酸值（以 KOH 计），mg/g	0.049	0.053	0.095	0.085
氮含量，%（质量分数）	0.01	0.11	0.13	0.18
折射率（67℃）	1.4588	1.4824	1.4759	1.498
镍含量，μg/g	0.09	0.47	0	0.64
钒含量，μg/g	0.08	0.14	0	4.48
康氏残炭，%（质量分数）	0.03	0.68	0.01	0.47

虽然致密油中的常规杂质含量低，但是可能会含有较多的铁、钠和钙等杂质，因此需要加入更多的催化剂。FCC 原料中的铁杂质受到许多炼厂的特别关注[3]，催化剂外部的铁沉积物会在催化剂表面形成钉状突起。BASF 公司加工致密油的平衡催化剂中含有 1.5％（质量分数）的铁，如图 1 所示。铁作为一种温和的脱氢催化剂会增加氢气和焦炭的产量，并且能够用作一氧化碳助燃剂（这在部分燃烧的装置中可能是个问题）；铁会降低平衡催化剂的表观堆密度，在铁含量非常高时可能会导致催化剂的孔口堵塞。BASF 公司开发的诸如 DMS 和 Prox-SMZ 平台[4,5]催化剂具有高孔隙度，对于铁引起的孔口堵塞具有优异的耐受性。图 1 是 BASF 公司对世界上所有平衡催化剂分析的柱状图，可见 BASF 公司向加工含较高铁含量原料的大多数 FCC 装置提供催化剂。电子显微镜照片说明在加工致密油装置中的

平衡催化剂上存在铁质突起。钠是一种可以中和催化剂上酸中心的碱金属,BASF 公司提供一些钠含量极低的新鲜工业催化剂,具有极好的抗钠污染能力,图 2 中的柱状图显示了 BASF 公司的钠含量极低的新鲜催化剂如何在 BASF 公司平衡催化剂中达到低钠含量的。BASF 公司新鲜催化剂上低含量的钠也会降低杂质钒的不利影响,因为钒与钠会产生协同相互作用[6]。致密油原料中还能看到磷、铅和钡等不常见杂质,但它们的含量很低,所以不会对 FCC 的产量和催化剂选择性产生明显影响。

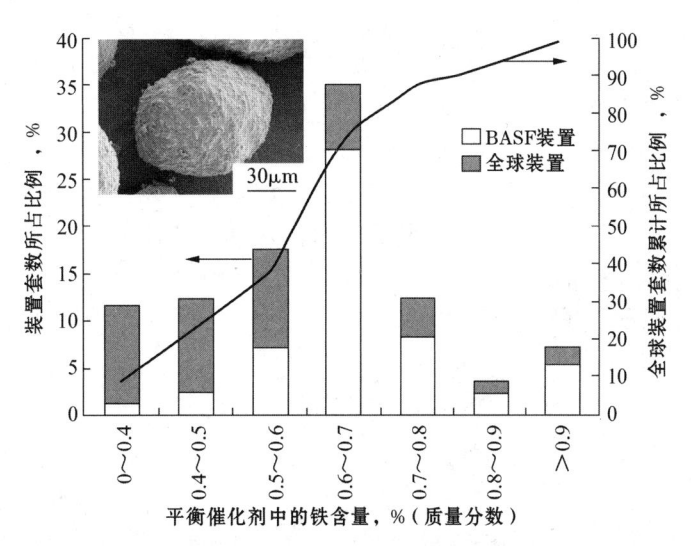

图 1 2013 年第 2 季度 BASF 公司对所有平衡催化剂中铁含量的分析

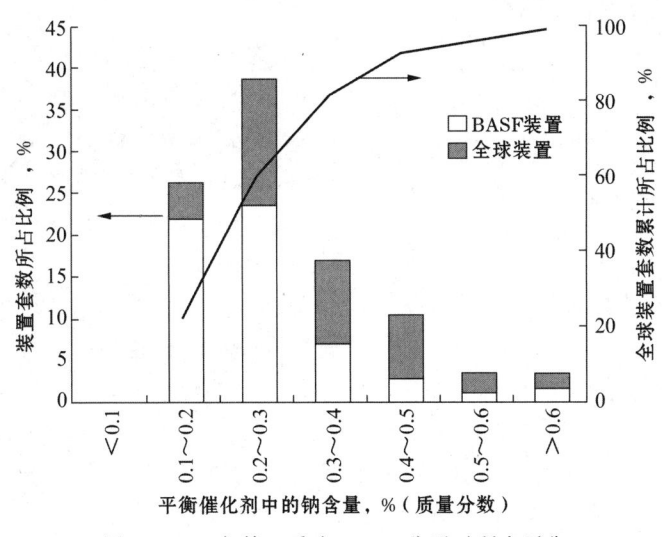

图 2 2013 年第 2 季度 BASF 公司对所有平衡催化剂中钠含量的分析

对于加工致密油的炼厂来说,热平衡通常是面临的最主要挑战。焦炭产量低的原料会导致再生器温度较低,结果限制了催化剂的循环;较低的焦炭产出使得鼓风机在低气量下运转,以保持通气格栅的压力降。维持焦炭有效燃烧的再生器最低温度通常为 1250～1260°F,提高再生器床层温度的操作包括:使用一氧化碳助燃剂来减少二次燃烧,从而提高床层温度;减少部分燃烧或尽量达到完全燃烧;增加原料预热过程;使用氧气喷射。提高 FCC 装置床层温度可以通过增加重循环油/油浆循环(喷嘴腐蚀可能是个问题)来提高焦炭变化量,降低加氢处理装置对 FCC 原料的苛刻度(如果可能的话),以及在 FCC 装置中加入更多的渣油原料。通过改进催化剂来提高焦炭变化量的方法包括:加入更多的催化剂来保证平衡催化剂具有更高的活性;采用稀土含量更高的催化剂或者替换为焦炭选择性更低的催化剂。如果装置不能维持热平衡,可以考虑比如打开空气预热器、加入燃烧油、减少散热或者采用水蒸气汽提等一些不太建议采取的办法。在户外启动运行时,空气预热器和通气格栅要反复检查以免损坏。加入燃烧油、减少散热或者采用水蒸气汽提会造成较高的催化剂失活率,以及会燃烧比焦炭更有价值产物的负面影响。对于再生器床层温度低所需要考虑的另一个问题是，再生装置可能会因为滑阀的压力降使得循环受限，增加原料的预热过程可以减少催化剂的循环量，同时由于焦炭产量降低、液收相应增加而带来额外收益。如果再生装置中有燃料气加热器，那么在较高的预热温度下操作就可以燃烧比焦炭更便宜的天然气而带来经济效益。催化剂床层高度的变化也会带来少量收益。一种长远的选择是改变滑阀口径来解除滑阀压力下降的限制。

高烷烃特性的致密油可以用来生产低辛烷值的直馏石脑油以及通过 FCC 生产低辛烷值石脑油。将催化剂调整为稀土氧化物含量较低的催化剂可以提高汽油辛烷值，但是会让热平衡发生偏移，同时可以考虑采用 ZSM-5 来提高汽油辛烷值以达到气体压缩机的极限值。

油浆体系对于炼厂来说可能是另一个挑战，加工不相容的原油会因为沥青质沉淀而导致油浆交换器结垢。配制低浓度油浆会带来较高的灰分含量，这是因为油浆浓度、主分馏塔底部非常长的停留时间以及油浆的低流速都会导致结垢和管线沉降。

作为北美市场的领导者，BASF 公司提供创新技术和增值技术服务来帮助炼厂提高收益，从而抓住致密油加工的机会。BASF 公司的大部分客户靠近致密油产区，并且美国石

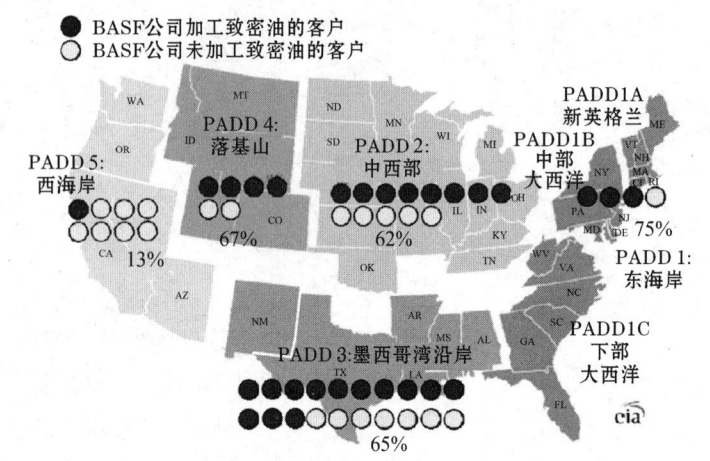

图 3 每个石油防御管理区内转换加工致密油的炼厂中 BASF 客户的数量和比例
（来源：美国能源信息署[7] "石油防御管理区"地图）

油防御管理 1 区、2 区、3 区和 4 区内超过 60% 的客户已经在炼厂中成功转换加工致密油（图 3）。我们预计更多炼厂将开始加工致密油，因为致密油的获取途径不断拓宽，并且加工致密油的难题也已经克服[7]。在加工致密油之前已经使用 BASF 催化剂的炼厂中，只有 1 套装置需要改用 BASF 新型催化剂来解决致密油加工的问题。以前未使用 BASF 催化剂的装置中，有 3 套装置在炼厂引入致密油业务后更换成 BASF 催化剂。更换成 BASF 催化剂或是对 BASF 客户的催化剂进行微调的案例说明 BASF 的催化剂技术非常适于炼厂加工致密油。

致密油对 FCC 装置的影响因炼厂运行条件而异，下面给出了致密油原料对操作的不同影响以及运用 BASF 催化剂技术解决方案的 3 个工业实例。

第 1 个例子是采用加工未加氢处理的 VGO 装置，利用 BASF 公司的 NaphthaMax® 催化剂加工 100% 的 Eagle Ford 致密油。原料 API 度从 22°API 增加到 28°API（图 4）；原料中的康氏残炭和氮含量下降，而硫含量增加；镍和钒的含量均降低了 50%；平衡催化剂上的钠从基本没有增加到 0.1%（质量分数）（图 5）；平衡催化剂上的铁也从 0.7%（质量分数）增加到 0.8%（质量分数）（图 6）。在原料中含有较多钠和铁的情况下，BASF 公司的 NaphthaMax® 催化剂仍然具有高活性和高抗铁污染能力。原料的低结焦特性降低了再生器的温度，因此需要增加油浆循环来维持再生器床层温度（图 7）。采用致密油原料的装置可

以将转化率显著提高 11%（体积分数）（图 8），LPG 的转化率从 24%（体积分数）大幅提高到 30%（体积分数）。因为原料中含有较多的烷烃，所以汽油的研究法辛烷值下降了 1.5 个单位。

第 2 个例子是加工含 70% 加氢处理的 VGO 原料转成加工含 80% 的 Eagle Ford 致密油原料的炼厂，该炼厂采用 BASF 公司的 NaphthaMax® II 催化剂。致密油对加氢处理原料装置的影响较小，因为加氢处理装置的操作条件已经进行调整以减少原料的影响（表 2）。原料 API 度增加了 0.7°API，原料中的杂质含量基本不变，结果转化率增加了 2%（体积分数），液收增加了 1%（体积分数）。通过增加预热过程来维持再生器密相床的温度，这不仅降低了焦炭产率，还增加了液收。BASF 公司与客户一起开展筛选催化剂配方的多项研究，使用的催化剂配方都是量身定制的，所以本实例不需要对催化剂配方进行调整。值得注意的是，炼厂停止加入 ZSM-5 后 LPG 的产率仍然增加了 0.9%（体积分数），这主要是因为增加了烯烃产量。通过这些变化可以看出，BASF 公司的 NaphthaMax® II 催化剂呈现出高性能，并且给炼厂带来收益。

最后 1 个例子是加工 Bakken 致密油的装置，在加工 Bakken 致密油之前，这套 FCC 装置只加工 VGO，然而，Bakken 致密油的粗 VGO 产量很低，使得 FCC 装置开工率不足，炼厂决定在 FCC 装置中加入渣油来利用这些过剩产能以提高经济性。渣油加料率从 500bbl/d 增加到 1900bbl/d，杂质镍和钒的含量会翻倍，平衡催化

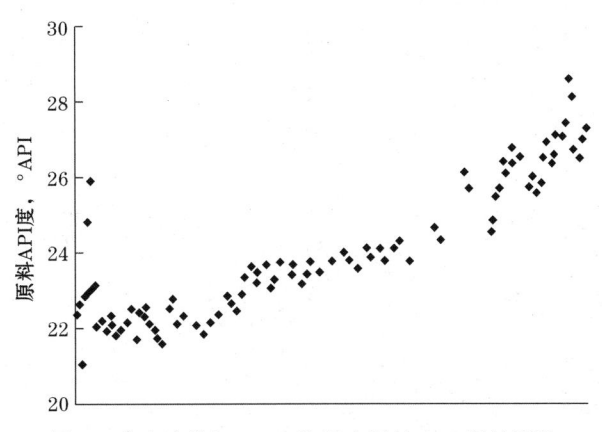

图 4　致密油增加 VGO 装置中原料 API 度的情况

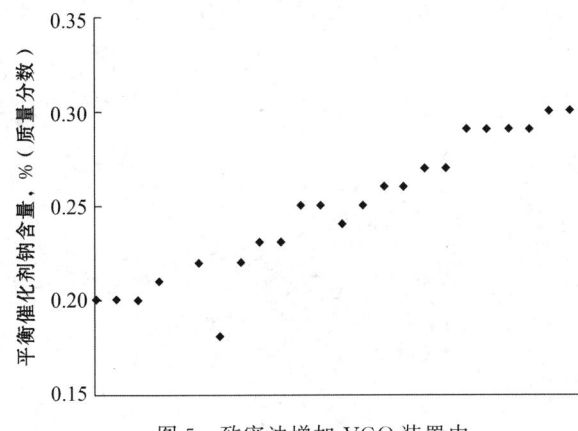

图 5　致密油增加 VGO 装置中平衡催化剂钠含量的情况

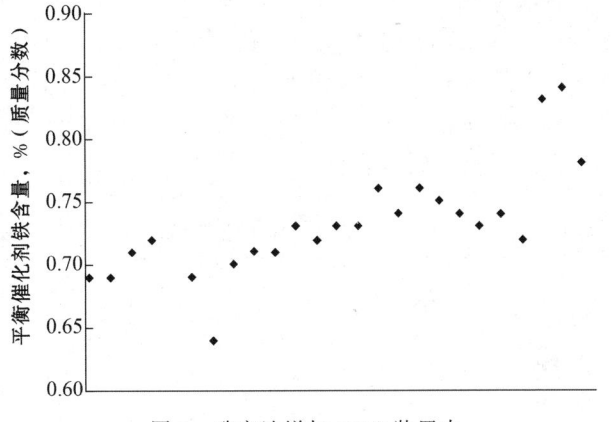

图 6　致密油增加 VGO 装置中平衡催化剂铁含量的情况

图 7 致密油增加 VGO 装置中的油浆循环来保持热平衡的情况

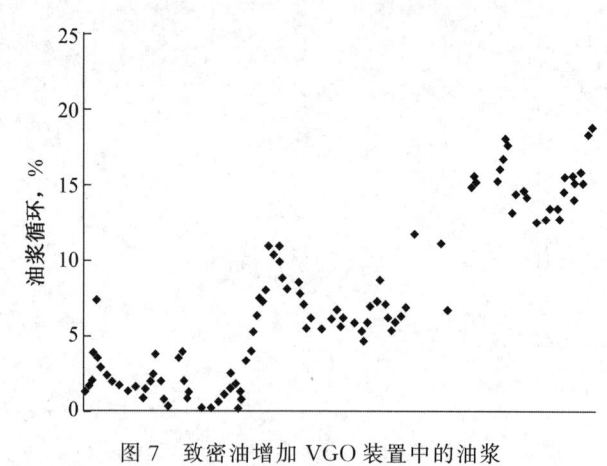

剂上铁的含量也从 0.60%（质量分数）升高到 1%（质量分数）以上（图 9 至图 11）。由于原料中含有较多的钠，所以在装置中也能看到极高含量的钠（图 12），平衡催化剂上的平均钠含量为 0.7%（质量分数），这在 BASF 公司分析的所有装置中位于前 1/100。为了给炼厂提供更好的操作方案，将装置上使用的 BASF 公司的 VGO 催化剂 NaphthaMax® 替换为 BASF 的渣油催化剂 Fortress™ 来提高抗重金属污染能力和渣油加工能力[8]。Fortress 催化剂对杂质镍的强钝化作用使得炼厂能显著提高渣油进料率，最高能达到原料总量的 8%，而不会让干气达到操作限值，因此，改用 Fortress 催化剂明显提高了装置的盈利能力。

图 13 总结了各炼厂加工致密油产生的不同变化，图中展示了世界上近 200 套 FCC 装置转化率与原料 API 度的关系。例 1 说明原料 API 度和转化率都有很大提高，API 度从 22°API 提高到 28°API，转化率从 75%（体积分数）提高到 86%（体积分数）。例 2 表明 API 度和转化率略有提高，这是因为原料经过加氢处理后抑制了这种反应变化。例 3 则朝相反的方向变化，因为加工渣油会导致原料质量劣质化和转化率下降，然而却会提高炼厂的总体经济效益。这 3 个实例展示了致密油加工带来的 3 种完全不同的影响。BASF 公司会根据炼厂选择加工的致密油原料情况提供量身定制的解决方案，包括更换催化剂或者调整操作工艺，同时还帮助我们的客户充分利用致密油原料来提高盈利。

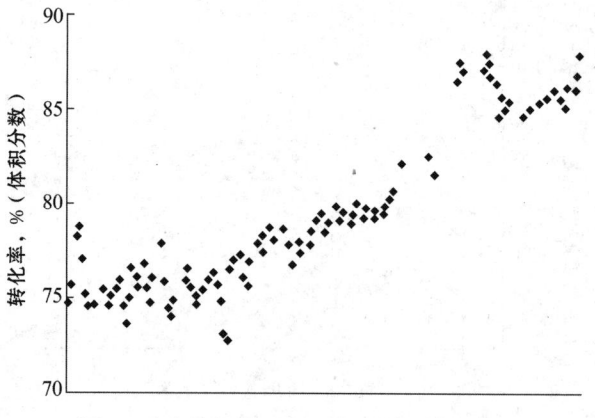

图 8 致密油提高 VGO 装置转化率的情况

表 2 加氢处理 VGO 装置在加工致密油后的产量变化

操作条件	基准值	变化值
原料 API 度，°API	26.6	0.7
原料硫，%（质量分数）	0.5	0.1
原料氮，μg/g	960	-90
原料康氏残炭，%（质量分数）	0.16	—
预热温度，°F	625	43

续表

操作条件	基准值	变化值
反应器温度,℉	965	3
剂油比（质量比）	5.8	-0.2
密相温度,℉	1270	3
催化剂加入量,t/d	基准值	
ZSM-5加入量	有（5%）	无
平衡催化剂	基准值	变化值
平衡催化剂实际量,%（质量分数）	77	
镍+钒含量,μg/g	1500	50
铁含量,%（质量分数）	0.62	—
钠含量,%（质量分数）	0.19	-0.01
常规产物产量	基准值	变化值
转化率,%（体积分数）	80	2.0
干气,%（质量分数）	1.8	-0.1
丙烯,%（体积分数）	8.4	0.4
丁烯,%（体积分数）	9.8	0.4
LPG,%（体积分数）	27.7	0.9
汽油,%（体积分数）	63.6	1.9
轻循环油,%（体积分数）	15.3	-1.7
油浆,%（体积分数）	4.8	-0.3
焦炭,%（质量分数）	4.10	-0.05
总液收,%（体积分数）	111.3	0.9

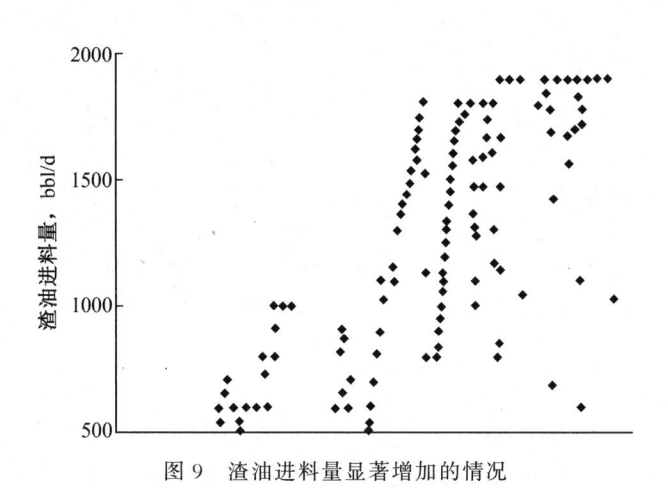

图9 渣油进料量显著增加的情况

基于墨西哥湾沿岸地区的经济状况，提供给炼厂不同的致密油加工建议，使得炼厂从FCC装置中获得最大收益。首先，采用最大化生产轻质循环油的方式让转化率最大化。致

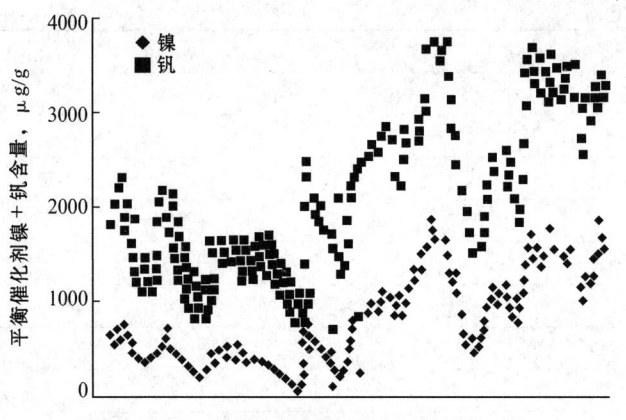

图10　加工致密油时引入渣油原料增加平衡催化剂上镍和钒含量的情况

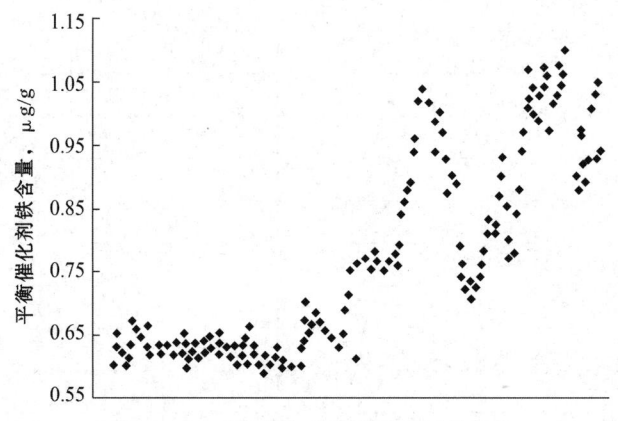

图11　加工致密油时引入渣油原料增加平衡催化剂上铁含量的情况

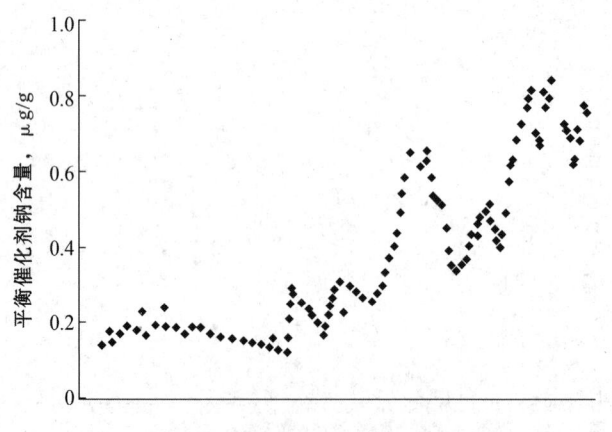

图12　加工致密油时引入渣油原料增加平衡催化剂上钠含量的情况

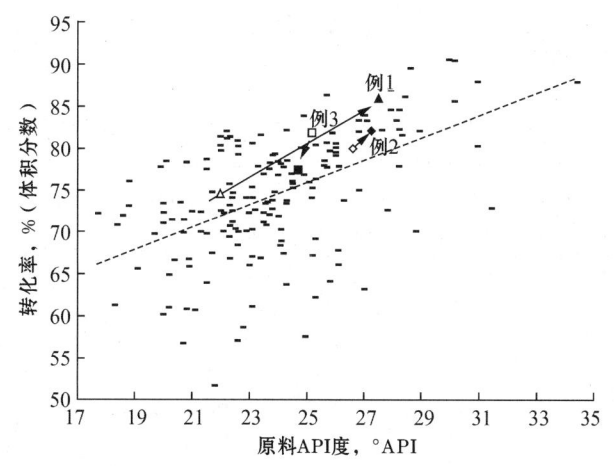

图 13 BASF 公司针对世界上的 FCC 装置绘制的转化率与原料 API 度关系
例 1—减压瓦斯油；
例 2—加氢处理减压瓦斯油；
例 3—轻渣油

密油中通常有更多的直馏柴油，这也进一步降低了利用 FCC 装置最大化生产轻质循环油的需求。最大化生产 LPG 中诸如丙烯和丁烯类的烯烃仍然极具经济价值，而 LPG 中饱和烃的经济价值较低。通过平衡催化剂的活性、稀土氧化物的含量以及提升管出口温度可以提高 LPG 的烯烃含量，还要考虑采用 ZSM-5 来达到气分装置的产能。如果汽油的辛烷值低，可以通过减少催化剂上稀土氧化物的含量以及配合使用 ZSM-5 来提高经济效益，尽管会带来汽油产量的损失，然而，增产 LPG 已不太可能。最大限度地将原料进行预热将有助于达到热平衡和循环限值。如果装置上有燃烧炉，那么燃烧天然气比使用焦炭在维持 FCC 装置的热平衡方面更具经济性。因为 VGO 原料的多变性或者为了弥补原油塔中 VGO 的不足而向 FCC 装置中引入渣油，所以主动的催化剂管理和提供增值技术服务仍然十分重要。

总之，致密油开采将会为美国炼厂持续供应低廉的原料，并且市场预测显示，国际上的炼油行业将会发生巨大变革。将 FCC 装置切换加工致密油原料可能会随特定装置的不同而存在明显差异。在许多情况下，FCC 装置正在经历更高的转化率、热平衡，以及更高的钠、钙和铁含量的问题，增加 LPG 产量可能会限制炼厂气的生产，并且汽油的辛烷值可能不足。在其他情况下，由于致密油中的 VGO 含量低，炼厂可能需要将购买的 VGO 或渣油原料加入 FCC 装置中以保证装置的全效利用。FCC 催化剂技术和服务必须能灵活应对原料质量以及与原油相关的操作条件所带来的挑战。BASF 公司用于致密油加工的系列催化剂包括 NaphthaMax®、NaphthaMax® Ⅱ、NaphthaMax® Ⅲ、HDXtra™、PetroMax™、Endurance®、Stamina™、Flex-Tec® 和 Fortress™，这说明没有普适的催化剂解决方案。由于许多 BASF 公司的客户在没有更换催化剂的情况下已经成功转换加工致密油，说明 BASF 催化剂技术非常适于致密油加工。将增值服务与在致密油装置上的丰富经验相结合，BASF 公司有条件帮助炼厂抓住致密油加工的发展机遇。

参 考 文 献

[1] P. Jain, T. Higgins, Naphtha's Future, Fuel December 2013.
[2] "Maximizing refining value with abundant shale oil" - Mel Larson, KBC. Coking and CatCrackingConference by The Refining Community, Galveston TX. May 6 - 10 2013.
[3] W. S. Wieland, D. Chung, Simulation of Iron Contamination, Hydrocarbon Engineering March 2002.
[4] J. McLean et al., Distributed Matrix Structures - a Technology Platform for Advance FCC Catalyst Solutions, NPRA AM - 03 - 38.
[5] M. Kraus et al., The Stamina Test, Hydrocarbon Engineering September 2010.
[6] Xu, M; et al. Journal of Catalysis 207, 237 - 246 (2002).
[7] http：//www. eia. gov/petroleum/gasdiesel/diesel _ map. cfm.
[8] J. McLean et al., Multi - Stage Reaction Catalysts: A Breakthrough Innovation in FCC Technology, NPRA AM - 11 - 01.

AM-14-27

加工高铁含量渣油提高效益的催化裂化助剂

Todd Hochheiser, Bart de Graaf
(Johnson Matthey Process Technologies, USA)

翟佳宁　孙书红　译校

摘　要　本文介绍了CAT-AID™作为渣油加工过程中的污染物捕获助剂，不但能够降低新鲜催化剂和外加平衡剂的消耗，而且能够增加产品的选择性并特别降低了Δ焦炭，因此显著提升了催化裂化装置的运行情况。低的Δ焦炭保证了更高水平的渣油原料加工，低的催化剂消耗、产品分布改善以及渣油加工量增加为炼厂带来更高的经济效益。同时，本文阐述了原料油中的镍、铁、钒对于催化剂的毒害机理：当原料油中的镍附着在催化剂基质表面上时会形成一种较高活性的脱氢催化剂，产生焦炭和氢气；铁不但会形成共熔物，还会放出足够的热量将催化剂颗粒表面的硅铝基质熔化达几微米深，这样就会形成一层致密的包裹层最终将催化裂化催化剂封死，进而降低选择性和活性；钒会与硅生成一种低熔点的共熔物，并能够像碱金属一样有效地瓦解Y型分子筛。本文还列举了SEM照片来说明CAT-AID对于催化剂的保护作用。

催化裂化装置长期以来一直用来加工渣油以及与减压蜡油的混合原料。对于加工渣油原料，高浓度钒、镍、铁、氮以及康氏残炭等污染因素是加工过程中的挑战和产率限制因素，装置加工处理更大量渣油原料的能力与这些污染物对催化裂化装置的运行限制直接相关。

催化裂化装置一般都会使加工渣油原料最大化以增加炼厂效益，在加工高比例渣油原料的情况下，运行催化裂化装置的缺点是新鲜催化剂消耗增加，导致运行成本增加。在某些装置中，需要利用平衡剂的加入来稀释镍、钒、铁等污染物的浓度。

很多炼厂采用了Johnson Matthey's FCC INTERCAT$_{JM}$生产的助剂CAT-AID™作为渣油加工过程中的污染物捕获助剂，该助剂不但能够降低新鲜催化剂和外加平衡剂的消耗，更重要的是增加了产品的选择性，并特别降低了Δ焦炭[1]，因此显著提升了催化裂化装置运行的经济效益。低的Δ焦炭保证了更高水平的渣油原料加工，低的催化剂消耗、产品分布改善以及渣油加工量增加为炼厂带来更高的经济效益。

本文阐述了CAT-AID在3套催化裂化装置使用后带来的效果，并且通过对最近的几个CAT-AID运行案例全面、广泛地分析，揭示了最新认识到的CAT-AID对于减轻原料油中污染物的作用机理。

---

[1]　Δ焦炭即为炭差，是催化剂再生前后焦炭含量的差值。再生催化剂的碳含量相对固定，待生催化剂的碳含量越低，炭差越小，加工量就可以提高。这个值可以用"待生剂碳含量与再生剂的碳含量之差除以剂油比"来表示。剂油比越大，待生剂的碳含量越小，则Δ焦炭就越小。

1 工业应用

1.1 炼厂A

炼厂A由于催化裂化原料预加工装置临时停工开始使用CAT-AID，将50/50混合的新鲜催化剂和外加平衡剂以24t/d的总添加速率添加至催化裂化装置，为了减轻逐渐增加的原料油污染物含量的影响，要求24t/d的催化剂添加速度，循环催化剂藏量含有0.8%（质量分数）的铁（1.1%的三氧化二铁）。炼厂的目标是降低外加平衡剂的消耗量，并且提高渣油加工量。CAT-AID助剂在开始14d的周期内以质量分数10%的基准添加，在基准添加期过后，外加平衡剂的添加停止，新鲜催化剂以12t/d的添加速率继续添加。

CAT-AID的使用潜在改善了Δ焦炭的生成，使炼厂能够提高其渣油加工水平，即使在原料油中渣油含量提高24%的情况下，Δ焦炭依然从0.77%降至0.72%（质量分数）（表1），同时，转化率由80.7%上升到83.0%。

表1 A炼厂采用CAT-AID后的效果

项目	基础情况（无CAT-AID）	10% CAT-AID	变化率
渣油占总原料油的含量,%（体积分数）	3.8	4.7	24%
原料油残炭,%（质量分数）	1.22	1.56	28%
原料油镍+钒含量,$\mu g/g$	10.2	11.5	13%
新鲜催化剂添加率,t/d	12	12	0
冲洗平衡剂添加率,t/d	12	0	-100%
CAT-AID添加率,t/d	0	1.2	1.2
转化率,%（质量分数）	80.7	83.0	2.3
Δ焦炭,%（质量分数）	0.77	0.72	-0.05
降硫氧化物助剂,lb/d	100	0	-100%
烟气二氧化硫,$\mu g/g$	250	30	-88%

外加催化剂的停用导致了循环平衡剂的污染物水平升高（钒上升了37%，镍上升了50%）。尽管平衡剂金属含量显著增加，在使用了CAT-AID后干气产率仅增加了4%，干气产率如此细微的变化明确地展示了CAT-AID减轻金属污染物影响的能力。

除了对金属污染物的控制作用外，CAT-AID还具有部分降低硫氧化物的能力，在使用了CAT-AID之后，炼厂A停用了降低硫氧化物助剂，同时其烟气中的二氧化硫浓度从$250\mu g/g$降低至$30\mu g/g$。

1.2 炼厂B

炼厂B的催化裂化装置的再生器温度限制了渣油加工量和总原料加工量，催化剂取热器在满负荷下运行来保证渣油加工最大化的策略。在使用CAT-AID之前，新鲜催化剂添加速率为19t/d，循环平衡剂中铁含量为0.6%（质量分数）（0.9%三氧化二铁）。使用CAT-AID的目标为：

（1）降低新鲜催化剂的添加速率；（2）保证装置转化率；（3）在再生器温度限制条件范围内增加原料的残炭含量。

所有上述目标通过将8%的CAT-AID添加至循环藏量中得以实现。新鲜催化剂的添加速率从19.2t/d降至16.6t/d，转化率保持在69%不变，原料平均残炭从2.5%上升至3.2%（质量分数），CAT-AID避免了基础催化剂受到金属污染物的不利影响，从而提高了焦炭选择性。更低的Δ焦炭使得在再生器温度限制下可以加工更重的原料油。表2总结了炼厂B使用CAT-AID之后的效果。

表2 炼厂B使用CAT-AID后的效果

项目	基础情况（无CAT-AID）	8%CAT-AID	变化率
原料残炭,%（质量分数）	2.5	3.2	28%
新鲜催化剂的添加速率,t/d	19.2	16.6	-13%
CAT-AID的添加速率,t/d	0	1.3	1.3
转化率,%（质量分数）	69.3	69.2	-0.1

CAT-AID的降低硫氧化物能力在炼厂B也得到了证明。该套催化裂化装置配有烟气处理装置，因此降低硫氧化物助剂通常并不使用，CAT-AID使再生器烟气中硫氧化物进入洗涤塔的量降低了60%，从而潜在降低了装置腐蚀损耗。图1比较了未控制烟气中的二氧化硫（利用Gulf相关性软件计算），与使用了CAT-AID后烟气中二氧化硫的区别。

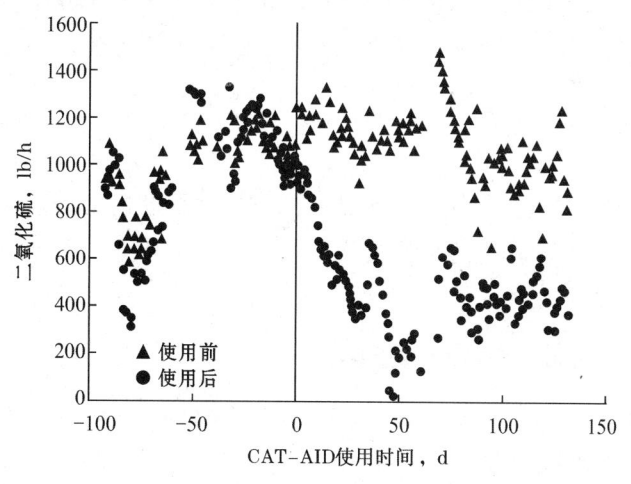

图1 炼厂B使用CAT-AID降低烟气二氧化硫

1.3 炼厂C

炼厂C使用CAT-AID的目的与炼厂A和炼厂B相似，主要目标是通过加工更高水平的渣油和降低催化剂消耗来提高经济效益。该炼厂催化裂化装置加工渣油的限制因素为再生器温度。

在计划的催化裂化原料加氢装置停工1周前，该催化裂化装置开始使用CAT-AID，CAT-AID助剂在循环藏量中的质量分数为10%。由于观察到使用CAT-AID的良好效果，该助剂在催化裂化原料加氢装置开工后继续使用，在使用了 CAT-AID 之后，Δ焦炭（图2）和再生器温度下降。

炼厂 C 通过使用 CAT-AID 增加了渣油加工量，降低了新鲜催化剂和外加平衡剂的添加量，获得了经济效益。渣油加工量由占总催化裂化原料油的 16% 增加到 20%（体积分数），原料油残炭由 1.8% 上升至 2.1%（质量分数），新鲜催化剂和外加平衡剂的添加量都降低了 30%。由于渣油加工量的增加以及催化剂添加速率的降低，催化剂的铁污染物水平相应地由 0.8% 提高至 1.1%（1.1%～1.6% 三氧化二铁，质量分数）。尽管处理的原料油更加劣质，催化剂添加速率降低，该催化裂化装置依旧实现了最大化生产液化气烯烃、汽油和轻循环油的目标，这些最有价值产品的产率由 97.0% 上升至 98.1%（体积分数）。

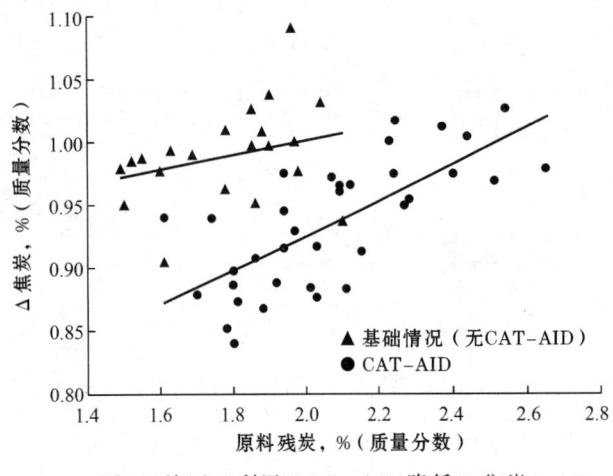

图 2 炼厂 C 利用 CAT-AID 降低 Δ焦炭

1.4 CAT-AID 工业应用总结

在上述 3 个工业应用案例中，在保证催化裂化装置加工更重的原料油的同时，CAT-AID 还降低了 Δ焦炭。这些炼厂通过在再生器温度限制范围内加工渣油增加了 24%～28%，降低了 Δ焦炭，实现了资本收益，同时干气产量下降，高价值产品产率增加，显示了产品选择性的改善。即使在加工更高渣油比例的原料油时，催化剂添加速率依旧降低，使得炼厂降低了运行成本。

在这 3 个工业应用案例中，CAT-AID 助剂对钒的捕获能力表现出优异的性能。如何解释这些结果？我们完成了更多的实验室工作，为解释这些发生的反应机理提供了新的思路。这些令人激动的新进展将会在下面进行讨论。

2 CAT-AID：金属污染物的捕获

渣油催化裂化装置中的催化裂化催化剂在严苛的条件下运行，这些条件包括高温、水热环境以及来自于原料的金属污染物。根据金属污染物的自身性质，金属污染物会以多种方式改变催化裂化催化剂。碱金属（钠、钾）以及碱土金属（镁、钙）会中和酸性中心，并可以（或促使）增加对催化剂最主要的活性组分——Y 型分子筛的水热破坏程度，Y 型分子筛的破坏会改变催化剂的活性和选择性，活性降低，同时产品选择性发生从分子筛型至基质型产品分布的变化，这两种变化都会降低汽油和液化气的选择性，并增加轻循环油的选择性。低催化剂活性会导致低的装置转化率，或者为了维持转化率需要更高的催化剂添加速率。

2.1 镍、钒以及铁的影响：脱氢

过渡金属（镍、钒、铁）给催化裂化催化剂增加了一个不理想的副反应机理：脱氢，脱

氢反应会增加 Δ 焦炭和氢气产量，增加的 Δ 焦炭会降低催化剂的循环（从而降低剂油比）、转化率，同时也会对存在再生器温度或鼓风机风量限制的催化裂化装置的渣油加工量产生限制。更进一步地，氢气和干气产率的提高也会使含有湿气压缩机或者气体处理装置限制的催化裂化装置的加工能力受到限制。

当原料油中的镍附着在催化剂基质表面上时会形成一种较高活性的脱氢催化剂，产生焦炭和氢气。镍形成结晶物并且主要附着在催化剂表面的基质部分上，只有在非常陈旧的催化剂颗粒上，镍才会从表面进入催化剂内部。镍的影响可以通过向催化裂化基础催化剂中添加高结晶度氧化铝的方式部分消除，镍与这种形式的氧化铝反应生成一种镍铝尖晶石，当被捕获进这种尖晶石构造中后，镍不再显示过渡金属特性，不再产生焦炭和氢气。锑也是已知的一种有效的镍钝化剂，使用锑的一个副作用是会潜在增加氮氧化物的形成。

2.2 钒和分子筛的破坏

除了脱氢反应外，不同的过渡金属还会显现其他的有害机理。钒在再生器中具有非常高的迁移性，因此会出现在每个催化裂化催化剂颗粒上，钒与硅生成一种低熔点的共熔物，并能够像碱金属一样有效地瓦解 Y 型分子筛。高含量的钒和钠环境是 Y 型分子筛可能面对的最恶劣的环境，为了延缓催化剂的破坏，多种金属捕获技术已开发。当一种金属捕获剂加入基础催化剂中时，这种金属捕获剂需要能够在同一个催化剂颗粒中与其他物质共存，例如，金属捕获剂不能在混合阶段和黏结剂反应，也不能影响基础催化剂的物理性质，这就限制了能够应用到单个催化裂化催化剂颗粒中作为金属捕获剂的物质的选择。当金属捕获剂作为另外的颗粒制备时，就不存在这些限制了。由于钒的迁移性，使用独立颗粒的方法非常高效，并且允许选择最有效的钒捕获技术。

2.3 铁瘤

铁是一种会对催化剂性能产生毁灭性影响的过渡金属，和钒一样，铁也可以形成一种共熔物。然而，钒可以在催化剂颗粒的各个部位被发现，铁却一般附着在催化剂的外表面上，因此催化裂化催化剂原本光滑、球形的颗粒会变成表面具有很多突起的铁瘤的颗粒（图 3、图 4）。附着在催化剂上的铁团聚起来，并且在催化剂表面形成小的磁铁晶体，催化剂表面的瘤状物是由磁铁晶体镶嵌在基质上形成的。磁铁矿晶体很容易在提升管中与硫化氢反应并

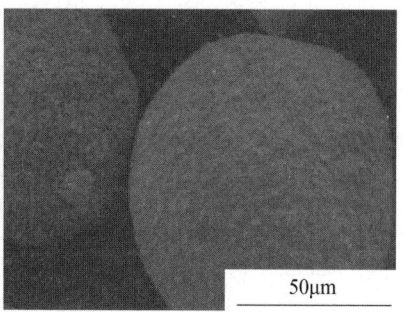

图 3 铁中毒的催化裂化催化剂显现出的铁瘤情况
及平衡剂含有相同的铁含量时在 CAT‑AID 的辅助下显著改善的铁瘤情况

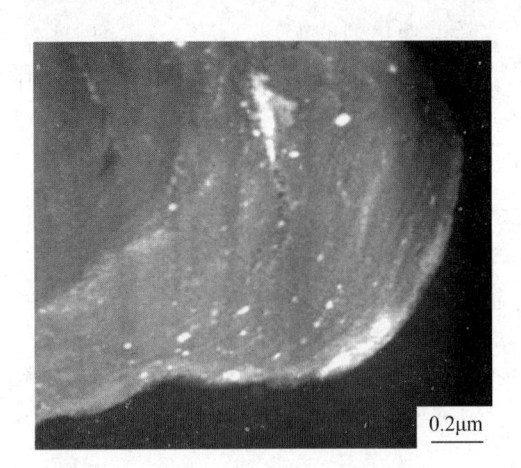

图 4 催化裂化催化剂铁瘤的高倍数照片
（白色点状物为氧化铁多晶体）

生成硫化铁，在再生器中，硫化铁又重新被氧化成磁铁（硫以二氧化硫的形式排出）。硫化铁的氧化不仅是一个强烈的放热反应，而且还会因其氧化产物氧化铁的催化作用在极短的时间内发生，这些在极短时间内大量释放出的热量会将周围的基质熔化。就钒而言，其只生成一种共熔物，而铁不但会形成共熔物，还会放出足够的热量将催化剂颗粒表面的硅铝基质熔化达几微米深，这样就会形成一层致密的包裹层，一般几微米厚，最终将催化裂化催化剂封死（图 5）。催化剂颗粒内部的分子筛和基质并没有受到铁的影响，但是由于催化剂表面具有扩散作用的障碍物阻隔而不再具有裂化功能。

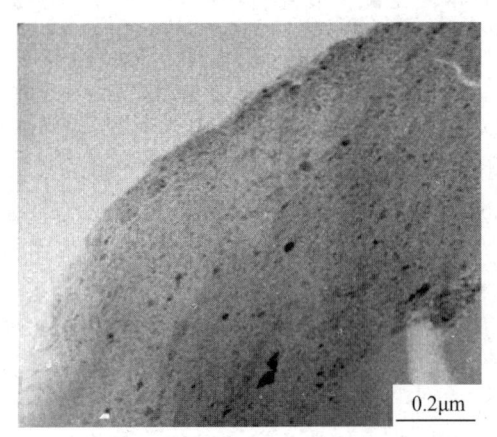

图 5 被催化剂外部致密层封死的催化裂化催化剂孔道（右下角浅灰色区域）

2.4 铁污染的减轻

以前仅有的减轻铁中毒的选择为采用高基质催化剂、使用外加平衡剂或者结合使用这两种方法。高基质含量的催化裂化催化剂具有更好的抗铁中毒能力，因为其介孔相对于微孔更难被封死。另一个在基础催化剂中采用高基质含量的效果是能够减少无定形硅的含量，无定形硅主要来自于分子筛和硅基黏结剂。没有一种催化剂技术能够对铁的毒性免疫，不论其采用了硅溶胶、铝溶胶、铝凝胶还是基于高岭土的技术。具有高基质含量的催化裂化催化剂在其表面致密层和铁瘤状物形成前可以应对百分之几十的铁含量增加。当高基质催化剂无法应对原料油中的铁含量时，需要使用外加平衡剂方法，在固有催化剂基础上额外增加的外加平衡剂将增加的铁含量稀释到更多的催化剂颗粒上，因此使得每个催化剂颗粒附着的铁在致命水平之下。

2.5 金属迁移以及金属捕获

CAT-AID 被设计用于捕获钒，进而保护了基础催化剂中的分子筛，很多实验表明 CAT-AID 能够有效捕获并和钒不可逆结合，一旦和 CAT-AID 结合，钒就丧失了其促进脱氢反应的能力。通过捕获钒，其对 Y 型分子筛的破坏作用被抑制，使得基础催化剂中更多的 Y 型分子筛能够保留下来，因此，催化剂活性提高，汽油和液化气（根据操作模式而定）的选择性增强。

在工业应用中 CAT-AID 实际上具有更好的性能，当基础催化剂

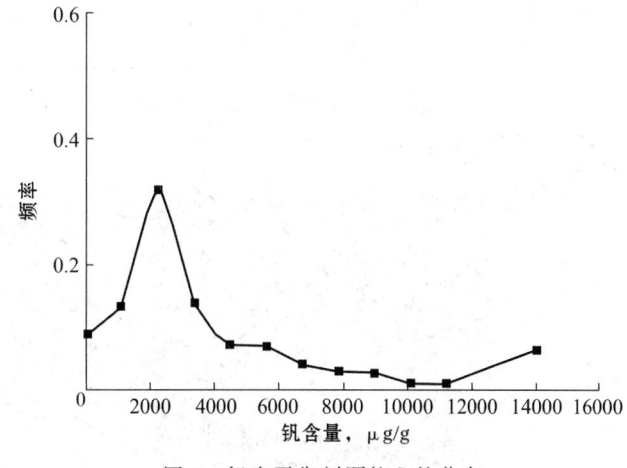

图 6　钒在平衡剂颗粒上的分布

在高水平的铁污染情况下存在时，这种性能表现就不能单独解释为钒的捕获能力了。铁中毒以前被认为是不可逆转的，但是对 CAT-AID 工业应用案例的深入研究明确表明了 CAT-AID 能够有效地治愈铁中毒。电镜研究显示，磁铁晶体更易于分布在每个颗粒上。钒和铁在催化剂表面上的分布是相似的，两种金属表现出相同的迁移量级（图 6、图 7）。铁的传播很可能是通过颗粒间的碰撞实现的，由于铁中毒的机理和钒中毒的机理不同，对中毒的治愈效果也不同。当钒

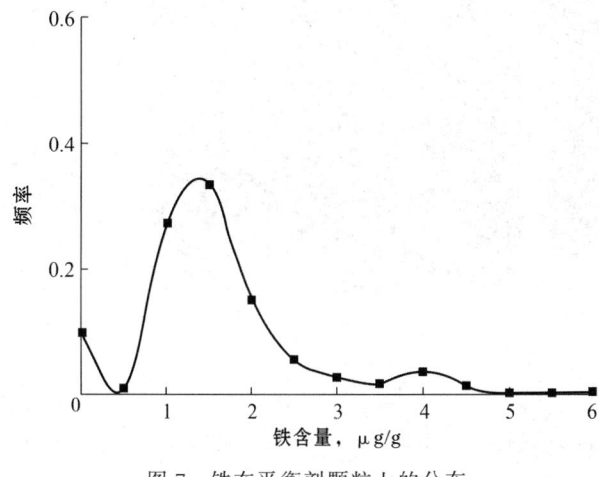

图 7　铁在平衡剂颗粒上的分布

被捕获时，分子筛的保留率改善，这样就改善了催化剂活性并且使反应向分子筛裂化方向发展（减少常规的焦炭和干气转化），然而，当基础催化剂从铁中毒的影响中恢复时，其整个内部的孔道都可以再次参与裂化。

3　CAT-AID 近期工业化平衡剂分析

在使用了 CAT-AID 之后，金属中毒影响的逆转程度可能被测量出来吗？一种行业标准的催化剂健康状况检查是利用 MAT、ACE❶ 或者其他测定设备，利用标准原料油在标准

---

❶　MAT（Micro-Activity Test）是测试催化剂微反活性的设备及方法的缩写。ACE（Advanced Catalytic Evaluation）是高级催化评价的缩写。两者都是衡量新鲜剂和平衡剂的设备和方法。

条件下测试平衡剂，例如，表观密度、颗粒形状或者比表面积方面的物理性质变化也可以揭示出很多平衡剂状况的信息。

在 CAT-AID 工业化的不同阶段拍摄了扫描电镜照片，如图 8 所示，基础催化剂表面的铁瘤在催化裂化装置开始使用 CAT-AID 后部分消失了。在使用 CAT-AID 4 个月之后，虽然平衡剂铁含量从 0.8%（质量分数）上升至 1.1%（1.1%～1.6%三氧化二铁），但显著抑制了铁瘤的出现。

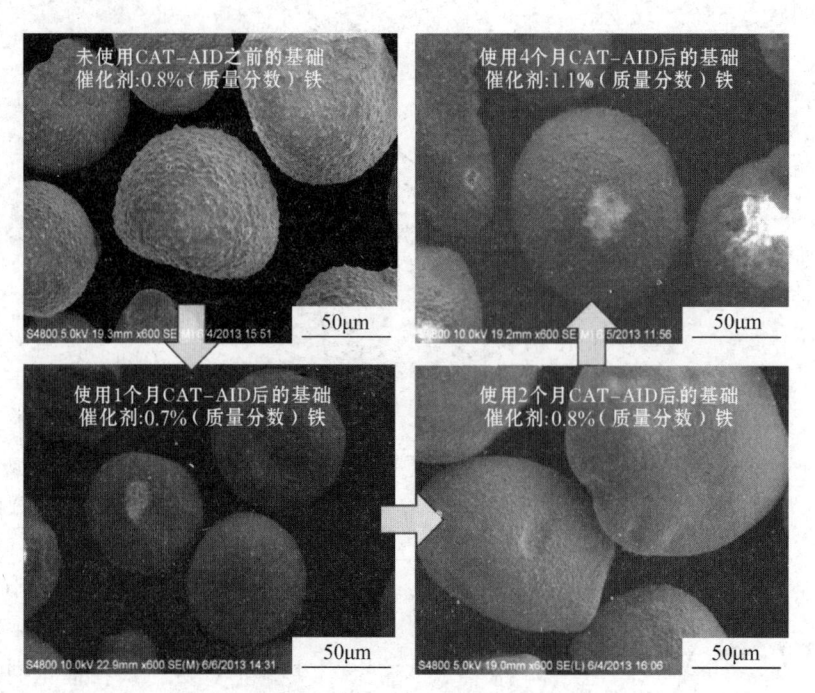

图 8 炼厂 C 采用 CAT-AID 后基础催化剂的铁瘤状况

3.1 平衡剂表观密度改善

铁中毒的催化裂化催化剂颗粒表面被铁瘤覆盖，这就影响了平衡剂的表观密度，并因此影响了其流化性能。在 C 装置采用 CAT-AID 之后，铁瘤情况消失，堆密度改善，尽管存在铁的漂移情况，堆密度依旧从 0.715g/mL 改善到 0.735g/mL（图 9）。

3.2 焦炭选择性改善

与上述 3 个工业化案例中焦炭的改善情况一致，装置 C 中的平衡剂在 ACE 测试中显示出低焦炭产率。在助剂添加初期，可以观察到焦炭产率的稳定降低，焦炭产率甚至在添加期过后，CAT-AID 与装置循环平衡剂达到平衡时继续降低（图 10）。CAT-AID 生成的铁瘤最小，并且打开了基础催化剂的内部活性结构。更多的催化组分由于铁中毒恢复，减少了热裂化的发生，这就使得焦炭选择性改善，在常规原料油和运行条件下进行的 ACE 测试表明焦炭产率下降了 1.3%（质量分数）。

3.3 干气降低

干气产率在助剂添加期内以与焦炭产率稳定下降趋势相似的趋势下降（图 11）。在添加

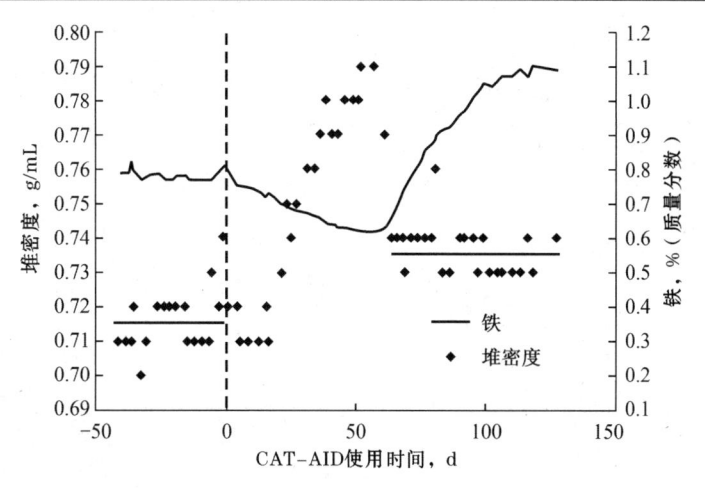

图9 在CAT-AID使用期间平衡剂堆密度的改善情况

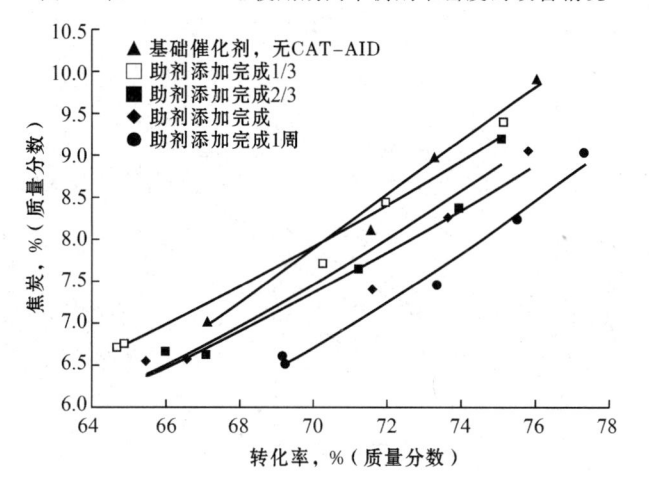

图10 炼厂C在CAT-AID添加期内及添加期后焦炭选择性的改善（ACE测试）

CAT-AID后，除了干气产率下降之外，氢气产率也发生了下降。干气和氢气产率的下降对于受到催化裂化湿气压缩装置和气体回收装置限制的炼厂来说很重要。

3.4 汽油产率增加

在助剂添加期内和添加期后，可以观察到潜在的汽油选择性改善（图12）。铁中毒的恢复使得更多分子筛能够参与裂化反应，将重质烃类裂化为汽油、焦炭、饱和液化气以及干气产率的下降在转化率不变的情况下带来了1.7%（质量分数）的汽油增产。

4 结论

在铁金属污染机理理解方面的突破使得CAT-AID成为一种有效的铁捕获助剂，CAT-AID在多家炼厂的工业应用证明了铁中毒恢复可以不依靠改变新鲜催化剂配方或使用外加平衡剂。CAT-AID工业应用平衡剂的分析确认了铁中毒的降低，具体表现在铁瘤的消失、汽油产率的增加以及焦炭、干气产率的降低。文中展示的3家炼厂的工业应用案例表

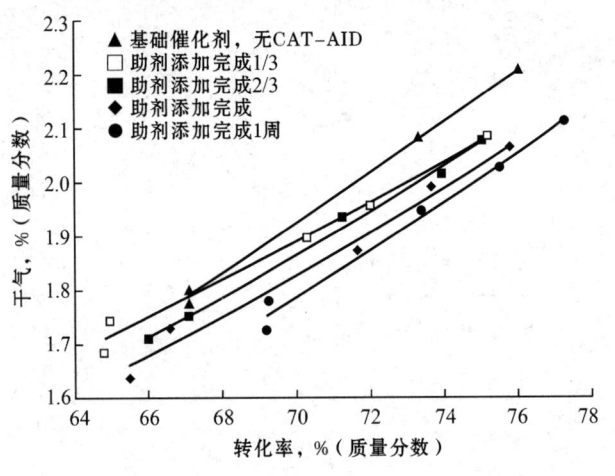

图 11 CAT-AID 添加期内及添加期后炼厂 C 干气产率的下降（ACE 测试）

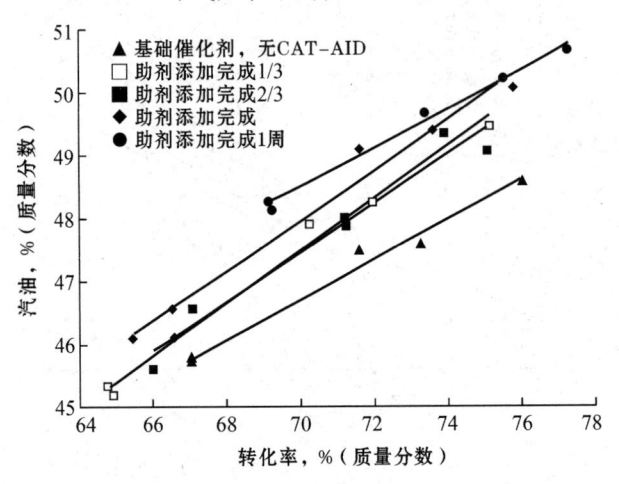

图 12 CAT-AID 添加期内及添加期后炼厂 C 汽油选择性的改善（ACE 测试）

明了 CAT-AID 可以用于降低焦炭产率，并提高渣油加工能力。另外，炼厂还能够通过利用 CAT-AID 的优点来提高催化裂化产品选择性并降低催化剂添加速率来实现经济效益。CAT-AID 是唯一经工业化证明有效的铁捕获助剂。

【致谢】 本研究由 Share User Facility 提供部分支持，该机构隶属于美国 Oak Ridge 国家实验室（ORNL）美国能源部（DOE）下的一个科技用户机构。ORNL 在 UT-Battelle、LLC 和 DE-AC05-00OR22725 合同下由美国能源部能源效率和可再生能源办公室工业科技项目赞助。

制氢及炼厂操作管理

AM—14—54

炼厂制氢及氢气生产发展趋势

Kevin Proops（HSB Solomon Associates LLC，USA）

钱锦华　黄格省　译校

摘　要　介绍了2002—2012年美国和加拿大炼厂的氢气需求量和供应量变化以及催化重整副产氢、炼厂制氢及第三方供氢3种方式的氢气供应量变化情况，并对制氢原料构成、炼厂氢气来源、第三方供氢、氢气利用及原料的汽碳比等问题进行了分析。在这10年中，日趋严格的燃料法规使炼厂对氢气的需求量越来越多，但催化重整工艺的副产氢气逐渐减少，因此第三方供氢成为满足美国墨西哥沿岸等地区炼厂氢气需求的主要途径，催化重整副产氢气和炼厂制氢已不再是炼厂氢气来源的唯一途径。

2012年，采用甲烷水蒸气转化法（专门生产氢气）生产的氢气为美国和加拿大的炼厂提供了约2/3的加氢原料[1]。清洁燃料规格要求的日趋严格，使炼厂对氢气的需求量不断增加，但可再生燃料指令的实施又降低了催化重整工艺的副产氢气量，因此氢气生产越来越重要。本文对过去10年（2002—2012年）美国和加拿大炼厂氢气的供需状况进行了分析。

1　过去10年制氢领域发展趋势变化分析

在过去10年中，炼厂原油加工装置利用率一直处于较低水平（图1），尽管西方国家已经逐渐摆脱经济危机，但市场对炼制产品（尤其是汽油）的需求还未恢复到经济危机之前的状况。

从图1可以看出，炼厂制氢装置利用率已经下降到70%以下，这是由于新建装置增加、原有炼油装置利用率低、炼厂增加轻质原油加工，以及催化重整装置产量及原料加工苛刻度降低等多种因素造成的。

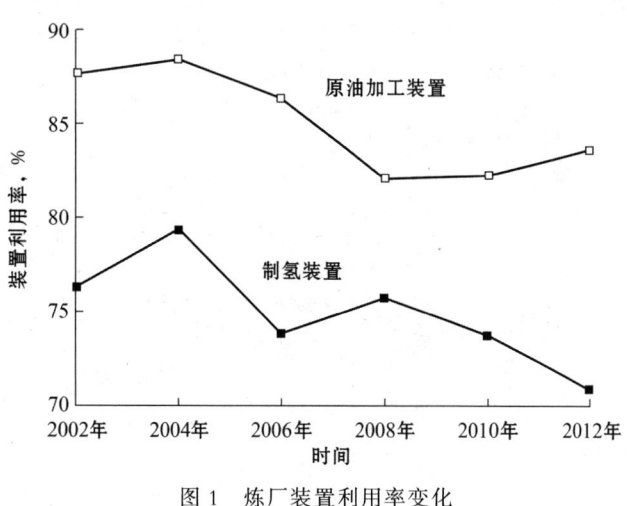

图1　炼厂装置利用率变化

---

[1]　基于 HSB Solomon Associates LLC（简称 Solomon）公司完成的研究报告《Worldwide Fuels Refinery Performance Analysis (FuelsStudy)》和《Worldwide Lube Refinery Performance Analysis (Lube Study)》中2012年相关运行数据。

2012年，炼厂氢气需求量恢复到了2006年的水平（图2），比2002年增加了29%，其中柴油加氢处理是主要推动因素，10年间柴油加氢处理的氢气用量增加了1倍，同时，加氢裂化装置的氢气用量也增加了25%。

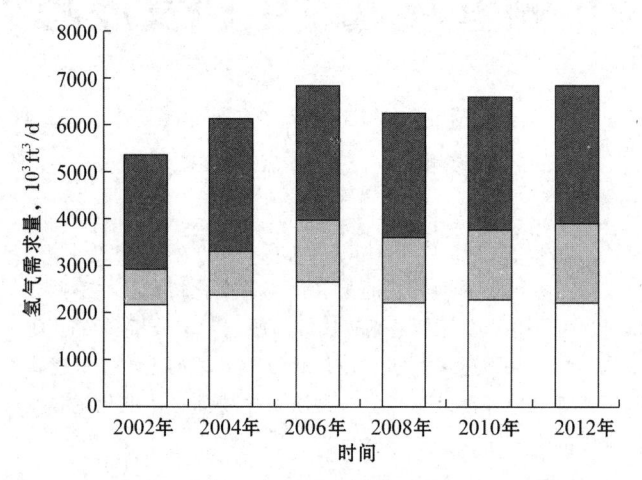

图2 氢气用量需求变化
（无图例，原文如此）

其他加氢处理工艺的氢气用量，如石脑油加氢、煤油加氢、催化裂化原料加氢以及渣油加氢，基本上无变化。

随着近年来炼厂原油加工量和汽油辛烷值的下降，来自催化重整装置的副产氢气已经减少，这在很大程度上是由于汽油中的乙醇调和量增加的缘故。由于高油价和低天然气价格的刺激，避免了重整装置副产氢减少所带来的经济损失。2006—2012年，汽油马达法辛烷值（RON）降低了2个百分点以上，催化重整装置的汽油产量下降了17%（图3）。由于2012年氢气需求恢复到了2006年的水平，因此炼厂需要更多的氢气作为加氢原料。

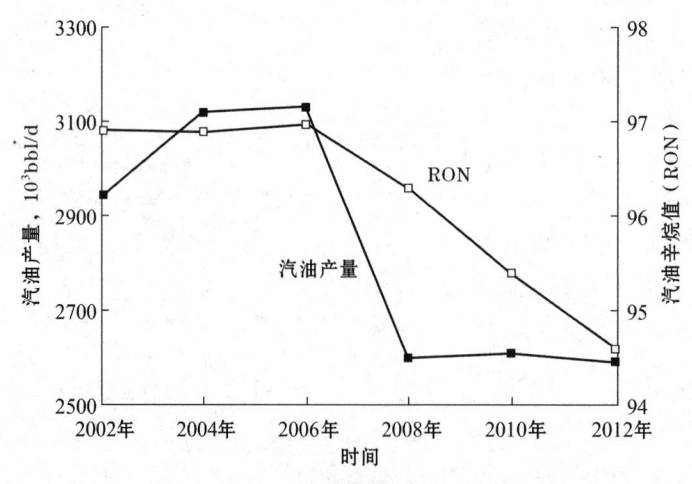

图3 催化重整汽油产量与辛烷值变化

图4显示了炼厂氢气的来源情况。第三方供氢（外购氢气，并非来源于燃料型炼厂）占炼厂氢气总供应量的比例，已经从2002年的16%上升到2012年的约33%。事实上，2012

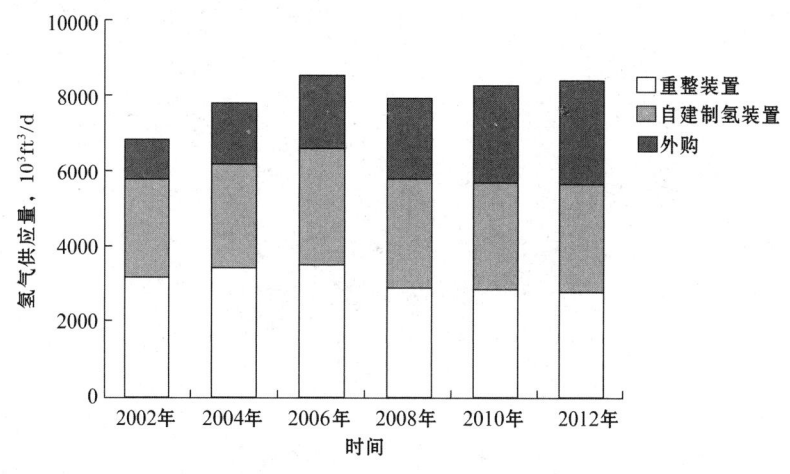

年3种来源（炼厂重整装置、制氢装置以及外购）的氢气量基本上是相等的。

图4 氢气供应量变化

在过去的10年中，炼厂的制氢装置产能只增加了10%，但外购氢气增加了155%。

美国和加拿大炼厂的制氢装置的氢气产量变化如图5所示。根据Solomon公司的数据，一套新型制氢装置的运行寿命在50年以上。20世纪80年代以前建成的制氢装置都采用溶剂氢气净化技术，氢气总产能达到$18\times10^8 ft^3/d$。同时在20世纪70年代后期，出现了变压吸附氢气净化技术，该技术从80年代开始应用于制氢工艺。2007年，采用变压吸附净化技术的制氢装置的总产能超过了早期的采用溶剂净化技术的制氢装置。目前在美国和加拿大，采用变压吸附净化技术的制氢装置产能占到55%以上。

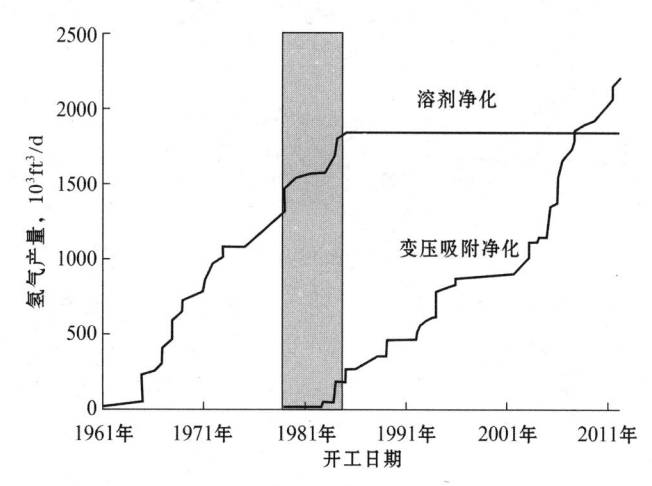

图5 制氢装置产量变化

美国墨西哥湾沿岸地区的炼厂用氢主要来自第三方供氢，这些制氢装置主要位于美国中西部地区、西海岸以及加拿大东部地区，详见图6。

图7显示了炼厂已运行制氢装置的原料来源所占比例。从图中可以看出，天然气原料占到93.1%，其余6.9%是炼厂生产的燃料气。美国和加拿大以外的其他国家，其天然气原料

— 217 —

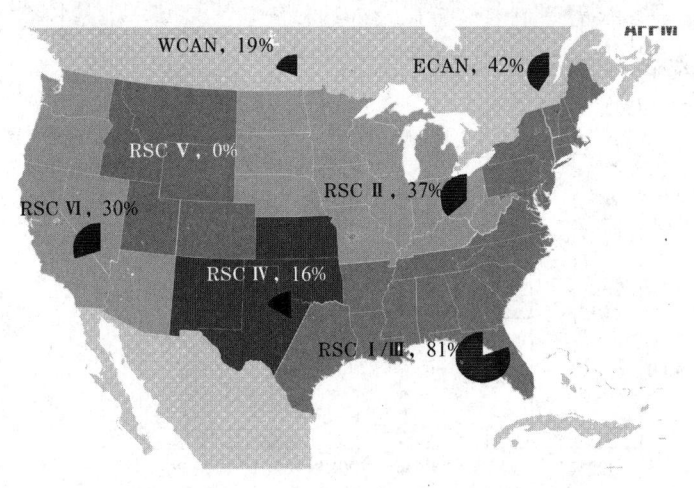

图 6 第三方氢气供应分布情况

[RSC 为 Refining Supply Corridors 的缩写，表示美国炼厂区域分布，按照地理位置共分六大区域。图中百分数表示第三方供氢量（外购）所占比例]

占制氢装置原料的比例接近89%。

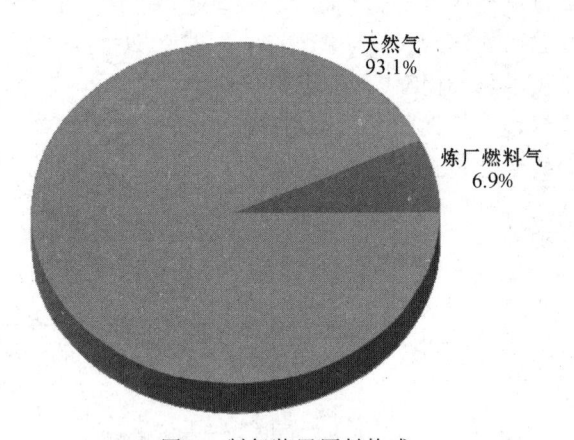

图 7 制氢装置原料构成

图 8 显示了美国和加拿大炼厂的氢气"损失"情况（氢气"损失"定义为供应的氢气量减去加氢处理与加氢裂化过程中消耗的氢气量，即未参加反应的氢气量）。未反应氢气量所占比例少，说明装置的运行状况好，但在某些情况下，氢气系统工况并不能达到理想的平衡状态。炼厂加氢系统未反应氢气量所占比例低于20%的装置数量占到2/3，未反应氢气量所占比例在30%以上的装置数量占到1/4。在这些氢气"损失"量大的炼厂中，有将近50%的炼厂既不需要购买氢气，也不需要专门生产氢气，因此只是将多余的氢气作为燃料；其他氢气"损失"量大的炼厂需要购买氢气或自产氢气，以便用于燃料生产（或用作燃料）。

在任何情况下，当未反应氢气量大约占到供应量的10%以上时，就需要对氢气系统的计量和控制方法进行改进。目前美国和加拿大较低的氢气价格极大地刺激了氢气的化学消耗量以多产液体产品。依照制氢装置能效计算，每燃烧1ft³的氢气，会浪费50~100Btu的能

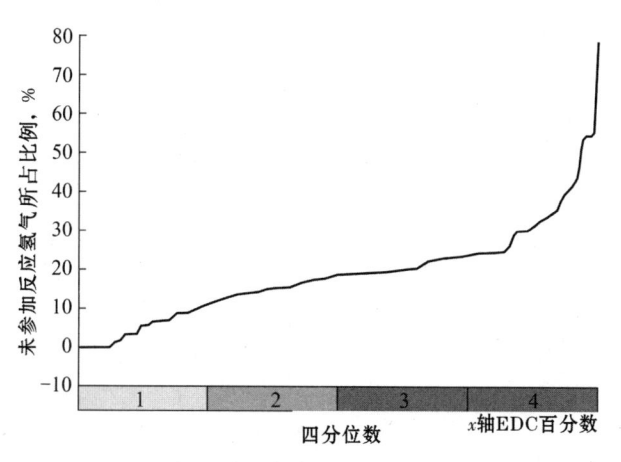

图8 炼厂氢气"损失"情况

量,另外也会影响到加热炉的优化。总之,必须提高炼厂的能量利用强度指标(EII®)。

从全球制氢装置最佳实践来看,采用溶剂净化和变压吸附净化氢气技术,其原料蒸汽/碳值(即汽碳比或水碳比)如图9所示。在低的汽碳比条件下,积炭生成量增加(导致加热管出现故障);甲烷转化率降低(尤其对溶剂氢气净化装置);在变换反应器中不利于一氧化碳转化为二氧化碳;能耗降低;装置生产能力提高。

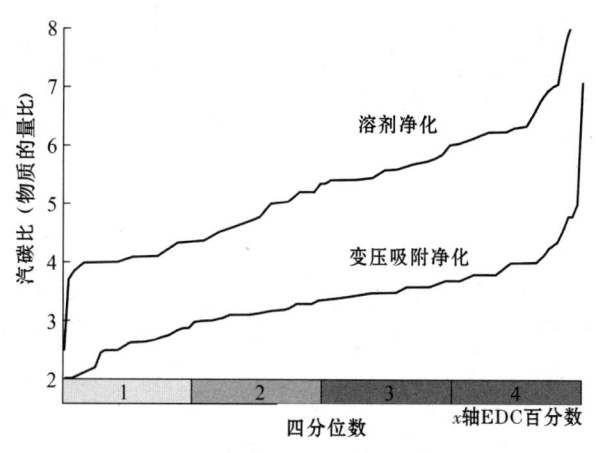

图9 制氢装置的汽碳比分布

只有很少的溶剂净化制氢装置在低于3:1的汽碳比条件下运行,其经济效益不理想。

全球约有30多套采用变压吸附净化技术的制氢装置的汽碳比在3:1以下,其中有6套装置汽碳比低于2.5:1,但运行状况良好。在这些装置中,氢气净化前的甲烷体积分数为5%~8%,装置产能利用率可达到70%~90%。

绝大部分制氢装置虽然汽碳比很高,但产能利用率低。

图10显示了采用变压吸附净化技术的制氢装置的氢气回收率。目前运行最好的装置,其氢气回收可达到89%~90%,这为低成本装置的扩能提供了机会。如果所有装置的氢气回收率都达到90%,美国和加拿大炼厂就能增加$6 \times 10^4 \text{ft}^3/\text{d}$的氢气产能。

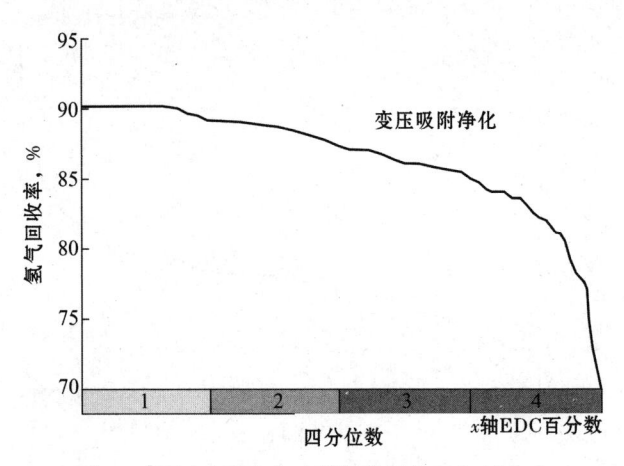

图 10　变压吸附净化法制氢装置的氢气回收率

2　结论

在过去 10 年中，日趋严格的燃料法规使炼厂对氢气的需求量越来越大，大部分炼厂不再将催化重整作为生产氢气的唯一途径，外购氢气（第三方供氢）成为美国墨西哥湾沿岸地区的主要氢源，其他地区也是如此。Solomon 公司已经从中看到了改进氢气管理和生产效率的机会。

AM-14-71

向世界级可靠性炼厂迈进的途径

James Feeney（Solomon Associates，USA），
Ernest Rose（BASF Corporation，USA）
薛　鹏　王春娇　译校

摘　要　本文介绍了炼油/化工厂资产可靠性和可维护性（RAM）绩效评价指标体系，以及 Solomon 公司 RAM 绩效评价指标形成过程、主要指标和影响因素等。同时，介绍了 BASF 公司参与 RAM 绩效评价体系的有关情况。BASF 公司从 2004 年开始成为 Solomon 公司 RAM 课题研究的一个积极参与者，利用从 Solomon 公司 RAM 课题研究结果收集的信息来制订绩效整改计划并取得良好效果。

当前，炼油化工生产设备在企业实现并保持竞争力方面面临无数挑战（即在众多竞争者中实现和保持最高级别的资产可靠性和性价比）。作为资产可靠性和可维护性（RAM）绩效改进计划发展的先决条件，公司应该思考如下问题：

（1）如何与同行业公司（即竞争对手）对比？
（2）在比较中，我们哪方面做得较好？
（3）如果需要改进，哪些计划可以提供最具成本效益和高效率的途径以达到最佳绩效？

本文综述了炼油/化工厂 RAM 绩效基准管理，并介绍了 Solomon 公司 RAM 绩效基准管理过程如何形成和支持 BASF 公司的区域 RAM 绩效整改计划。

近几年，Solomon 公司所用的产品可用性、成本、设备平均故障间隔时间（MTBF）等 RAM 绩效指标已经在正确的方向进行了强有力的监测。这意味着需要考虑最先进炼厂的最低绩效水平，即第 1 个四分位区间（Q1）绩效，目前，该指标显著高于 5 年前。从过去几年开始，RAM 最优方法就聚焦于维护执行，包括调度、规划或优化设备开工时间等方面，这些普遍接受的做法不再构成 RAM 绩效的差别特征。如果目标仅是简单快速地完成维护，那它不再可能成为一个高绩效的维护组织。

目前，最先进的炼厂正在探寻超越这些常见的维护方法，并使用着眼于故障排除和操作可用性最大化的可靠性技术。提高可靠性必须是重点目标，公司管理层必须了解资产可靠性价值并积极支持相关改进计划（提供资金支持）。如果大力推行故障排除这个重点，那么由此改变所产生的业务改善将体现在产品产量增加、产品质量提升以及更高的产品毛利。

那么，RAM 绩效基准管理中哪部分发挥作用，它的重要性如何？从 Solomon 公司在化工、炼油等其他指标体系研究中可以发现，北美地区装置的维护成本占运营成本的 30%，仅次于能源成本，排在第 3 位的是原料成本。在这种费用水平下，设备是否得到最合理的维护费用，它们是否与竞争性同步？就费用而言，更高的效率推动成本底线的降低，不断增加的可操作性可以扩大产能以生产有价值的产品。此外，更高的可用性可以使装置在异常事件

发生时从高利润率中获益。

外部基准管理体系提供了比较设备绩效和判断设备运行是否如公司预期一样的机会。如果公司着眼于持续整改，就需要设置合理而有意义的目标，基准管理会提供目前行业绩效结果。

参与基准管理的主要原因因公司不同而有所不同，但一些普遍的原因如下：

（1）全球竞争带来了以前从未考虑过的因素。不同地区的法规、劳动力市场和运输方式等问题的不断变化能够影响产品的毛利，为了抵消这些因素的负面影响，压力就施加在现有装置生产产品的成本控制上。

（2）切实的绩效整改目标。一旦确定整改目标，如何建立现实的整改对象？如果短期RAM目标中含有强制成本缩减（如削减预算或裁员等），则将导致装置可用性降低，从而对净收益造成负面影响。

（3）整改行动计划优先。很多RAM的设计、技术和方法通常视为企业在当今竞争环境下实现卓越绩效所必需的。从商业角度看，完成每种潜在的最佳实践是不可能的，也是不恰当的。因此，如果目前的实际绩效反映了整改空间，那么如何形成一个切实的整改计划？换言之，提供最大投资回报的条件是什么？

最先进的炼厂一个普遍特点是企业高管们了解并支持资产可靠性案例，且他们能够坚定不移地支持，这些企业高管通常通过基本的工业原理（高资产可靠性会增加盈利）识别并形成决策。

然而，这一原理得以实现需要一个长期持续的绩效整改重点。通常需要人力和财力资源需求的短期成本以实施这样一个可靠的战略计划，这就需要对持续的费用预算和资本项目投资决定予以适当考虑。由最先进的炼厂实施的策略往往超出RAM编制范围。以生命周期成本分析为例，它保证工程和采购的决策考虑了整个设备生命周期内预计将发生的所有成本（维护、备件、资源支持等），而不是只考虑原始购买价格。确保所有组织团体的支持，并充分实施明确的可靠性策略需要有效的经营支持。

在缺乏竞争压力的过去，提高生产需求的传统解决方法是生产装置消除瓶颈和生产过程清洁化。当今，世界级规模的炼厂正通过将资产可靠性最大化释放现有生产业务的全部潜能。Solomon公司RAM课题研究表明，最先进炼厂因RAM的实施要比一般炼厂减少50%的生产损失。这些最先进炼厂已经基本淘汰恢复性维修，因此，日常操作中几乎没有生产损失。这些公司提前预估并完成大部分在计划时间内需要装置停运或减产的维护工作。

维护成本遵循类似的趋势：最先进炼厂的维护成本比一般炼厂少50%。另外，日常操作中导致生产损失的恢复性维修几乎消失，成本降低与此有直接关系，更重要的是，这些成本的降低并不是通过缩减预算或裁员实现的。整改来自于可靠性策略/整改实施之后。恢复性维修最小化之后，成本（劳动力、原料及管理费用）的降低则自然实现，但这些成本也说明了整个系统的优势：

（1）较低的资源需求，可靠的操作本质上需要较少的人力支持（如操作工、维修技术人员、工程师以及所有支持系统）。

（2）淘汰不增加效益的工作（如非计划设备和生产故障）。

Solomon公司利用组合度量RAM效能指标（RAM EI）来确定最先进的炼厂，这个指标反映了 RAM 的实施对实际业务（包括生产损失成本和维护成本方面）的影响。在 RAM EI 第 1 个四分位区间内的公司有一个普遍特点，即外部支持对无故障运行来说不仅是一种可能性，更是一种预期，并且最终仅通过无故障运行这一目标达到最佳绩效。无故障运行这一概念与无事故操作的安全目标相似，RAM 绩效的监测/公布、事故的调查以及车间繁重的工作流程/程序的实施/维持均采用相同的方式。

一些参与 Solomon 公司 RAM 课题研究的公司，其产品可用性和成本的绩效水平在平均炼厂水平以下。整改工作通常有两种途径，一些公司可能首先把重点放在用削减预算和裁员的方法降低成本，这种途径通常会促使未来绩效水平不但没有提高，甚至可能变得更差；另一种途径则着眼于可靠性的整改，该途径通常需要获得在整改工作最初几年既能维护又能增加维护成本支出水平的资源和投资。如果持续以这种可靠性为重点，那么在实施的最初几年，可用性改进就可以实现。当可靠性行动计划完全实施时，维护成本将呈下降趋势。

需要注意的是，从较差的炼厂到最先进的炼厂的路途是漫长而艰巨的，需要公司的所有利益相关者（从高层到一线技术人员）的努力，许多业绩不佳的炼厂由于试图通过强制性削减成本或未能实施/持续运用最优方法而没有实现/坚持整改。

BASF 公司从 2004 年开始就成为 Solomon 公司 RAM 课题研究的积极参与者，截至目前，已经有 15 个地区的 63 套生产装置参与其中，包含了可供 Solomon 公司进行比较的多种工艺。目前 BASF 公司正在持续参与 2013 年的 RAM 课题，包含了 3 个地区的 29 套生产装置。

这种持续的参与使 BASF 公司获益于 RAM 绩效的影响，在同行企业中具有竞争力。作为评估的一部分，BASF 公司已经获得了每个企业都想了解的关于 RAM 关键问题的答案：

（1）在设备维护上支出过多或过少？
（2）设备的实际维护支出和装置可靠性改进了多少？
（3）在可靠性和维护程序中是否正确操作？
（4）是否合理安排人员配置以达到预期整改目标？
（5）如何达到目标？

以 BASF 公司的 4 种中等大小的不锈钢球阀价格作为绩效研究的标杆，要求生产厂家提出所有相关问题以供课题组研究。Solomon 公司 RAM 课题研究为 BASF 公司提供了 RAM 竞争力的准确内容，包括：

（1）设备维护支出。
（2）手工操作的可利用性。
（3）混合性支出和可用性绩效（RAM EI）。
（4）通过绩效 4 分位数划分的主要 RAM 人员比率。
（5）维护程序的组成内容。
（6）可靠性策略的效果评价。

生产现场和生产装置会被提供数以百计的相关 RAM 基准以充分了解实际结果。

BASF 公司利用从 Solomon 公司 RAM 课题研究结果收集的信息来制订绩效整改计划，了解当天做好哪些工作是最有价值的。这些提供了一流绩效水平的工作流程既要确保维护良好的结果，又能利用这些优势来迅速完成整改计划。

对于已经认为是优良的工作流程/程序来说，研究结果已经对如下几项产生影响：

(1) 确定所需的设备可靠性整改计划。
(2) 为现有装置和计划建设的机构优化 RAM 人员配备。
(3) 为企业范围内 RAM 整改建立策略和商业计划。
(4) 支持向无故障运行转变的理念。

如果你的公司决定参与 Solomon 公司 RAM 课题研究，初期需要考虑一些因素，该研究是依靠数据建立的，即要求输入的数据数量意义重大。收集数据的时间长短取决于企业现有信息质量和维护管理计算机系统。

数据收集是非常重要的，是对结果进行有效解释的基本要求。在 2011 年的 RAM 课题研究中，要求输入的数据减少了 40%，去除了与绩效不相关的数据。有时数据质量问题的根本原因是设计/使用过程薄弱，如果是这样，那么数据质量改进带来的好处会超出 RAM 绩效，因为相同的数据将用于其他地区和企业组织的商业决策。

确定合适的化学工艺流程组群（同类工艺）能起到决定性作用，因为机会价值和整改建议建立在这种比较的基础上。考虑到可能的化学工艺流程技术的广泛性，大部分适宜工艺的测定有时是不明确的。从 2013 年 RAM 课题研究开始，将有更多的参与者加入 Solomon 公司化学工艺流程组群的测定中，这些同类工艺的组群可以在地理区域、实物资产结构或其他要求的因素基础上建立起来。

目前的数据收集、验证、汇编和出报告的过程约需 9 个月，为了确保结果准确，大约 50% 的时间用于验证数据，数据输入截至 2014 年 3 月 31 日，将于 2014 年 8 月第 1 周得出结果。Solomon 公司将依据客户端可用性进行精确安排，在第 3 或第 4 季度公布并解释结果。

该研究为 RAM 过程需求整改和成本/资源需求解释提供信息以改善那些具体领域，但基础研究并没有提供实现整改计划的方案（具体行动计划）。Solomon 公司提供这些服务会收取额外费用。BASF 公司已经开始利用基础研究结果，并在其内部开发所需的整改行动计划。

由于地区不同，许多因素都不尽相同，基于这些不同的因素，确定要获得第 1 个四分位区间 RAM 绩效所需的投资和时间是非常困难的，但研究结果对于确定当前绩效水平、跟踪中间进展以及确定需要改进成为最佳绩效的 RAM 区域是很有价值的。

AM—14—57

采用高性能催化剂以最低成本实现炼厂最佳氢气管理

Ross Brunson（Clariant Corporation，USA）

李庆勋　孔繁华　译校

摘　要　本文介绍了环保法规日趋严格、原油品质劣质化等因素致使炼厂对氢气需求日益增加，强调了氢气生产和消耗的管理对炼厂实现盈利的重要性。重点分析了Clariant公司预重整催化剂、水蒸气重整催化剂、高温变换催化剂和中温变换催化剂在制氢厂增加产能和提高氢气纯度等方面应用的优势，其中铜、锌、铝基中温变换催化剂非常适合新设计建造制氢厂的使用，该催化剂可以在水碳比1.5及以下的极低条件下操作，降低了氢气生产综合单位成本。结论认为，通过使用这些高性能催化剂可以使炼油厂获得充足氢气来源，达到炼油厂满负荷生产。

1　氢气网络

在炼厂氢气管理是决定工厂业绩和盈利能力的一个关键过程，它由一个复杂的氢气消耗和生产网络构成，例如，加氢处理过程、加氢裂化过程和异构化过程消耗氢气，而催化重整和制氢工厂生产氢气（图1）。

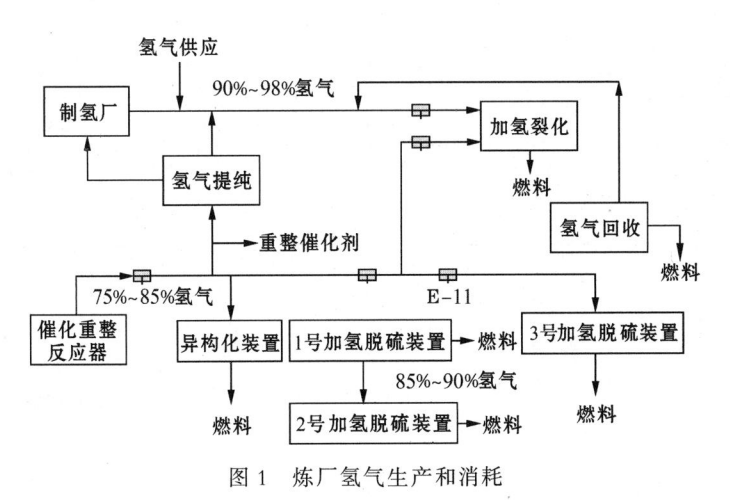

图1　炼厂氢气生产和消耗

2　当前挑战

近年来炼厂的氢气需求变得愈加复杂，例如，对运输燃料更加严格的环保法规导致对超低水平硫和芳香族化合物排放的需求。与此同时,原油品质变得越来越劣质:重质化、酸性更强和贫氢化。为了应对这些挑战,炼厂需要比以往更大的加氢处理能力和更高纯度的氢气。

3 增加氢气供应

增加氢气供应有多个可选途径:一个可能的途径是从催化重整装置通过加氢处理和纯化提升氢气纯度;另一个可能的途径是通过增加回收实现氢气利用最大化,可供选择的路线包括扩大制氢厂生产能力,或从工业气体公司获得额外的氢气。然而,这当中最可靠和最经济的提高氢气供应的手段之一是使用高性能催化剂。

通过对 Süd-Chemie 公司催化剂部门的收购,Clariant 公司成为全球领先的炼油催化剂供应商和氢气管理专家。我们提供全系列高性能的催化剂,结合专业的技术服务,实现制氢厂业务操作每个阶段的最优化,确保能量利用效率最大化。本文着重关注我们公司预重整催化剂、水蒸气重整催化剂、高温变换催化剂和中温变换催化剂应用的优势(表1)。

表1 实现制氢厂运行最优化的 Clariant 公司高性能催化剂方案

应用	催化剂类型	Clariant 催化剂
加氢脱硫	钴钼/镍钼	HDMax® 200/300 系列
除氯	活性氧化铝	Actisorb® Cl2
除硫	氧化锌	Actisorb® S2
深度脱硫	铜锌	Actisorb® S6
预重整	镍	ReforMax® 100
水蒸气重整	镍	ReforMax® 330/210 LDP
高温变换	铁铬	ShiftMax® 120
低温变换	铜锌	ShiftMax® 200 系列
中温变换	铜锌	ShiftMax® 300
甲烷化	镍	Meth® 134

4 创造理想过程

为了使制氢厂获得最大可能的生产能力和能量利用效率,对系统的某些修改是必要的。较早的制氢厂通常只能生产中等纯度(94%~97%)的氢气。通过采用变压吸附装置来纯化粗氢气,当代制氢厂能够在提高效率的同时将氢气纯度提升至 99.9% 以上。最优化流程还包括一套预重整装置,该装置在使用例如石脑油和组分易变的炼厂尾气等重组分作原料时特别有利(图2)。

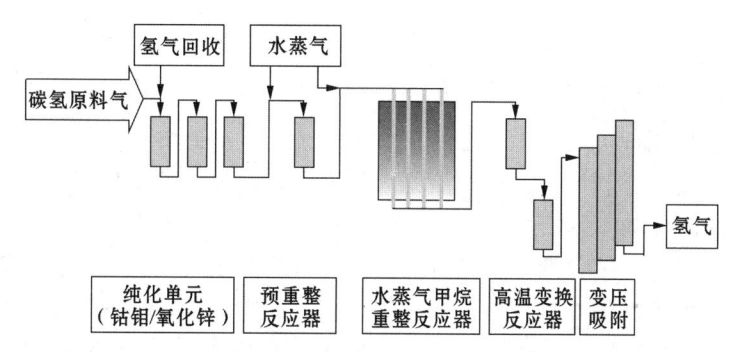

图 2　基于带预重整反应器的变压吸附过程

5　预重整的催化作用

预转化催化剂不仅增加了氢气转化，而且提高了能量利用效率，通过降低整体水碳比和在相同热负荷条件下可使水蒸气甲烷重整反应器在提高8%~10%的进料速率下操作，达到上述目标。此外，更高的氢气产出和更低的热负荷延长了水蒸气甲烷重整催化剂的寿命，而且能防止积炭生成和催化剂中毒的风险。

一个有效的预转化催化剂应该将高结构完整性与最大抗积炭及抗中毒结合起来，它也应该在各种温度条件下保持高活性，特别是在低温时保持高活性。这些目标通过超强商业性能的 ReforMax® 100 催化剂实现，与标准催化剂对比，它表现出更高活性和更强的抗毒性能力（图3）。该催化剂还具有独特的能够承受工厂停工时仅仅使用水蒸气而没有纯氢气的考验，而其他市售的预转化催化剂则会引起活性损失。

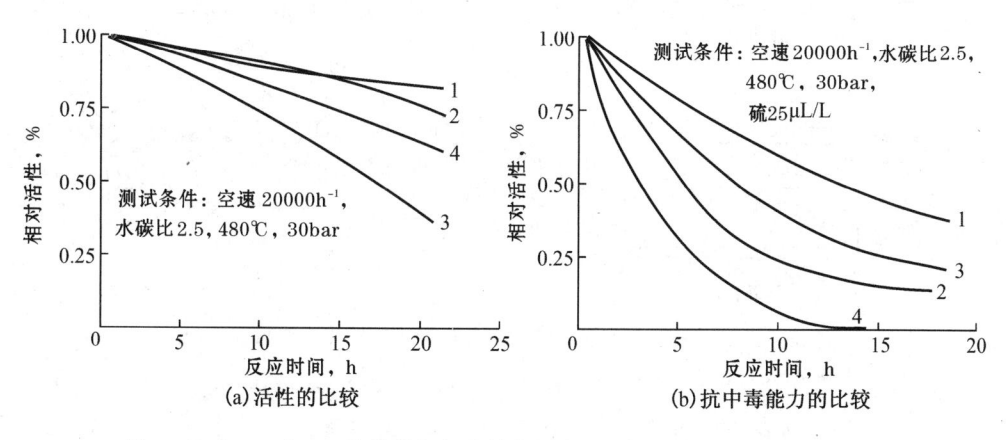

图 3　ReforMax® 100 催化剂与标准催化剂在活性和抗中毒能力方面的比较
1—ReforMax® 催化剂；2—A 催化剂；3—催化剂；4—C 催化剂

6　水蒸气甲烷重整的催化作用

甲烷和水蒸气发生下述吸热反应而生成氢气：

$$CH_4 + H_2O \longrightarrow CO + 3H_2 \tag{1}$$

更高的出口温度、更高的水碳比和更低的出口压力有利于甲烷平衡正向进行。与标准催化剂相比，高性能催化剂可以产生较低的出口甲烷浓度，从而增加氢气产量和延长催化剂寿命。较低的管壁温度也有利于延长这种催化剂的寿命。此外，该催化剂使压力降最小化，从而降低了氢气压缩所需能量。

为了实现这些目标，催化剂必须具备最佳的几何形状来确保机械强度、最大的表面积和最小的压力降，其他关键因素包括载体材料的抗结焦性能、催化剂的镍含量及其传热系数。

Clariant公司生产高品质、高性能重整催化剂已有50多年，几乎有200座炼油厂依赖ReforMax® 系列催化剂实现氢气最佳管理。这些催化剂包括适用于标准使用的无钾型ReforMax® 330低压降系列催化剂，适用于混合丁烷进料的钾促进型ReforMax® 210低压差系列催化剂和适用于石脑油重整的ReforMax® 250系列催化剂。

ReforMax® 330和ReforMax® 210系列催化剂由于使用铝酸钙材料作为载体而具有极强的稳定性和抗结焦能力。这些催化剂同时具有较低的压降，它具有使活性最高的几何表面积，它们稳固的形状提供了不依赖于取向力的超强侧压强度，与标准产品相比压力降显著降低（图4）。

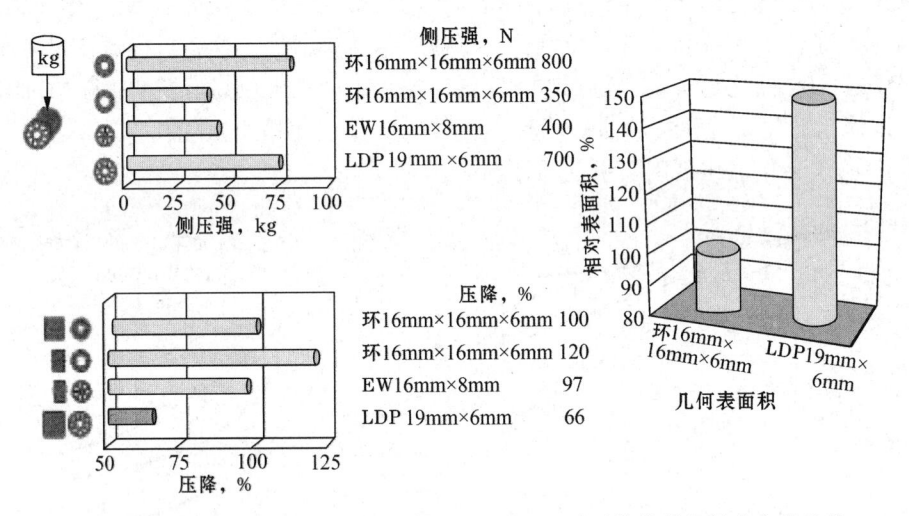

图4 低压降的ReforMax® 330和ReforMax® 210系列催化剂与标准产品比较

Clariant公司还开发了高压型ReforMax® 330和ReforMax® 210系列催化剂，该系列催化剂可以在恒定的几何表面积条件下进一步减小9%的压力降。在保持与低压降催化剂相同的压力降时，商业应用表明该催化剂可以使产量增加3%以上。

7 水煤气变换催化剂

水煤气变换过程是一个放热反应，采用水蒸气将一氧化碳转化为氢气和二氧化碳：

$$CO + H_2O \longrightarrow CO_2 + H_2 \qquad (2)$$

在这种情况下，更高的汽气比和更低的出口温度有利于平衡正向运动。

ShiftMax® 120 高温变换催化剂是一种铜促进型铬铁高性能催化剂，该催化剂专为高温重整反应设计，其最佳尺寸的催化剂可以产生高于标准型催化剂 25%～30% 的活性，而且压力降得到改进和催化剂机械强度出众。ShiftMax® 120 型催化剂也以其低温活性减少一氧化碳逃逸。最新一代催化剂也是无六价铬型催化剂。在实际生产中，ShiftMax® 120 型催化剂优异的强度性能可以实现主要废热锅炉出现故障后催化剂的完全回收。商业应用也证明了该催化剂具有长期的优异性能（图 5）。

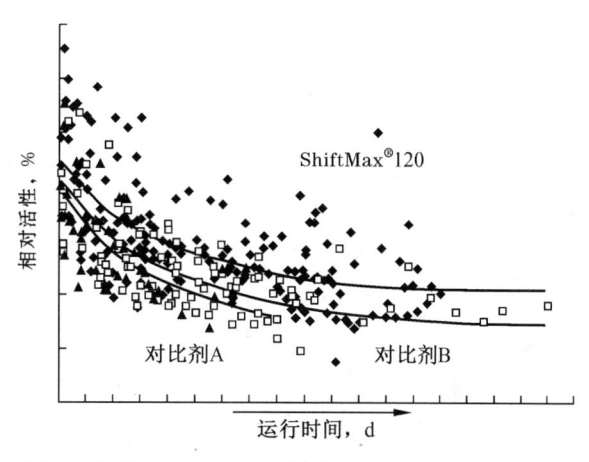

图 5 表明 ShiftMax® 120 催化剂性能优异的商业数据

最新的趋势是设计基于天然气为原料的制氢厂，利用预重整催化剂和中温变换催化剂。本设计可以在水碳比 1.5 及以下的极低水碳比条件下操作，降低了氢气生产的综合单位成本。ShiftMax® 300 型中温变换催化剂是铜、锌、铝基中温变换催化剂，该催化剂非常适合这个新工厂的装置设计，与标准的铁基水煤气变换催化剂相比，它能在极低汽气比条件下成功运行，并避免产生在使用标准型高温重整变换催化剂时观察到的副产品。ShiftMax® 300 催化剂在更低温度下表现优良，这对使总氢气产出最大化的水煤气变换反应更加有利。

8 结论

炼厂拥有各种机会提高氢气供应，这包括在制氢厂实行专业的氢气管理、增加产能项目、最优化运行、安装预重整反应器和使用高性能催化剂。即使使用天然气作为原料，利用预转化催化剂和中温变换催化剂的最新设计工厂也已经降低氢气生产的单位成本。

Clariant 公司的高效 ReforMax® 和 ShiftMax® 催化剂使氢气生产的能量利用效率最大化，而且提供超强的保护措施使之免受操作失误而不需要备用装置，因此，这些高性能催化剂可以使炼厂满负荷生产。

AM－14－47

脱酸系统改造助力炼厂效益提高

Jeffrey Zurlo，Patricio Ayala（GE Water & Process Technologies，USA）
Scott Simon（Marathon Petroleum Corporation，USA）
刘志红　钱锦华　译校

摘　要　脱酸系统主要用于炼厂酸性气体污染物的脱除加工，是炼厂产品达到特定规范要求的重要保证。本文将重点研究如何优化脱酸系统运行条件及状态以实现最佳效益，如降低操作成本、提高炼厂运行可靠性、避免各种操作问题等。文中具体案例选自美国墨西哥湾沿岸的某大型炼厂，该案例充分说明了改造操作、降低损耗及能耗对缩减炼厂运营成本的重要意义。

1　引言

石油炼制过程中通常会形成一定量的污染物，为满足出厂产品质量标准、装置安全运行及环境法规等方面的要求，有必要对这些污染物进行处理。污染物主要为硫化氢（H_2S）及二氧化碳（CO_2），统称为酸性气体。目前，应用最广泛的炼厂轻烃产品脱酸技术为吸收法，所用吸收溶剂为醇胺或胺。随着炼厂原料硫含量的增高、产品硫含量限度降低及延长加工装置运行周期的需要，脱酸系统对炼厂稳定安全运行的重要性日益突出。

在高硫原油深度加工过程（如催化裂化及焦化）中，脱除加工过程中形成的羰基硫（COS）同样意义重大，但这一点却经常被忽视。随着更严格的《清净空气法案》的实施，脱除痕量的硫化物必将成为未来的重点。在 Marathon 炼厂中，COS 有效脱除已成为脱酸溶剂选择的重要标准之一。

脱酸系统作用重大，但对该系统并未充分认识，同时脱酸系统操作条件也尚未达到最优。造成这一现状的原因主要有如下方面：

（1）脱酸系统对保证或提高炼厂中收益性产品的质量具有重大作用，但脱酸系统本身仅为辅助系统，并不产生终端产品。

（2）脱酸系统分布在炼厂的各个操作装置之中。典型操作条件下，吸收溶剂贫液用泵输送至炼厂各操作装置的吸收塔中进行酸性气体吸收，吸收后的溶剂富液进一步用泵输送至解吸塔进行酸性气体解吸，因此，整个吸收—解吸循环系统较分散。

（3）大部分炼厂脱酸系统的实际处理量远未达到最初的设计能力。

（4）即使未按照最初的设计条件运行或没有达到最佳的操作状态，脱酸系统通常也可以保证出厂产品的质量。

（5）需处理的气体、液体原料中夹带的污染物可能给脱酸系统的正常运转带来新的复杂性及挑战。

脱酸系统的稳定运行可能会耗费大量的操作成本，因此，即便是操作状态严重偏离设计状态，也很少有什么重大问题引起炼厂操作、维护及技术人员的关注。本文以美国路易斯安那州 Garyville 地区 Marathon 石化厂中脱酸系统改造为例，重点对炼厂运行、降低费用及增加炼厂操作弹性方面的改造情况进行讨论。通过改造装置操作及添加化学处理系统可取得实际效益，这些改造并不需要投入大的资本，更不需要改变脱酸溶剂的类型。改造后的实际效益主要包括：操作成本降低12%；相关设备的维护费用降低70%；物料消耗降低17%。此外，脱酸系统的改造更可以提高整个系统的操作弹性，并降低操作人员受到伤害的概率。

2 脱酸系统简介

脱酸系统最初称为醇胺系统，主要用于脱除炼厂气体及液体产品中夹带的 H_2S 及 CO_2 污染物，这些污染物溶于水呈弱酸性，因此称为酸性气体。脱酸所用的碱性溶剂为1种或几种醇胺的水溶液，炼厂中应用的有机碱主要有单乙醇胺（MEA）、二乙醇胺（DEA）、二异丙醇胺（DIPA）、甲基二乙醇胺（MDEA）及2-(2-氨基乙氧基)乙醇(例如，二甘醇胺及 DGA 牌号胺)。各种有机碱具有其特定的优势及不足，适宜的有机碱是脱酸成功的关键之一。这方面的文献很多，本文不再一一列举。炼厂中的具体脱酸设备及脱酸工艺流程也存在一定不同，但所有的操作均建立在相同的基本原理之上。简而言之，酸性气体与醇胺形成铵盐，并与烃类产物分离，通过改变条件可使生成的铵盐逆向分解，使醇胺溶液再生变为吸收贫液，继续用于酸性气体的吸收；解吸出的酸性气体送入炼厂的其他工段进行加工处理，用于生产硫黄或硫酸等。酸性气体与醇胺形成铵盐反应为可逆反应，吸收及解吸操作条件就成为脱酸系统发挥作用的关键。与炼厂中大部分工艺单程操作方式不同，脱除酸性气体的有机碱溶液在脱酸系统内循环利用。循环利用有利于降低操作费用，但部分污染物会在脱酸系统中残留并不断富集，如果不及时处理，小问题也会不断放大，成为大问题。因此，一套可以实时监测吸收液状态，并及时处理各种问题的良好脱酸管理系统就成为脱酸系统高效运行的关键。在 Marathon 炼厂的脱酸系统中，吸附溶剂的影响物主要是氨气。炼厂中的脱酸系统通常含有几个酸性气体吸收装置，解析塔将对来自不同工段的吸收富液进行统一再生。图1为 Marathon 炼厂的47号脱酸系统的流程。从中可以看出，一个简单的脱酸循环系统可有效脱除焦化装置、馏分油加氢、汽油脱硫及燃料气吸收塔中的酸性气体。

脱酸系统运行中出现的问题主要是气体及液体烃类出厂产品中的酸性气体含量不达标、脱酸系统运行不稳定等。脱酸系统运行不稳定主要由系统腐蚀及结垢、形成高热稳定性盐、泡沫、乳液夹带、碱液损失、有机碱降解及过滤器频繁更换等原因所致。腐蚀及有机碱降解是造成系统结垢及过滤器频繁更换的最主要原因。按照设计参数条件进行脱酸系统操作，并利用脱酸管理系统使脱酸溶剂处于最佳状态均可有效避免上述问题的出现。表1列出了脱酸系统维持高效运转所需的几种关键操作参数。

表1 脱酸系统操作参数变化影响

参数		可能出现的结果	
		过低	过高
气体吸收塔	入口温度—产物或吸收液	起泡	酸性气体吸收程度降低

续表

参数		可能出现的结果	
		过低	过高
气体吸收塔	吸收富液负荷	腐蚀危险—高碱液循环速率	高温部位腐蚀
	液体/气体速度	沟流导致酸性气体吸收程度降低	夹带导致碱液损失
	压力	起泡导致酸性气体吸收程度降低	结垢
	塔底料位	起泡	结垢
	消泡剂注入速率	无	结垢、起泡、碱液分解、活性炭过滤层失效（取决于产品类型）
液体吸收塔	产品或碱液入口温度	乳浊液控制问题	酸性气体吸收程度降低
	吸收富液负荷	腐蚀危险——高碱液循环速率	高温部位腐蚀
	液体/气体速度	沟流导致酸性气体吸收程度降低	夹带导致碱液损失
	碱液与产品接触程度	低接触时间降低酸性气体吸收程度	夹带导致碱液损失
	压力	酸性气体吸收程度降低	结垢
解吸塔（再生塔）	重沸器热流量	吸收贫液负荷过高降低酸性气体解吸程度	结垢、有机碱分解、腐蚀
	回流比	吸收液损失增加	吸收贫液负荷过高降低酸性气体解吸程度，增加能耗
	压力	起泡	结垢、吸收贫液负荷过高降低酸性气体解吸程度
	塔底料面	起泡	结垢
	消泡剂注入速率	无	结垢、起泡、有机碱分解、活性炭过滤层失效（取决于产品类型）
	回流液中二硫化铵浓度	无	可能造成腐蚀及结垢
吸收富液闪蒸罐/分离器	油相分离速率	结垢、起泡	吸收液损失增加——有机碱溶剂渗出，需处理废物中氮含量增加
	停留时间	结垢或起泡，低烃类脱除效率，处理能力降低	
	闪蒸气体流速	腐蚀性危险	吸收剂损失增加，气体或物流快速闪蒸
溶剂过滤	过滤器中微米等级孔比例	操作费用增加——过滤器更换频率增加	结垢——固体颗粒脱除不充分
	活性炭层寿命	有机碱分解，原料污染物含量增加，结垢可能性增加	无
	吸收贫液过滤器的旁路循环流量	固体颗粒脱除不充分	操作费用增加——过滤器更换频率增加，活性炭层寿命降低
吸收剂	热稳定性铵盐浓度	无	腐蚀及结垢可能性增加，酸性气体吸收不充分
	热稳定盐浓度	吸收液损失增加，增加吸收液净化及补充速率	腐蚀及结垢可能性增加，酸性气体吸收不充分
	热稳定性盐中和速率/频率	无	腐蚀及结垢可能性增加
	吸收液浓度	酸性气体吸收不充分，能耗增加，解析塔要求增加	腐蚀增加——吸收富液负荷过高、起泡/乳化
	腐蚀监测	非受控性腐蚀（直至装置操作受影响时才会发现）	无

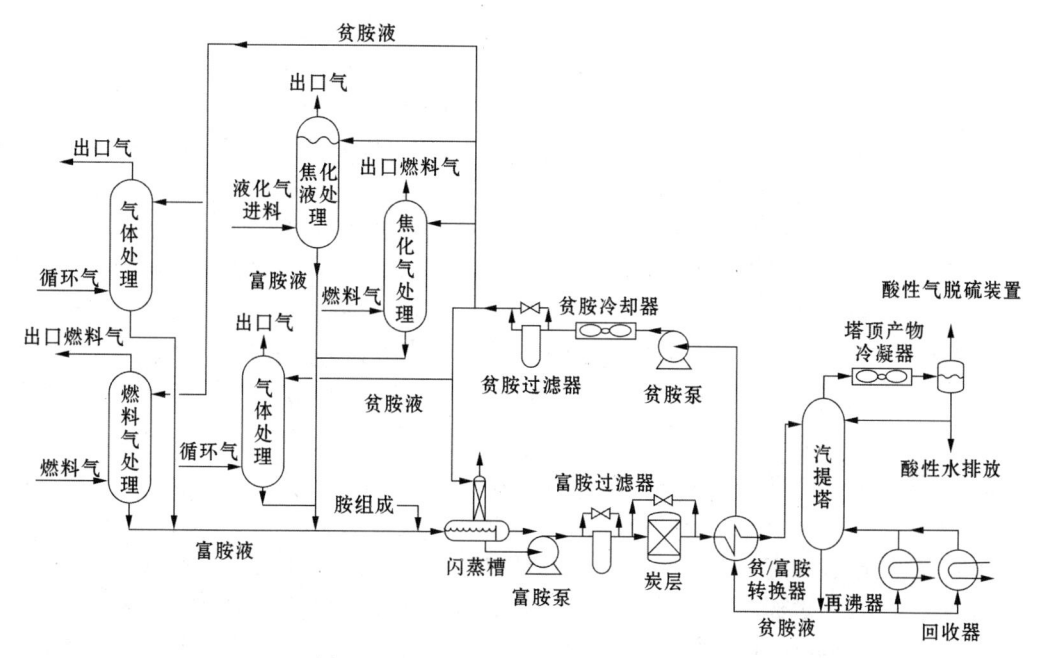

图 1　Marathon 炼厂 47 号脱酸系统流程

3　美国路易斯安那州 Marathon 炼厂案例分析

Marathon 炼厂现有 5 套脱酸系统，47 号脱酸系统是其中之一，该系统以 2-（2-氨基乙氧基）乙醇为脱酸溶剂，主要用于脱除焦化、馏分油加氢处理、汽油脱硫及燃料气吸附脱酸装置中的酸性气体。

2-（2-氨基乙氧基）乙醇是一种在高浓度条件下脱除气体产物中酸性污染物的有机碱溶剂，因此，该脱酸溶剂的循环速率小于其他脱酸溶剂。溶剂生产商指出该溶剂不仅可以脱除 H_2S 及 CO_2，还可脱除 COS；该溶剂的另一个优势在于常压操作即可实现溶剂再生。因此，该溶剂具有更高的使用寿命、更低的污染物含量，同时，可以降低 COS 所造成的吸收溶剂分解问题。Marathon 炼厂选择该溶剂的关键因素就在于可以脱除炼厂产品中的 COS，并能通过溶剂的再生避免溶剂分解问题的出现。但是，2-（2-氨基乙氧基）乙醇吸附后需要较高的温度才能实现 H_2S 及 CO_2 的解吸，这就需要消耗比其他脱酸溶剂更多的加热蒸汽。尽管高浓度脱酸溶剂操作方式可降低整个过程的能耗，但脱酸溶剂再生成本仍占据了脱酸系统总成本的 70% 左右（不含劳动力成本）。

目前，Marathon 炼厂的脱酸系统实现了酸性气体的充分脱除，保证了烃类产品质量达到规范要求，但仍需对该脱酸系统进行改造以提高运行稳定性及降低操作费用，改造方面主要为：

（1）延长过滤器的使用寿命。吸收富液过滤器使用情况对炼厂脱酸系统稳定运行、维护费用高低具有决定作用。通常情况下，过滤器每月会更换 4～6 次。为防止在夜间或周末出现紧急维护的需要，过滤器基本每周都要进行固定的例行维护。

（2）降低加热蒸汽消耗量。解析塔前面的吸收贫液/富液换热器内结垢是导致加热蒸汽消耗量增加的重要原因。

（3）降低人员受伤害的可能性。频繁的过滤器更换等维护操作将增加人员受到伤害的可能性，特别是解吸塔中的酸性气体或液体均可能给人员的安全造成威胁。

过去，脱酸系统改造主要包括：提高解吸效率；通过提高水洗效率及控制解吸塔中有机碱浓度来降低烃类物流夹带的有机碱量（过高有机碱浓度会导致解析塔塔顶部件结垢及腐蚀）；将解析塔塔顶部件改为不锈钢材质；降低吸收塔的腐蚀程度；改造焦化液化气吸收混合器中乳液分散状态以提高操作稳定性，保证人员安全，降低吸收贫液腐蚀能力。然而，过滤器频繁更换问题却没有大的改变，除脱酸原料中夹带的有机碱污染物外，脱酸系统中某些部位出现腐蚀将是过滤器频繁更换的重要原因。通过增加腐蚀监测、进行结垢分析及过滤器检测等方法可对相关原因进行探究。换热器及过滤介质中结垢物质主要是铁基腐蚀产物及有机碱吸附剂降解所形成的聚合物。解析塔塔顶部件及吸收贫液输送管线部位处的腐蚀主要是H_2S及蠕动所致，这些部位的腐蚀也是铁基结垢沉淀的主要来源。

基于上述分析，美国GE公司认为多利用功能化学处理系统可有效缓解上述问题的出现，具体方法是向吸收富液体系及富液/贫液换热器物流中注入该公司生产的Max‐Amine牌号添加剂。加入的添加剂既是腐蚀抑制剂，又是防污剂，因此，该添加剂一方面可以降低脱酸系统腐蚀，又可以降低设备中固体沉积，从而提高过滤效率。化学处理系统可降低脱酸系统腐蚀，降低硫化铁生成，减缓有机碱溶剂分解速率。由于有机碱吸附溶剂在脱酸系统中循环利用，在一个部位注入化学添加剂即可防止整个脱酸系统的腐蚀。吸附剂再生速率降至最低可以降低脱酸对解析塔重沸器的要求。在解析塔顶回流液中控制氨浓度可有效降低解析塔塔顶部件的腐蚀程度。

为防止现存的结垢沉积物松动后扩散至整个脱酸系统中，化学处理系统在脱酸系统的例行维护期间进行安装（每年2次），具体时间为2012年3月。安装完成后，化学处理系统随脱酸系统一起开车运行，运行后化学处理系统的优势逐步显现，主要包括如下方面：

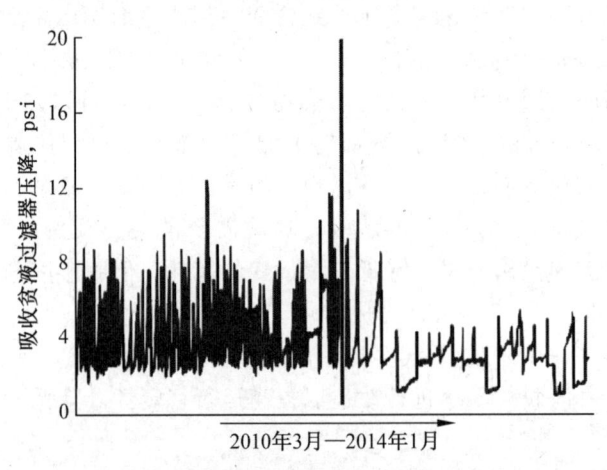

图2 吸收贫液过滤器压降变化规律

（1）吸收贫液及富液处过滤器的更换频率显著降低。如前所述，过滤器更换是炼厂脱酸工艺中维护费用最高的步骤。图2及图3为过滤器壳体中的压降变化情况，压降变化可直接

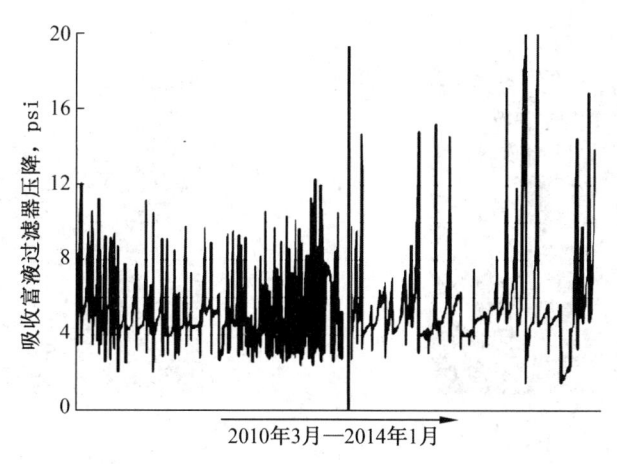

图 3　吸收富液过滤器压降变化规律

反映过滤效果的变化。一个过滤循环过程中，过滤器壳体压降将首先逐步增加，快速增加后转而迅速降低。2012 年 3 月以前，过滤器更换频率达到了 4～6 次/月，如此高的频率，经常需要进行非计划停工来完成过滤器更换，这导致计划外的维护费用显著增加。加装化学处理系统后，过滤器每月更换频率降为约 1 次，为此，炼厂将最大的计划性运转周期提高至 1 个月，过滤器更换可以按照计划执行，不再成为系统运行的制约因素。此外，化学处理系统的安装同样降低了操作人员遭受酸性气体及腐蚀性液体威胁的可能性。该系统同时抑制了可过滤废弃物的生成，降低了危险废弃物处理方面的需求。

（2）化学处理系统可提高换热速率，降低吸收贫液/富液换热器内结垢。图 4 为换热系数随时间的变化情况。2012 年 3 月以前，换热系数随时间呈抛物线规律降低（图 4 左侧部分），这主要是由于换热器结垢导致换热损失增加所致，而加装化学处理系统后的换热损失基本消失，原来的设计工况得以维持（图 4 中直线为设计值）。

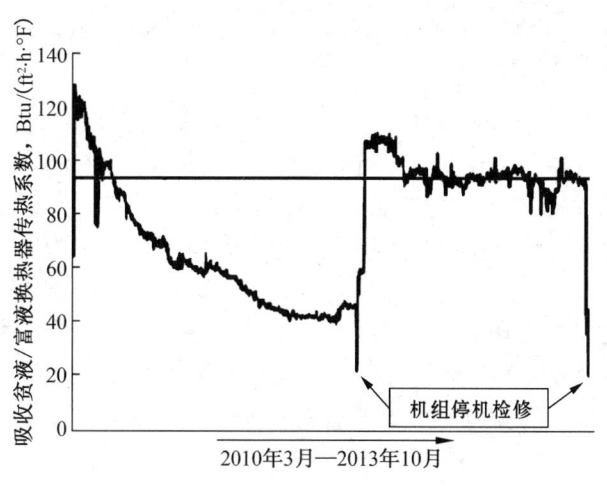

图 4　吸收贫液/富液换热器换热系数

此外，2012 年 3 月清理换热器时发现大量的结垢沉积（图 5）。18 个月后，即 2013 年 10 月，因脱酸系统外装置问题进行炼厂大检修，结果发现该吸收贫液/富液换热器未出现原

— 235 —

先的结垢问题（图6）。

图 5 加装化学处理系统前吸收贫液/富液换热器内突出的结垢现象

图 6 加装化学处理系统后吸收贫液/富液换热器内未发生结垢的现象

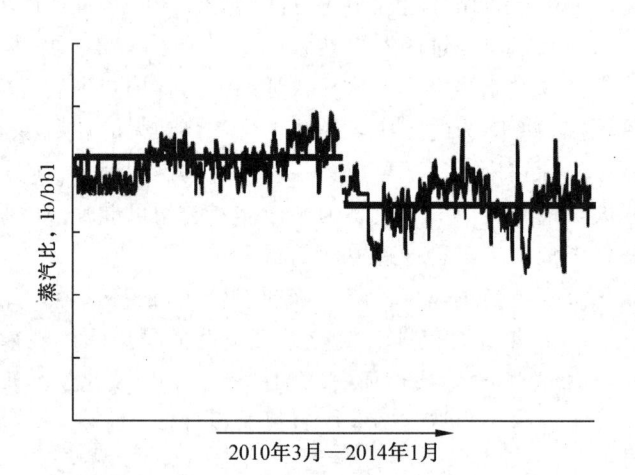

图 7 吸收富液再生所需加热蒸汽量变化情况

（3）吸收贫液/富液换热器效率提高、解析塔重沸器垢层消除可降低解吸塔内酸性气体解吸所消耗的加热蒸汽量。这具有3方面的优势：①单位吸收富液再生所需加热蒸汽量降低17%（图7），因此，操作费用相应降低；②吸收贫液冷却器效率更高，冷却操作更便捷；③提高脱酸系统处理炼厂其他操作装置物料的适应性。

随着化学处理系统的投入运行，炼厂相关设备的维护费用降低70%，总的运行费用降低12%。相关设备主要包括吸收贫液及吸收富液的过滤系统、吸收贫液/富液换热器、脱酸产品鳍片式冷却器。此外，炼厂运行安全性得到极大提高。如果操作、技术支持及供货间达成协同的话，炼厂将获得更大收益，这不仅可增加收益，更可提高炼厂运行的安全性及稳定性。

AM-14-46

炼厂酸性水汽提装置问题分析

David Engel, Philip le Grange, Mike Sheilan, et al (Sulphur Experts, CA)
何英华 杜龙弟 译校

摘　要　随着石油和天然气加工装置所处理原料中硫含量的日益增加，以及对最终烃类产品脱硫环境压力的日益增大，含有硫化氢、氨和其他污染物的污水（即酸性水）的数量正在逐渐增加。此外，污染物的浓度也在增加，并对酸性水处理装置的能力和可靠性提出更高的要求。

正确的设计、适当的操作以及良好的维护对酸性水汽提装置是至关重要的。酸性水汽提装置一旦停止运行，则其以后必须经常降低生产能力运行，甚至需要暂时停车。其结果是，在装置重新开车之前，炼厂产生的酸性水必须储存于储罐中，导致储罐液位经常超过设计指标。人们很多时候并不清楚酸性水的成分（尤其是除了硫化氢、氨以外的其他污染物），结果使得正确设置酸性水汽提装置的操作条件变得非常困难。此外，当酸性水汽提装置的烃进料含有过多污染物时，汽提出来的气体（酸性气体）不容易送到下游的硫黄回收装置，结果造成酸性气体只得送到火炬系统焚烧，导致大量的硫氧化物和氮氧化物排放。另外，一些装置没有规定酸性水的处理标准，因此正确理解工艺过程的基本原理可以帮助操作人员对酸性水汽提装置进行快速而有效的优化。

本文分析了酸性水汽提的工艺过程，并重点介绍了其中普遍存在的7方面问题或缺陷，这些问题或缺陷在装置的操作和设计中都是很常见的。

1　引言

在许多工业化过程中，尤其是在炼厂，酸性水汽提是处理工艺污水的第1步操作。来自整座炼厂多套工艺装置的工艺污水通常送到酸性水汽提装置，该装置主要设计用于从工艺污水中除去硫化氢（H_2S）和氨（NH_3）。酸性水汽提塔的设计有几种变形，但都是围绕利用热量来分解污水中NH_4HS盐结合的离子这一相同的主题，这一过程产生酸性水、酸性气体，释放出气态的NH_3和H_2S。在某些设计中，NH_3和H_2S进一步分离，并送到各自的目的地，但在大多数酸性水汽提装置中，从酸性水汽提塔顶出来的酸性气体是送到硫黄装置进行处理的。

多方面的问题可能导致酸性水汽提装置运行不佳，本文总结了其中最常见的一些原因。

2　酸性水汽提工艺的化学原理

酸性水汽提的目的是去除污水中有毒的或会引起不受欢迎气味的组分，去除的最主要组分是H_2S和NH_3，但其他组分如二氧化碳、氢氰酸、硫醇类、酚类、烃类和固体颗粒等，也可不同程度地去除。由于现代酸性水汽提装置的设计还集成了过滤设备,因此酸性水中大多数固体颗粒和烃类也会被去除。

酸性水汽提过程使沿着汽提塔向下流动的酸性水与沿着塔向上流动的蒸汽相接触。酸性水刚进入汽提塔时,H_2S 和 NH_3 不能立即去除,因为此时 NH_4HS 及其离子没有任何蒸汽压,通过加热酸性水,NH_4HS 分解成能够汽提的 H_2S 和 NH_3〔式(1)〕。酸性水中的其他挥发性物质,如二氧化碳、氢氰酸、硫醇和"轻"烃类组分也会汽提除去。

$$H_2S + NH_3 \rightleftharpoons NH_4HS \rightleftharpoons NH_4^+ + HS^-$$
$$\longleftarrow 温度 \longleftarrow \tag{1}$$

炼厂有许多工艺污水的来源,这些污水具有不同的污染物组成、流量和压力。此外,一些污水可能是连续的,而其他一些污水可能是间歇的。因此,如果没有适当的上游平衡、正确的设计和操作,进入酸性水汽提装置污水的化学组成和流量可能会变化很大,从而频繁地对汽提塔和下游接收酸性水汽提气体的硫黄回收装置的操作造成难度。

最常见的工艺用水装置包括原油常压塔、减压塔、蒸汽裂解装置、流化催化裂化装置、加氢脱硫装置、加氢裂化装置、常压渣油加氢脱硫装置、焦化装置、胺回流清洗和尾气处理装置急冷塔。来自加氢脱硫装置、加氢裂化装置、常压渣油加氢脱硫装置和流化催化裂化装置的污水中 H_2S 和 NH_3 的浓度最高。任何含 H_2S 不小于 $10\mu g/g$ 的污水都应该送到酸性水汽提装置处理。

经处理后的污水满足 NH_3 和 H_2S 的浓度规定是非常重要的,因为后续的污水处理过程通常涉及生物处理,而生物处理装置是不能在较高的 H_2S 浓度下正常运行的。

酸性水汽提的工艺流程如图 1 所示,具体说明如下:

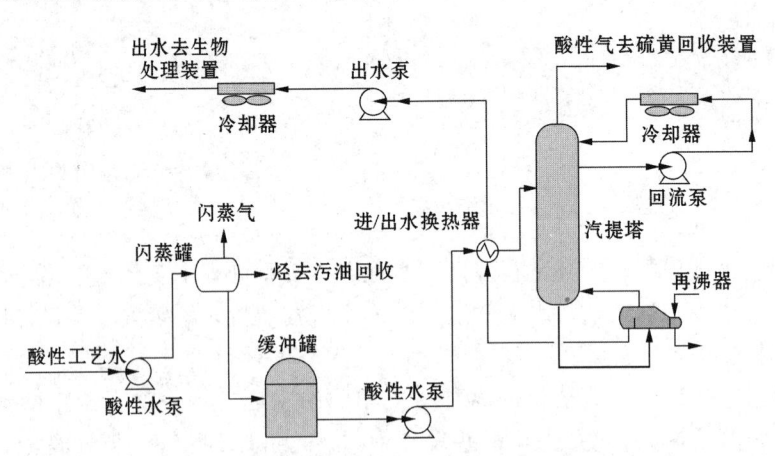

图 1 泵循环酸性水汽提装置流程示意图

(1) 将从整座炼厂收集的各种酸性水先送入闪蒸罐,污水在闪蒸罐中经过减压和沉降去除夹带和溶解的气体。

(2) 脱气后的污水进入一个储罐或者沉降池(缓冲罐),在此罐中污水可能进一步脱气,同时一些液态烃会浮到污水表面得以分离。如果停留时间足够长,污水的组成将趋于稳定,使进入汽提塔的污水流量和组成比较稳定。

(3) 如果工艺循环中有过滤器,它们可以设置在沉降池的上游或下游。

（4）离开沉降池的水在一台换热器（进/出水换热器）中通过汽提塔出来的经汽提的污水进行加热。

（5）加热后的酸性水进入靠近汽提塔顶部的位置，然后向下流动，通过底部上升的蒸汽将 H_2S、NH_3、烃类和其他易挥发的组分汽提除去。蒸汽通常在重沸器中产生或是直接将新鲜蒸汽引入塔内。

（6）汽提塔的塔顶可能设置泵循环冷却段，将物流冷却到85℃（185℉）。另外，设置回流系统，也可以达到同样的目的。这些系统回收了塔顶物流中的一部分水，从而降低了送到硫黄回收装置的酸性气中的水含量。

（7）汽提后的污水在进/出水换热器中冷却，然后由泵送至各区域进一步使用或处理（原油脱盐装置、生物处理等）。

3 酸性水的来源

在炼厂或其他生产装置，许多工艺场合可能产生酸性水。水在工艺场合的使用方式多种多样，如急冷水、蒸汽和洗涤水，以及水与某些烃类共蒸馏时各种蒸馏馏分所生成的水。图2显示了不同装置产生的多种酸性水的差异，图3则比较了在几个装置使用后的水质及其进水水质。

图2 酸性水汽提装置的各种工艺污水进料

主要的酸性水来源包括：

（1）胺系统的回流水排放。

（2）尾气处理装置急冷水。

（3）原油常压和减压塔。在塔顶物流中蒸汽冷凝产生的水；减压塔也可以在喷射器和常压冷凝器产生酸性水。

（4）热裂化装置和催化裂化装置。酸性水来源于洗涤水喷射、汽提和曝气。

（5）加氢处理装置和加氢裂化装置中来自高压分离器和低压分离器的洗涤水。

（6）焦化、延迟和流化类型装置。由除焦和急冷水产生酸性水。

图3 催化裂化装置（左）、焦化装置（中）和加氢处理装置（右）的进水和出水水质

(7) 火炬密封罐和分离罐。

(8) 整座炼厂已经接触过烃类的热冷凝液（通常在这些物流中污染物的浓度已经很低）。

(9) 炼厂的任何排水管线。每处的酸性水组成和流量都不同，取决于原油的类型和工艺控制的精细程度。手动液位控制也会影响水中的烃含量，特别是意外地开阀时间过长时。

根据美国石油学会之前对工艺水消耗估算的一项研究，列出了炼厂用水量的总体水平，见表1。

表1 炼厂不同装置的工艺水用量估算值

炼厂的生产装置	估算的工艺水用量 10^{-3} gal/bbl	水用量（以 10×10^4 bbl/d 原油计）gal/min
馏分油加氢处理装置	1500	31
催化原料加氢处理装置	2400	66
减压装置	2000	69
常压装置	1400	97
焦化装置	8000	112
催化裂化装置	4500	125
总计	—	500

4 酸性水汽提装置存在的问题

多年来，酸性水汽提的一些问题和缺陷已经暴露出来，本文将这些问题和缺陷归纳为7方面加以讨论。

4.1 酸性水汽提塔的设计不正确

设计酸性水汽提塔时，有多个方案可以将进水处理达到炼厂特定的净化水指标。净化水质量可以有多方面指标，主要取决于其下游的用途。

(1) 进水：$[H_2S] = 500 \sim 15000 \mu g/g$，$[NH_3] = 250 \sim 12000 \mu g/g$。

(2) 净化水：$[H_2S] = 1 \sim 25 \mu g/g$，$[NH_3] = 10 \sim 50 \mu g/g$。

一般而言，酸性水汽提塔的设计涉及塔盘数量或填料高度与从工艺进水中汽提污染物所需蒸汽量两者之间的折中，也就是说，塔内的有效接触级数越多，汽提所需要的蒸汽量就越少。此外，由于 NH_3 比 H_2S 更不易挥发（因此更难汽提），因此通常 NH_3 是用来确定接触级数的组分。总之，进料物流中 NH_3 含量越高，则所需接触级数越多，或是汽提所需的蒸汽量越大。

还有一些设计选项与再生介质有关，汽提蒸汽是由重沸器产生，还是直接将新鲜蒸汽注到汽提塔的底部。如果使用重沸器，则需要选择是采用釜式重沸器还是热虹吸式重沸器，还是这两种重沸器中的1种与增加新鲜蒸汽注入量的方式相结合；如果使用新鲜蒸汽，则会增加 10%~15% 的净化水总量，可能超出生物处理的能力范围。

有人曾指出，在新鲜蒸汽模式下所产生的额外的水可以减少诸如脱盐装置和加氢处理装置排出洗涤废水等过程所需要的补充水量。对于上面提到的装置，既然必须从外部补充水，那么由新鲜蒸汽注入所产生的额外水量可以部分抵消新鲜水的补充。汽提塔典型的所需能量以质量为基准时，蒸汽用量为所处理酸性水质量的15%范围内，或是1gal的酸性水需要1.3~1.5lb的蒸汽。

顶部设置回流段类型的汽提塔有几个相关选项，具体包括：

（1）根本没有回流（重沸器中生成足够的蒸汽或通过新鲜蒸汽使汽提塔塔顶温度达到88℃（190℉）左右，此时如果不控制温度，在酸性水、酸性气体中的水含量超标可能成为一个问题。

（2）标准地设置回流的酸性水汽提塔（设有冷凝器/冷却器、回流罐和回流泵）。

（3）泵循环回流（在塔顶部设有独立的外部冷却和泵送水循环系统）。

世界上大部分酸性水汽提塔不是使用泵循环回流方式，就是使用回流冷凝器方式，两种方式几乎平分秋色。泵循环工艺比回流系统腐蚀性小，因为该工艺过程充满液体并且不容易产生固体盐沉积。在泵循环工艺中铵盐的浓度相对较低，回流温度一般控制在大于85℃（185℉），以消除在回流回路和送往硫黄回收装置的相关管道中铵盐析出的可能性。

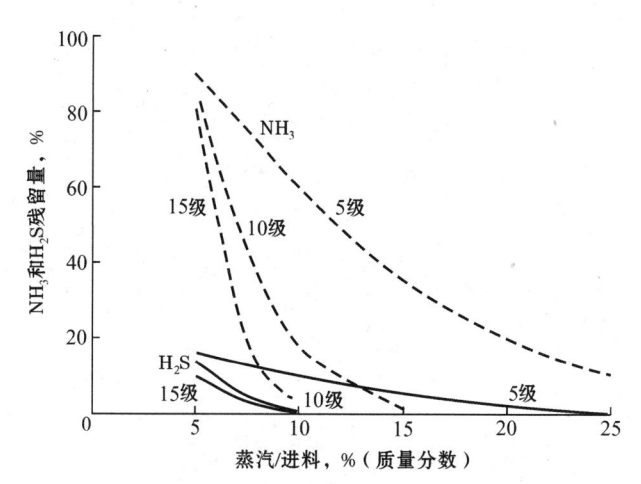

图4 塔板数和蒸汽量对H_2S和NH_3去除效果的影响
（曲线表示理论级数，2~3块实际塔板）

塔内部也有一些选项，历史上汽提塔曾采用使用筛板或浮阀塔盘的板式塔，经验表明，筛板或栅板塔盘处理汽提塔内固有污垢的效果最好。浮阀则可能粘在塔盘板面，导致塔内堵塞和液泛。近年来，汽提塔使用散装填料已经有了一些成功案例。散装填料的压力降要低得多，因而提供了比板式塔更高的塔容量。不尽如人意的是，填充床要求在塔内提供特别理想的液相和气相分布，而且存在使酸性水装置产生结垢的可能性，这是非常令人烦恼的。

其中核心的问题是，需要多少块汽提塔盘、多高的填料高度以及多少块回流塔盘才能适应酸性水汽提的需要。图4显示了理论汽提级数和注入的蒸汽量对净化水中H_2S和NH_3含量的影响。塔板效率一般认为介于30%~45%，所以每个理论级约相当于3块塔板。目前已有基于比例的软件模拟工具可以准确地预测逐个实际塔盘上酸性水汽提的效果，这样设计工程师就有信心准确地确定酸性水汽提所需的最经济且有效的塔盘与蒸汽的比例。

酸性水的pH值对蒸汽汽提H_2S和NH_3的能力起着非常显著的作用。H_2S溶液显弱酸性，在碱性条件下将保持电离状态，难以从水中汽提出来，如果降低pH值（<5.5），H_2S将更容易返回其气态形式，并且有可能从水中去除几乎所有的H_2S。NH_3本质上是碱性的，因此它需要较高的溶液pH值才能返回到其气态形式，如果pH值超过10并且有足够的蒸

汽引入再生器或汽提塔底部，则 NH_3 可完全分解。

因此从理论上讲，需要两个汽提塔，一个在较低 pH 值下操作以便最大限度地将 H_2S 脱除，另一个在较高 pH 值下操作以便最大限度地将 NH_3 去除。由于大多数炼厂不会那么奢侈，因此需要对单汽提塔的工艺条件进行优化，以提高从酸性水中成功去除这些不同性质污染物的可能性。因为 H_2S 比 NH_3 更容易汽提，操作条件应倾向于提高的 NH_3 去除率，所以最终设置酸性水的 pH 值为弱碱性（7.5～8.5），这样可以提高不易挥发的 NH_3 组分的去除率。

有一种可能的工艺方案是加入一种强碱，如苛性钠。历史上添加位置曾被推荐在汽提塔较低的部位，这样可以减少"固定" H_2S 的可能性，使其有机会从酸性水中汽提出来。理想的添加位置甚至可以设在酸性水进料处，但是具体结论应由适用于特定场合的基于严格比例的模型得出。与苛性钠加入相关的是需要一种能准确记录酸性水进料和出料 pH 值的方法。加入过量的苛性钠将提高乳状液形成的可能性，这对脱盐设备的性能是非常有害的。

4.2 塔顶和酸性气体温度的控制不善

加热对于酸性水汽提装置的有效操作是非常重要的因素，下列场合需要加热：

（1）将水的温度从进料温度升高至沸点（再沸器的温度），显热负荷。

（2）驱动离子和盐回到蒸汽相。

（3）通过提供过量蒸汽气体（产生回流流量）降低汽提气体的分压而产生一种稀释的环境。

如果没有足够的热量，不会发生 H_2S 和 NH_3 的汽提。酸性水汽提塔在良好的设计和操作条件下，在塔内总是可以获得足够的热量使 H_2S 和 NH_3 最终得以汽提出来。

酸性水汽提装置的塔顶系统存在 3 种温度效应，操作人员应该加以注意。

（1）铵盐升华。碳酸铵和碳酸氢铵在 55～75℃（130～167°F）升华，如果酸性水汽提的塔顶气体过度冷却，会发生盐沉淀，并堵塞仪表、控制阀和管线（图 5）。相关专家建议的最低温度为 85℃，以防止系统由于盐的沉积而引起结垢。对于通往硫黄回收装置的仪表及塔顶管线，应定期检查温度较低的部位。按照标准的行业惯例，这些管线应当绝热，并用蒸汽伴热，而蒸汽夹套是首选。

图 5 铵盐升华

（2）由于回流水的盐含量升高引起的回流泵腐蚀。大多数金属材料不适用于高盐含量

（>35%，质量分数）的介质。如果酸性水汽提装置不保持足够高的温度，回流水会出现高盐含量的情况。因为 H_2S 和 NH_3 比水更容易挥发，在较高温度下操作塔顶系统可以减小回流水中的盐含量；这样操作增加了送往硫黄回收装置的酸性水、酸性气中的水含量，会对硫黄回收装置的操作带来不利的影响。在回流系统中出现高盐含量的情况是酸性水汽提装置所特有的现象，基于可靠的测试数据可以设定一个安全的操作温度（图6）。

图6 由盐含量升高引起的回流泵腐蚀

（3）高温聚合。为准备过冬或防结垢所采用的蒸汽伴热/夹套温度不应超过150℃，否则会加剧聚合反应，导致结垢。

4.3 酸性水管理不善

目前工业企业对水资源管理不善的现象是相当普遍的。广义上可以将这些现象分为交叉污染、稀释、含酚污水的隔离和大量烃类的进入4类。

（1）交叉污染。应当避免酸性水汽提系统被不适于处理的水流污染，不允许冷却、消防或者压载用水进入酸性水汽提系统，这些物流中的钙/镁硬度会使酸性水汽提装置的重沸器和底部塔板结垢。来自烷基化装置的废碱或废物也不应送到酸性水汽提装置，这些包含强碱或酸的物流会结合 H_2S 或 NH_3，导致汽提处理后的水不合格。至关重要的是，只有"工艺"污水才能送到酸性水汽提装置处理。

（2）稀释。稀释具有以下负面影响：

①由于需要额外处理不恰当引入的污水而导致酸性水汽提装置能量效率变差。

②处理水量增大，导致下游的处理和处置成本增加。

③不必要地占用了酸性水汽提装置的处理能力，从而可能影响装置的灵活性。

常见的酸性水汽提装置污水稀释的来源包括：

①直接注入蒸汽，这种传统的（低成本）设计方案不应再被采用，因为它增加了10%~20%的出水量。

②将未被污染或低污染的物流送至酸性水汽提装置。进入汽提塔的物流应该对其中 H_2S、NH_3 和酚类含量进行测试，如果这些物流仍属于淡水的指标范围内，则不应进酸性水汽提装置处理。

③将其他水流倾倒进酸性水汽提系统。

（3）含酚污水的隔离。含酚污水主要来自炼厂的裂化装置，如焦化装置或流化床催化裂化装置等。必须清楚酸性水汽提装置只能去除污水中的一小部分酚类物质，这主要是由于酚的低挥发性造成的。大部分的酚可以在酸性水汽提装置下游的原油脱盐装置中去除。如果可能的话，建议使用一套单独的酸性水汽提装置处理酚类污水，将不含酚的污水与含酚污水隔离。

（4）大量烃类的进入。减少酸性水进料中烃类物质最好的办法是确保源头水中不含烃类物质，通过对酸性水生成点进行全面而深入地评估这是可以实现的。不论流量大小，对所有酸性水汽提装置的进料物流都进行分析是非常重要的，图7展示了这样的一个例子，该例中一股只占进料流量不到10%的水流，却贡献了90%以上的烃污染物。

图7 一股含有高含量烃类物质的小流量酸性水

4.4 闪蒸器和进料缓冲罐的操作或设计不当

闪蒸器的正确设计和操作是至关重要的。闪蒸器的作用是除去轻质烃和大量更重的液烃，如果没有一个合适的闪蒸器，酸性水和酸性气就不能安全送到硫黄回收装置。

防止烃类进入酸性水汽提装置就可以阻止烃类进入硫黄回收装置。尽量减少硫黄回收装置进料中的烃类是基于几方面的原因，其中最重要的是：

（1）烃类的存在难以维持稳定的运行。

（2）烃类的存在导致产能下降。

（3）烃类的存在导致装置低效。

（4）烃类的存在会导致潜在的催化剂失活和由于烟灰的形成而引起的硫黄质量问题。

汽提塔酸性水进料中的烃类也将显著增加汽提塔内部的结垢，在酸性水汽提塔内部出现的"黑鞋油"现象中，总是含有不同程度的重质烃类物质。

闪蒸罐是一个三相分离器，其目的是为了分离水、油和气体，该过程是通过压力降和停留时间来实现的，压力降越大或停留时间越长，三相分离效果越好。

因此，当闪蒸罐内的压力尽可能低而停留时间最长时，闪蒸罐的运行效果达到极限，推荐的最小停留时间是20min，为正常操作水平的50%~60%。由于压力对烃类物质的汽化点有直接影响，因此压力越低，越容易将烃类物质闪蒸去除。

闪蒸罐的压力是根据闪蒸气体的最终压力进行设定的，这些气体通常被送到火炬进行焚烧，或被送到一个低压的燃料气体胺吸收塔。任何情况下都不应将闪蒸气体送到硫黄回收装置，因为闪蒸气体的流量和组成都在连续地波动。

图8显示了烃负荷对反应炉操作的潜在影响，重尾馏分烃过量时，燃烧所需的空气量将增加1倍。

如果闪蒸罐内设置溢流堰，通常将其设置在50%~60%的高度，水位应保持在堰高以下7~8cm处，允许液态烃溢出进入堰的油侧。当闪蒸罐的尺寸和液面都被设定后，延长停留时间的唯一选择是精确评估进入罐内的所有物流，以减少进入罐内的水量。

导致酸性水汽提装置运行不正常的主要原因之一是酸性工艺水的组成和流量的大幅度波动，这些波动是炼厂的生产规律所固有的，可以通过增设一个大小合适的酸性水汽提稳定罐/缓冲罐加以防止。

稳定罐/缓冲罐还能够去除污水中的部分悬浮固体和液态烃，缓冲罐内设置去除烃类物质

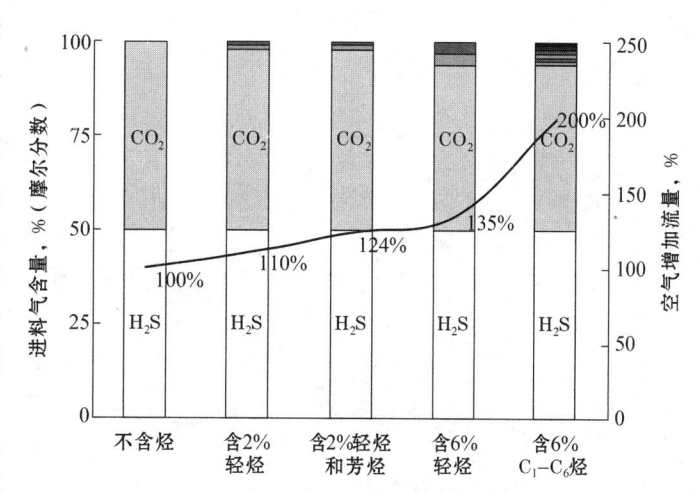

图 8 烃类对反应炉空气流量的影响

的撇油设施是必不可少的。缓冲罐的设计可以使一个轻油层如同一层毛毯浮在水面之上，从而避免气味的问题。更好的选择是使用一种带有撇油设施的内浮顶，这是一项比较昂贵的选择，但可以显著减少酸性水汽提装置进水的严重异味问题。

类似于缓冲罐，稳定罐正常的运行液位是满罐的 50%，但是实际的操作液位总是在进料的稳定、自由存储容量和分离等各种功能之间进行折中的结果。稳定罐必须有一部分是空的，以缓冲汽提塔可能持续数小时或更长时间的扰动。另外，较长的停留时间可以改善烃/固体颗粒的分离，最重要的是可以稳定酸性水汽提装置的进料组成和流量。

除液位高度外，进料和排水管线的位置在稳定方面中也发挥着重要作用。入口喷嘴和出口喷嘴应位于罐体相对的两端，以减少潜在的旁路。出口喷嘴常距离容罐体底部 600mm，以防止沉淀的固体或重质油随着酸性水一起被泵抽出稳定罐。缓冲罐需要设置 1 个旁路，以适应清洗的需要。

4.5 固体颗粒和液态烃的去除效果不佳

固体颗粒过滤效果不好以及液态烃去除效果差会导致酸性水汽提装置的结垢和腐蚀问题，从而使装置的可靠性变差，缩短两次停车之间的运行周期长度。此外，如果烃类物质在酸性水进料的原水中没有被分离，可能会被带到酸性水、酸性气体中，影响下游的硫黄回收过程。

4.5.1 烃类物质

烃类物质在污水中以 3 种基本形式存在。

（1）游离烃。这些烃不会与大量的水相互作用，并往往会在几分钟内在闪蒸罐中被分离。游离烃会在水相以上形成一个烃类物质的液层（也可能位于水相以下，取决于两相的密度差），从而可以观察到。污水中游离烃的含量变化很大，从 100μg/g 到百分比水平。游离烃的分离效率可以通过 Stokes 定律［式（2）］进行计算，受液滴直径的影响很大（图 9）。两相之间的黏度和密度的差值也在一定程度上影响分离效率，较低的黏度可以提高分离速度。这表明在稍高的温度下操作闪蒸罐会带来一些好处，因为在较高的温度下流体黏度会

降低。

$$v = gd^2(\rho_a - \rho_b)/(18\mu) \tag{2}$$

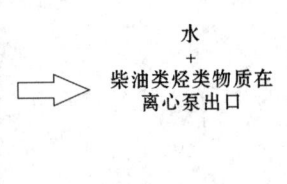

液滴直径，μm	分离时间，h
160	0.5
106	1
75	2
43	6
22	24
16	48
8	168

图9 烃类物质液滴直径和分离时间之间的关系

式中，v为分离速度；g为重力加速度；μ为连续相（液相a）黏度；ρ_a为溶剂相密度；ρ_b为液体污染物的密度；d为污染物液滴直径。

(2) 溶解烃。所有的烃类物质在水中都有一定的溶解性，烃在水中的溶解度水平取决于水的pH值、水的压力、温度以及烃类物质的类型。水相中溶解的烃是不可能被观察到的，因为它与纯水难以区分，通常，烃在水中的溶解度范围可以从几微克/克到几百微克/克。烃在酸性水中的溶解度与pH值有直接关系，pH值越高，溶解度越大。

(3) 乳化烃。正常条件下，烃类不是游离于水就是溶于水相，但当条件有利时（如存在表面活性剂以及加入能量时），烃类污染物会在水相中形成非常小的液滴（图10），这些液滴借助表面活性剂分子（类似肥皂或洗涤剂）以及较小尺寸的悬浮物实现稳定。乳化液滴的尺寸范围可以从几微米到约500μm。微乳液是最稳定的乳化液类型，可能要花几周的时间才能自然分离，微乳液通常是在液滴尺寸小于10μm时形成的。

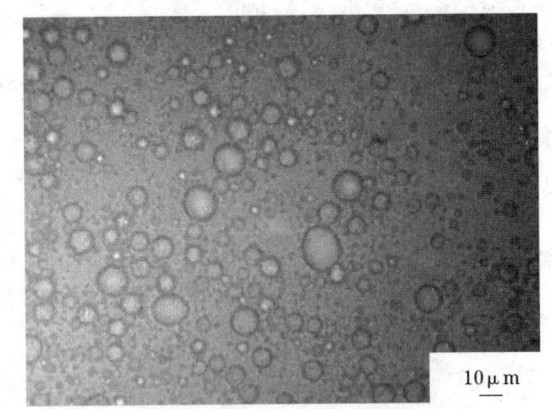

图10 水和油形成的微乳液

4.5.2 悬浮物

悬浮物在酸性水进料中是普遍存在的，特别是在与焦化装置相关联的酸性水汽提装置中，这些固体颗粒在一定程度上会在上游的进料缓冲罐中沉淀（这也是不希望出现的），然而，仍有相当一部分悬浮物在缓冲罐出水中存在。悬浮物对酸性水汽提的影响可能有点类似于烃类，因为它们将使发泡稳定并沉积在金属表面，从而降低流量，并导致沉积之下的腐蚀。

大多数炼厂，特别是在有催化裂化装置的炼厂，使用经过汽提的酸性水作为脱盐装置的洗涤水，这样可以从汽提过的水中除去酚类物质。固体颗粒的存在会加强乳化作用，影响脱盐装置中水与原油分离的效果，这会导致处理后的原油中盐含量增加，在常压塔塔顶产生较高的腐蚀速率。许多常压装置的腐蚀、脱盐设备的运行不尽如人意，以及添加剂用量增加等问题可能与酸性水的汽提效果不佳有关。

许多固体颗粒的直径小于人眼的视觉灵敏度（<40μm），因此只有当它们整体从溶液中沉淀析出时才能被看到（图11）。这些类型的固体可以使发泡状态真正稳定。这些微米级的

小固体颗粒和肉眼可见的更大的固体会在稳定罐中沉降,因此在检修期间应进行稳定罐的清洗。如果在稳定罐中留下过多的固体,而这些固体颗粒又上升到储罐出口喷嘴的液位,将最终导致这些固体随着工艺水从罐中转移出去。

4.5.3 酸性水调质的补充措施

过滤是从酸性水中去除悬浮物质的基本技术。对于乳化烃类的去除,可选择的技术是聚结,聚结是两个或更多的小液滴结合在一起产生单一的、较大尺寸的液滴的过程。

大的稳定罐/缓冲罐可用来从各种酸性水中分离烃和悬浮固体,然而,这是相当昂贵的。缓冲罐一般没有足够的停留时间来满足细小颗粒和微乳液(10μm 及更小)的有效分离,因此,建议使用过滤器和聚结器。

鉴于酸性水物流中的颗粒尺寸和乳化烃的高结垢性能,只有基于一次性超细纤维的聚结器才能提供合适的乳液分离效果,其他聚结系统如斜板和纤维网格的效果都不理想。

图 11 12h 后从酸性水中沉淀析出的固体

烃聚结器上游的悬浮物必须加以去除,去除颗粒可保护聚结器元件,同时还破坏了乳状液,可显著提高系统的整体效率。颗粒过滤器和液体聚结器的组合系统一定要安装在酸性水进料泵的下游和热交换器的上游,这种配置如图 12 所示,其效果如图 13 所示。

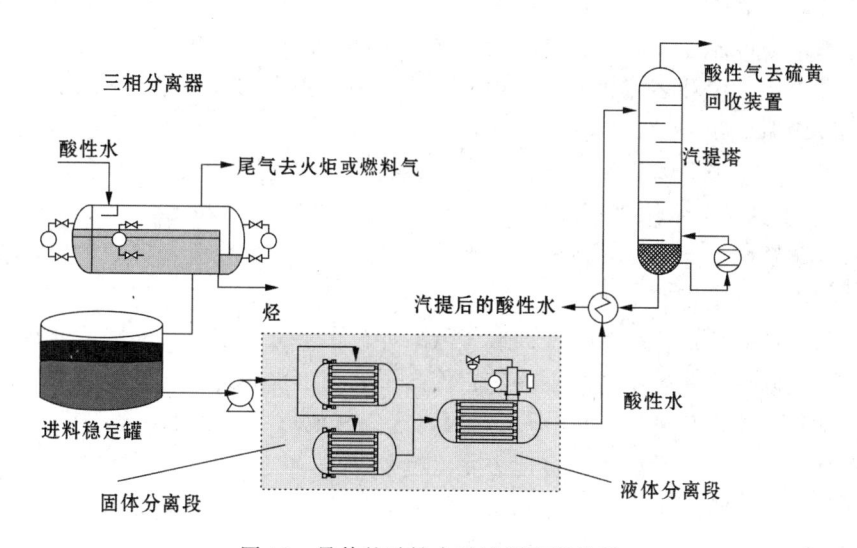

图 12 最佳的酸性水过滤器和聚结器

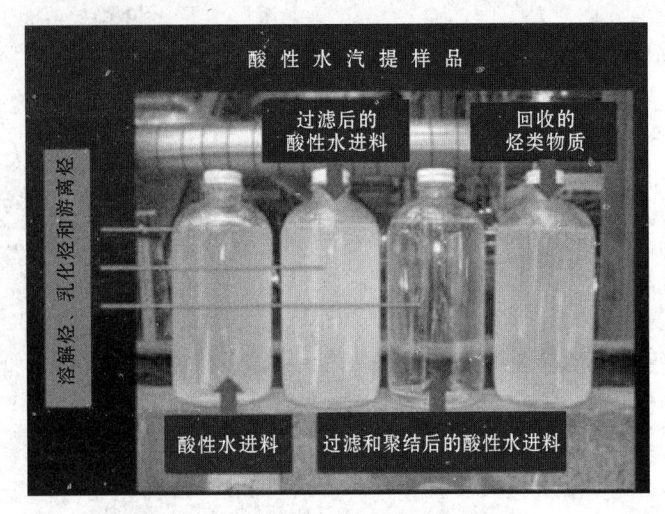

图13 酸性水装置中聚结效果的照片

4.6 未能提供详细的酸性水分析结果

酸性水汽提装置的设计技术要求往往只列出了总进料的 H_2S 和 NH_3 含量,酸性水中可能存在的其他组分很少被提及,其实这些其他的污染物也会造成严重的问题。

最常见的其他污染物有:

(1) 硫酸、氢氟酸和甲酸等强酸将以一种强人的方式固定 NH_3,使其几乎不可能被汽提出来,在旧文献中有时将其称为硬氮,其实质是 NH_3 被结合到强酸上,可通过添加强碱(如苛性钠)以中和强酸的方式将 NH_3 释放出来,随后被汽提。

(2) 酸性水中可能存在钙和镁,因为硬水已被用作工艺水,消防水或冷却水排到酸性水汽提装置也是有可能的,其结果是,钙和镁的碳酸盐将在重沸器中沉积为水垢。

(3) 酸性水中可能存在单质硫或多硫化物,这通常是由于空气渗入工艺水系统造成的,H_2S 会被氧化成单质硫和多硫化物,这种单质硫将在汽提塔的底部塔板和在进水/出水换热器中沉积形成污垢。

(4) 酚类存在于来自催化裂化装置、焦化装置和热裂解装置的工艺水中,但来自加氢脱硫/加氢裂化装置的工艺水中没有酚类。最好将工艺水分成含酚和不含酚两类,酚类不适于在酸性水汽提装置中去除,因此,含酚污水应该送到原油脱盐装置,将酚类物质萃取到原油中,这种工艺水不能重复使用。

(5) 氮组分如胺溶剂、膜状缓蚀剂或氢氰酸等存在于工艺水中,这些组分在酸性水汽提装置中不能被去除或去除效果非常不好,它们会影响到出水的总氮含量。通常情况下,酸性水汽提装置的汽提出水只进行 NH_3 分析,因此这些其他形式的氮组分被忽略。酸性水汽提装置的重要环境目标之一是尽可能多地去除氮组分。

(6) 表面活性剂肯定会出现在酸性水汽提装置的进料中。在炼厂工艺装置中注入清洗水的目的是去除不需要的组分,在被去除的组分中就有表面活性剂,分析这些微量成分几乎是不可能的。因此,酸性水汽提装置的设计需要留有安全余量,以抵消发泡的干扰。

(7) 硫醇也会出现在酸性水汽提装置进料中。在酸性水汽提装置中硫醇将会从酸性水中汽提出去，因为它们是弱酸，结果，在送往硫黄回收装置的酸性尾气中，硫醇将贡献一部分的烃含量。酸性水汽提装置和硫黄回收装置的整体设计需要考虑到硫黄回收装置额外的空气需求。

（8）苯、甲苯、乙苯和二甲苯也会出现在酸性水汽提装置进料中，这些烃将会增大酸性水的发泡趋势，因为它们是非常接近于极性的烃类。二甲苯的存在很可能会导致加氢裂化、加氢脱硫和渣油加氢脱硫装置三相分离器的发泡问题，分析酸性水汽提气体的组成将为这些问题提供很好的指导。三相分离器中的发泡问题会导致完全不同的气体组成，众所周知，二甲苯组分对硫黄回收装置的催化剂是有害的。

4.7 忽视了酸性水汽提塔的材料选择

在酸性水系统中二硫化铵的存在使 NH_3 和 H_2S 同时存在于系统中，形成腐蚀的主要驱动力，二硫化铵的腐蚀程度随污水流量的增加似乎会得到加强，并且可形成垢下腐蚀，流量增强的腐蚀发生在撞击点或流量扰动之后。酸性水汽提塔的腐蚀问题是以往一直难以预测的，并且大多数行业指南是以收集到的现有金属材料的现场经验为基础。最近能够更好地预测酸性水腐蚀的工具构建工作已经完成。

业已发现下列因素会导致酸性水汽提系统的腐蚀：

（1）二硫化铵。
①浓度增加导致腐蚀增加。
②一些文献表明，其阈值水平为35%（质量分数）。
③流速增加时，腐蚀速率增加。

（2）H_2S 的分压。
①腐蚀速率随着 H_2S 分压的增大而增加，更高的流速和更高的二硫化铵浓度加重腐蚀。
②对于不耐腐蚀材料（碳钢、蒙乃尔合金400和410型不锈钢）影响更显著（图14）。

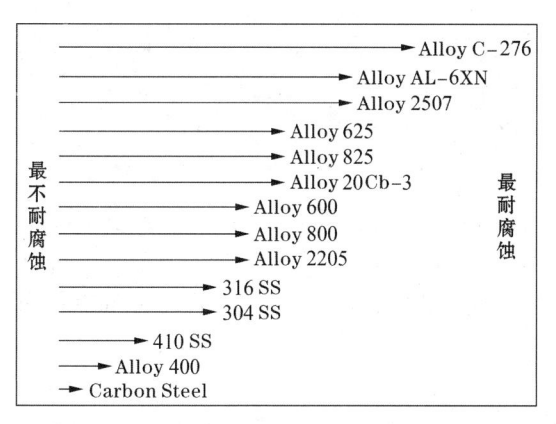

图14 二硫化铵环境中测试材料的相对耐腐蚀性能

（3）温度。
正如预期的那样，温度上升时腐蚀速率增加。表2提供了行业中一些炼厂所推荐的金属材料选择经验。

表 2　炼厂推荐的金属材料

位置	最低要求金属材料	备注
酸性水闪蒸罐	碳钢，加 6mm 腐蚀余量	
进料泵	300 系列不锈钢内构件	
进水/出水换热器	碳钢外壳，加 6mm 腐蚀余量；AISI316(L) 不锈钢或耐热铬镍铁合金 825 列管	
汽提塔	碳钢外壳，加 6mm 腐蚀余量。塔板是 316(L) 不锈钢	400 系列材料不够用
出水泵	碳钢外壳和内构件	
塔顶冷却器	钛或阿维斯塔 254 管束；封头可以是 316(L) 不锈钢	
塔顶回流罐	碳钢，加 6mm 腐蚀余量	控制好回流温度，保持 NH_4HS 在可接受的水平很重要
回流泵	316（L）不锈钢外壳和内构件	
管道	大多数管道可选用碳钢，加 3mm 腐蚀余量	由于 NH_4HS 浓度高，塔顶部分的管道应该有 6mm 腐蚀余量
一般		如果氰化物含量不小于 30μg/g，则应选择抗 HIC 钢（氰化物通常存在于来自催化裂化装置的酸性水）

5　结论

总之，酸性水汽提塔的设计和操作经历了从简单系统到复杂系统的演变。简单系统没有缓冲罐，烃类只用小闪蒸罐进行简单去除，不设置过滤器，汽提塔的塔板很少，且自始至终注入新鲜蒸汽；复杂系统具有完善的预处理（包括闪蒸罐、缓冲罐、聚结器和过滤器），有些甚至设置独立的 H_2S 汽提塔和 NH_3 汽提塔。

最重要的是，酸性水系统的设计应当尽量减少操作问题，最大限度地提高在线监控水平，并且优化硫黄回收装置的原料气质量。为实现这些目的，系统设计时应考虑以下因素：

（1）闪蒸罐具备三相分离的能力和至少 20min 的停留时间。

（2）在 50% 满罐时，缓冲罐至少有 24h 的停留时间。

（3）设置过滤器后接聚结器，用以去除固体颗粒和烃类物质。

（4）设置 1 个进水/出水热交换器，用以加热进料物流，并降低重沸器负荷。

（5）考虑从硫黄回收装置进料物流中分离出 NH_3 组分（设置两级汽提），硫黄回收装置不是接收 NH_3 的好地方（这样做也可能给氨物流提供潜在的销路）。

（6）设置重沸器（避免蒸汽注入，稀释不应该是解决污染的办法）。

（7）设置回流回路，以控制硫黄回收装置进料温度。

（8）通往硫黄回收装置的管线进行绝热和蒸汽伴热。

（9）进行详细的进料水质分析。

（10）正确选择系统各部位的金属材料。

参 考 文 献

[1] Sour Water Strippers Exposed, Weiland R. H., Hatcher N. A., LRGCC 2012.
[2] The Sources, Chemistry, Fate and Effects of Ammonia in Aquatic Environments, American Petroleum Institute, 1981.
[3] Sour Water Strippers: Design and Operation, Lieberman N., PTQ Q2 2013.
[4] The Basics of Sour Water Stripping, vanHoorn, E, Amine Processing Textbook, published by Sulphur Experts, 2002—2012.
[5] Hydrocarbon Destruction in the Claus SRU Reaction Furnace, Klint B., Sulphur Recovery textbook, published by Sulphur Experts, 2005—2012.
[6] Filtration and Separation Technologies in Sulphur Recovery, Engel D. B., Chemical Engineering Magazine, April 2013.
[7] Equipment for Distillation, Gas Absorption, Phase Dispersion and Phase Separation ", Kister, H. Z., Mathias P. M., Steinmeyer D. E., Penney W. R., Crocker B. B., and Fair J. R., " Perry's Chemical Engineers' Handbook", 8th Ed., Section 14, McGraw-Hill, New York, 2008.
[8] Prediction and Assessment of Ammonium Bisulfide Corrosion under Refinery Sour Water Service Conditions - Part 2; Horvath R. J., Lagad V. V., Srinivasav S., Kane R. D., .
[9] Ammonium Bisulfide Corrosion in Hydrocracker and Refinery Sour Water Service, Tems R. D.; SAER-5942 Final Report on a Joint Industry Program (JIP).
[10] HCN and Phenol in a Refinery Sour Water Stripper; The Contactor, Optimised Gas Treating Inc., Volume 7, Issue 11, November, 2013.
[11] Reducing Hydrocarbons in Sour Water Stripper Acid Gas; Spooner B., Sheilan M., vanHoorn E., Engel D., le Grange P., Derakhshan F.; LRGCC February 2014.
[12] Sour Water Stripping; Armstrong T., Scott B., Gardner A., Today's Refinery, June 1996.

附　录

附录1 英文目录

AM-14-51	World Best Refineries
AM-14-34	Petrochemical Landscapes: The Blessing and Curse of the Shale Revolution
AM-14-49	Trends in U. S. Refined Product Supply/Demand Balances
AM-14-13	Challenges and Solutions for Processing Opportunity Crudes
AM-14-53	Can U. S. Refiners Invest for Success?
AM-14-12	Will OPEC Sideline US Producers by Defeating Tight Oil?
AM-14-42	Changing Crude Qualities and Their Impacts on U. S. Refinery Operations
AM-14-50	Canadian Tidewater Access—Implications for the U. S.
AM-14-14	Distillation Heater Operation While Processing Tight Oil
AM-14-40	Has the Boom Gone Bust?
AM-14-74	Dewaxing Challenging Paraffinic Feeds in North America
AM-14-19	A New Catalyst Generation for Additional Hydrogenation and Volume Swell
AM-14-20	Catalyst Selection—A Refiner's Perspective
AM-14-59	Natural Gas in Transportation: The Impact on Oil Demand in the U. S. and Beyond
AM-14-02	RFS2 Version 2.0, Armageddon Averted
AM-14-23	Capturing Maximum Values for Processing Tight Oil through Optimization of FCC Catalyst Technology
AM-14-27	FCC Additive Improves Residue Processing Economics with High Iron Feeds
AM-14-54	Hydrogen Generation and Production Trends
AM-14-71	The Path to World Class Reliability Performance
AM-14-57	Optimal Hydrogen Management at Minimal Costs Utilizing High-Performance Catalysts for Refineries
AM-14-47	Amine System Improvements Drive Refinery Gains
AM-14-46	The Seven Deadly Sins of Sour Water Stripping

附录2　计量单位换算

体 积 换 算

1Us gal = 3.785L

1bbl = 0.159m^3 = 42Us gal

1in^3 = 16.3871cm^3

1UK gal = 4.546L

$10 \times 10^8 ft^3$ = 2831.7$\times 10^4 m^3$

$1 \times 10^{12} ft^3$ = 283.17$\times 10^8 m^3$

$1 \times 10^6 ft^3$ = 2.8317$\times 10^4 m^3$

1000ft^3 = 28.317m^3

1ft^3 = 0.0283m^3 = 28.317L

1m^3 = 1000L = 35.315ft^3 = 6.29bbl

长 度 换 算

1km = 0.621mile

1m = 3.281ft

1in = 2.54cm

1ft = 12in

质 量 换 算

1kg = 2.205lb

1lb = 0.454kg［常衡］

1sh.ton = 0.907t = 2000lb

1t = 1000kg = 2205lb = 1.102sh.ton = 0.984long ton

密 度 换 算

1lb/ft^3 = 16.02kg/m^3

°API = 141.5/15.5℃时的相对密度 - 131.5

1lb/UKgal = 99.776kg/m^3

1lb/in^3 = 27679.9kg/m^3

1lb/USgal = 119.826kg/m^3

1lb/bbl = 2.853kg/m^3

1kg/m^3 = 0.001g/cm^3 = 0.0624lb/ft^3

温度换算

K = ℃ + 273.15
1℉ = 5/9（℃ + 32）

压力换算

1bar = 10^5 Pa
1kPa = 0.145psi = 0.0102kgf/cm² = 0.0098atm
1psi = 6.895kPa = 0.0703kg/cm² = 0.0689bar
     = 0.068atm
1atm = 101.325kPa = 14.696psi = 1.0333bar

传热系数换算

1kcal/（m²·h）= 1.16279W/m²
1Btu/（ft²·h·℉）= 5.67826W/（m²·K）

热功换算

1cal = 4.1868J
1kcal = 4186.75J
1kgf·m = 9.80665J
1Btu = 1055.06J
1kW·h = 3.6×10^6 J
1ft·lbf = 1.35582J
1J = 0.10204kg·m = 2.778×10^{-7} kW·h = 9.48×10^{-4} Btu

功率换算

1Btu/h = 0.293071W
1kgf·m/s = 9.80665W
1cal/s = 4.1868W

黏度换算

1cSt = 10^{-6} m²/s = 1mm²/s

速度换算

1ft/s = 0.3048m/s

油气产量换算

1bbl = 0.14t（原油，全球平均）

$1 \times 10^{12} ft^3/d = 283.2 \times 10^8 m^3/d = 10.336 \times 10^{12} m^3/a$

$10 \times 10^8 ft^3/d = 0.2832 \times 10^8 m^3/d = 103.36 \times 10^8 m^3/a$

$1 \times 10^6 ft^3/d = 2.832 \times 10^4 m^3/d = 1033.55 \times 10^4 m^3/a$

$1000 ft^3/d = 28.32 m^3/d = 1.0336 \times 10^4 m^3/a$

1bbl/d = 50t/a（原油，全球平均）

1t = 7.3bbl（原油，全球平均）

气油比换算

$1 ft^3/bbl = 0.2067 m^3/t$

热值换算

1bbl 原油 = 5.8×10^6 Btu

1t 煤 = 2.406×10^7 Btu

$1 m^3$ 湿气 = 3.909×10^4 Btu

1kW·h 水电 = 1.0235×10^4 Btu

$1 m^3$ 干气 = 3.577×10^4 Btu

（以上为1990年美国平均热值，资料来源：美国国家标准局）

热当量换算

1bbl 原油 = $5800 ft^3$ 天然气（按平均热值计算）

$1 m^3$ 天然气 = 1.3300kg 标准煤

1kg 原油 = 1.4286kg 标准煤

炼厂和炼油装置能力换算

序号	装置名称	桶/日历日（bbl/cd）折合成吨/年（t/a）	桶/开工日（bbl/sd）折合成吨/年（t/a）
1	炼厂常压蒸馏、重柴油催化裂化、热裂化、重柴油加氢	50	47
2	减压蒸馏	53	49
3	润滑油加工	53	48
4	焦化、减黏、脱沥青、减压渣油加氢	55	50
5	催化重整、叠合、烷基化、醚化、芳烃生产、汽油加氢精制	43	41
6	常压重油催化裂化或加氢	54	49
7	氧化沥青	60	54
8	煤、柴油加氢	47	45
9	C_4 异构化	—	33
10	C_5 异构化	—	37
11	C_5—C_6 异构化	—	38

注：1. 对未说明原料的加氢精制或加氢处理，均按煤、柴油加氢系数换算。
2. 对未说明原料的热加工，则按55（日历日）和48（开工日）换算。
3. 叠合、烷基化、醚化装置以产品为基准折算，其余装置以进料为基准折算。